西安交通大学
XI'AN JIAOTONG UNIVERSITY

研究生"十四五"规划精品系列教材

智能信息处理方法

主　编　徐光华　李　敏
副主编　韩丞丞　吴庆强
参　编　闫文强　郑小伟　况佳臣　陈龙庭　陈瑞泉

U0303943

西安交通大学出版社
XI'AN JIAOTONG UNIVERSITY PRESS

图书在版编目(CIP)数据

智能信息处理方法 / 徐光华，李敏主编. —西安：
西安交通大学出版社，2025.3. —(西安交通大学研究
生"十四五"规划精品系列教材). — ISBN 978 - 7 - 5693 -
2921 - 6

Ⅰ. TP18

中国国家版本馆 CIP 数据核字第 2024XX1591 号

书　名	智能信息处理方法	
	ZHINENG XINXI CHULI FANGFA	
主　编	徐光华　李　敏	
责任编辑	李　佳	
责任校对	王　娜	
出版发行	西安交通大学出版社	
	（西安市兴庆南路 1 号　邮政编码 710048）	
网　址	http://www.xjtupress.com	
电　话	(029)82668357　82667874(市场营销中心)	
	(029)82668315(总编办)	
传　真	(029)82668280	
印　刷	西安五星印刷有限公司	
开　本	787 mm×1092 mm　1/16　印张 17.375　字数 382 千字	
版次印次	2025 年 3 月第 1 版　2025 年 3 月第 1 次印刷	
书　号	ISBN 978 - 7 - 5693 - 2921 - 6	
定　价	52.90 元	

如发现印装质量问题，请与本社市场营销中心联系。
订购热线：(029)82665248　(029)85667874
投稿热线：(029)82668818
读者信箱：19773706@qq.com

前　言

　　智能信息处理方法是一门涉及信号处理、模式识别、人工智能等多个领域的交叉学科，它在机械工程、仪器、生物医学工程、医工交叉等学科中有着广泛应用。本书旨在为这些学科的学生提供系统、全面、实用的智能信息处理方法，覆盖时域、频域和时频域信号变换与特征提取，模式识别和人工智能等信号处理技术，重点支持以学生为主的交互式学习方法，使学生了解背景知识、提出问题、明确具体方法的创新解决思路和基于方法优势的典型应用，具体通过方法的理论讲解、算法编程与验证、具体案例分析，让学生体验从方法的提出到应用的全过程，以便引导学生快速掌握信号处理技术并支持其科研应用。

　　本书的特色和创新点有以下几个方面：

　　（1）本书以仪器科学与技术和机械工程的科研应用为主线，结合生物医学工程、医工交叉等学科的实际需求，选取了一些具有代表性和前沿性的信号处理方法和应用案例，展示了智能信息处理方法的广泛性和有效性。

　　（2）书中注重理论与实践的结合，不仅介绍了信号处理方法的基本原理和数学推导，还提供了相应的算法伪代码和编程实现以及使用 MATLAB、python 等常用工具的操作指南，帮助学生掌握信号处理方法的实现和应用技能。

　　（3）本书可以配合交互式学习的教学组织，鼓励学生主动参与学习过程，通过小组合作、自主探索、案例分析等方式，提高学生的学习兴趣和动力，培养学生的创新思维和解决问题的能力。

　　（4）本书在内容的选择上力求基本理论可靠、论述准确、信息量大，尽可能包括智能信息处理方法的最新进展和研究成果，力求阐明规律、突出重点。

　　全书共分为 13 章，多章都包含了信号与信息处理的智能方法的基本原理、算法介绍、编程实现、应用案例和思考题，以便读者能够从不同的角度和层次理解和掌握信号与信息处理的智能方法。本书的内容安排如下：第 1 章绪论，介绍了信号和信息的定义、表示、处理以及信息处理的智能方法的概念、分类和发展趋势，为本书的学习奠定了基础；第 2 章基础篇，介绍了信号的时域分析、频域分析和时频分析的基本方法及技术，为后续章节的学习提供了必要的背景知识；第 3 章典型相关分析，介绍了一种用于分析两组变量之间的线性关系的方法以及该方法在信号的特征提取和降维中的应用；第 4 章倒频谱，介绍了一种用于分析信号的

1

频谱结构的方法以及该方法在信号的滤波、去噪、增强和识别中的应用;第5章循环谱,介绍了一种用于分析非平稳信号的周期性特征的方法以及该方法在信号的检测、分离、分类和参数估计中的应用;第6章信号的时频分析,介绍了一种用于分析信号的时域和频域特征的方法以及该方法在信号的分解、重构、压缩和表示中的应用;第7章形态学滤波器,介绍了一种用于分析信号的形态结构的方法以及该方法在信号的平滑、锐化、边缘检测和分割中的应用;第8章流形学习,介绍了一种用于分析高维数据的低维结构的方法以及该方法在信号的降维、可视化和聚类中的应用;第9章随机共振,介绍了一种利用噪声增强信号的方法以及该方法在信号的放大、恢复和传输中的应用;第10章支持向量机,介绍了一种基于统计学习理论的分类和回归方法以及该方法在信号的分类、回归和预测中的应用;第11章人工神经网络,介绍了一种模拟人类神经系统的计算模型以及该方法在信号的学习、逼近和优化中的应用;第12章深度学习,介绍了一种基于多层神经网络的学习方法以及该方法在信号的特征提取、表示和理解中的应用;第13章进化计算,介绍了一种模拟自然进化过程的优化方法以及该方法在信号的搜索、优化和设计中的应用。

本书是作者在多年的教学和研究的基础上进行编写的,旨在为仪器科学、机械工程、医工交叉领域的学生提供一本智能信息处理方法的教材。我们力求使本书的内容既有理论深度,又有实践广度;既有经典的方法,又有前沿的进展;既有基础知识,又有应用案例。书中一些图的彩色图片可扫描本页二维码观看。希望本书能够激发学生的学习兴趣,拓宽学习视野,提高自学与实践能力。

本书由西安交通大学徐光华教授、李敏副教授主编,韩丞丞助理教授、吴庆强助理教授任副主编并共同负责全书统稿及修改工作。其他编者包括西北大学郑小伟讲师、西安交通大学闫文强助理教授、荣耀终端有限公司算法工程师况佳臣博士、中南大学陈龙庭讲师、福州大学陈瑞泉讲师等。在此,对所有参与本书编写的编者表示衷心的感谢。

本书已被列入西安交通大学研究生"十四五"规划精品系列教材。在此,我们对西安交通大学的大力支持与帮助表示衷心感谢,同时感谢郭晓冰、杜成航、田沛源等参与本书编校工作的西安交通大学研究生同学。

全体编者热切期望使用本书的读者提出宝贵意见,以便进一步提高本书的质量。

编　者

目 录

第1章 绪 论

本书主要介绍现代信号处理、模式识别和人工智能的理论与方法及其在生物和机电系统信号处理、特征提取和模式分类与识别等领域的应用。

1.1 信号和信息

1.1.1 信号和信息的定义

信号是可用于传输或处理的信息载体,是对一定物理现象的数据表征,是研究客观事物状态或属性的依据。信号在各个不同领域中均扮演着重要角色,可以反映出被测对象的实时状态和演化过程,蕴含着丰富的信息。在医学领域,信号可以用于监测人体的生理参数,如心率、血压、血氧等,从而判断人体的健康状况;在通信领域,信号可以用于传输和接收各种信息,如语音、视频、文本等,从而实现远程的交流和协作;在控制领域,信号可以用于控制和调节各种设备和系统,如机器人、飞机、火箭等,从而实现精确和稳定的运行。在工程领域中,机械信号是一种常见的信号类型,主要用于反映机械设备的运行状态。机械信号包括振动和冲击信号、噪声信号、转速信号、温度信号、流量信号、压力信号、力信号、位移信号等多种类型,如图1-1为汽车仪表盘中的各类机械信号。通过对这些机械信号的采集和分析,我们可以了解机械设备的健康状况、运行效率以及可能存在的故障,从而提高设备的性能和寿命,降低维修和更换的成本。在神经科学领域中,大脑信号是非常重要的信号来源。功能性近红外光谱技术(functional near-infrared spectroscopy, fNIRS)是一种无创测量大脑活动的方法,通过测量被测对象头部的近红外光信号来反映大脑氧合状态的变化。这种方法的优点是设备相对便宜、便携,可以在自然环境下进行测量,不受电磁干扰,但缺点是空间分辨率较低,只能测量大脑皮层的表层活动,且受头皮、头发、骨骼等因素的影响。皮层脑电图是通过植入电极到大脑皮层中获取信号可以提供更高时间和空间分辨率的脑电信息。这种方法的优点是信号质量高、噪声低,可以测量到更细致的脑电波形,但缺点是需要进行侵入性的手术,存在感染和排异等风险,且只能在医院或实验室中进行测量。脑磁图(magnetoencephalography, MEG)则是测量脑部产生的磁场变化,用于研究神经元活动和脑功能的方法。这种方法的优点是空间分辨率高,可以测量到深层的大脑结构,不受头皮、头发、骨骼等因素的影响;缺点是设备非常昂贵,需要低温和屏蔽环境,且受外界磁场的干扰。脑电信号可以通过放置电极在头皮上测量脑部的电活动,反映人脑的意念和思维活动。这种方法的优点是无创,设备相对简单,可以在多种场合下进行测量;缺点是信号受到头皮、头发、肌肉等因素的干扰,空间分辨率较低,且受到电磁噪声的影响。脑电信号采集及信号波形如图1-2所示。

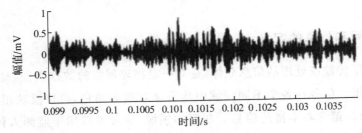

图1-1　汽车仪表盘中的各类信号

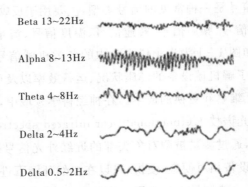

图1-2　脑电信号

信息的表现形式承载着具体的内容,信号中携带的信息可以是数字、图像、声音、文本等多种形式。数字信息可以用于表示各种量化的数据,如温度、速度、频率等,方便人们进行计算和处理;图像信息主要用于表示各种视觉相关的内容,如颜色、形状、纹理等,方便人们支持识别和分析;声音信息常常表示各种听觉的内容,如语音、音乐、噪声等,主要用于交流和表达;文本信息重点支持表示各种语言的内容,如单词、句子、段落等,主要用于阅读和理解。

通过对信号的处理和分析,我们可以提取出其中的有用信息,并应用于各个领域。在工程领域,对机械信号的分析可以帮助提高设备的运行效率、预测故障实现预知维修。在神经科学领域,对脑电信号的分析可以帮助理解大脑的功能和判断大脑是否有疾病,发展脑机接口技术,拓展新型的人机交互途径。

1.1.2　信号的表示

信号通常以时间域(时域)、频率域(频域)和时频域来表示,如图 1-3 所示。

(1)时域分析:自变量 t、波形 $x(t)$,描述信号波形特征与幅值分布;

(2)频域分析:自变量 ω 或者 f,描述信号幅值或能量随频率的分布;

(3)时频域分析:自变量 t 和 f,描述信号幅值或能量随时间与频率的分布。

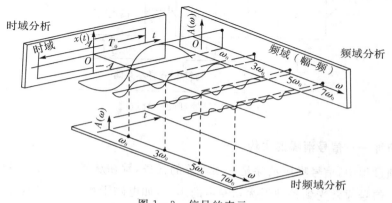

图 1-3　信号的表示

信号的各种描述方法仅是在不同的变量域进行分析,从不同的角度去认识同一事物,并不改变同一信号的实质。信号的描述可以在不同的分析域之间相互转换,针对不同的分析目的和不同信息提取的需要,可以在不同的域进行分析,提取不同的特征参数。

1.1.3　信号处理

信号处理是将一个信号转化为与其相关的另一个信号的过程,常见的应用包括滤除噪声或干扰,将信号变换成容易分析和识别的形式,并进行信号变换。信号处理的目的是获取所需的信息,在事件变化过程中,通过抽取特征信号并通过去干扰、分析、变换和运算等处理,可以获得反映事件变化本质或处理者所感兴趣的信息。图 1-4 展示了信号处理的一般过程,包括预处理、特征提取和模式识别等主要步骤。

首先,在信号处理过程中,预处理是一个重要的步骤。预处理旨在通过一系列算法和技术,对原始信号进行去除噪声、滤波、放大或降低采样率等操作,以提高信号质量和减少不必要的干扰。常见的预处理方法包括数字滤波、均值滤波、中值滤波等。其次,特征提取是信号处理中的关键环节。通过分析信号的特征,可以揭示信号中所蕴含的有用信息,如利用非线性流形学习可以有效地展开观测空间卷曲的主变量流形实现降维消噪,并突出其局部差异性,从而实现早期冲击故障特征的提取,特征提取的目标是从原始信号中提取出能够有效区分和描述信号的特征参数。常用的特征提取方法包括时域特征、频域特征、时频域特征等,如在语音信号处理中,可以提取出声音的频率、能量、过零率等特征。最后,模式识别是信号处理的一个重要应用领域。模式识别通过建立模型和算法,将输入的信号与已知的模式进行匹配,从而实现对信号的分类、识别和判别,如在图像处理领域,模式识别可被用于人脸识别、目标检测等任务。在信号处理中,模式识别常用的方法包括神经网络、支持向量机、隐马尔可夫模型等。

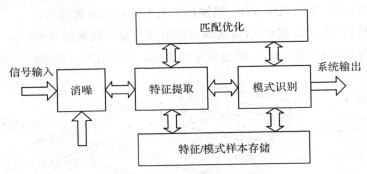

图 1-4　信号处理的一般过程

1. 科学精神——信号消噪的去伪存真

在预处理过程中,信号噪声消除是一项重要的任务,旨在从受干扰的信号中提取出真实有用的信息。信号通常受到各种干扰和噪声的影响,如电磁干扰、量化误差等。这些干扰会导致信号失真和质量降低,给信号分析和应用带来困难。为了解决这个问题,信号处理领域开发了各种噪声消除技术,这些技术基于科学的原理和算法,通过在信号中检测和估计噪声的特征,并采取相应的处理方法来消除干扰。常用的方法包括滤波技术、降噪算法、谱估计等。在噪声消除过程中,信号处理者需要秉持着"去伪存真"的科学精神,这个原则要求我们不仅要识别和排除噪声,还要尽可能地保留信号的真实信息。我们需要以客观、全面的态度去除干扰和误差,还原信号的本貌。去伪存真的科学精神贯穿于信号处理噪声消除的方方面面,它要求我们不仅要在处理过程中精确测量和分析,还要充分考虑信号本身的特性和背景知识,确保对信号的处理不会引入更多的误差和偏差。只有依靠科学的方法和原则,我们才能有效地消除噪声,还原出纯净、可靠的信号。

例如,脑电信号是一种记录人脑电活动的生理信号,在脑科学研究和临床诊断中起着重要作用。然而,脑电信号往往伴随着肌电、心电和眼电等干扰信号,给信号分析和解释带来困难,为了消除这些干扰,研究人员和工程师们开发了多种信号处理技术。首先,肌电干扰通常来自于头皮下的肌肉活动,可以通过使用表面电极阵列和空间滤波算法进行消除。这些算法可以根据肌电信号与脑电信号在空间上的差异来分离它们。其次,心电干扰是由心脏电活动引起的,它可以通过特定的心电滤波器和时间窗口的选择来减少或消除。这些滤波器和窗口可以过滤掉心电信号的频率范围,并确保只保留与脑电信号相关的频率范围。

最后,眼电干扰是由眼球运动引起的,它可以通过眼电估计算法和眼球运动校正技术来消除。这些方法可以通过记录眼动信号并将其与脑电信号进行相关分析来消除眼动引起的干扰。通过使用适当的信号处理技术,如空间滤波、频率滤波和相关分析,我们可以有效地消除干扰信号,提高脑电信号的准确性和可靠性,这将为脑科学研究和脑电诊断提供更准确和可靠的结果。

2. 科学分析方法——信号表征的辩证思维

信号处理中,信号的多维表征是非常重要的,它可以帮助我们深入理解信号的特性和行为。在分析信号时,科学方法起到了至关重要的作用。其中,时域、频域和时频域的信号表征方法被广泛应用于信号处理领域。时域分析方法主要关注信号在不同时间点上的变化。通过对信号的幅度与时间之间的关系进行分析,可以获得信号的时域特征,如信号的幅度、持续时间以及波形等,时域分析方法能够揭示信号的瞬时变化和时序特征。频域分析方法则通过将信号转换到频率域来研究信号的频率成分。借助傅里叶变换等数学工具,可以将信号表示为一系列频率分量的叠加。频域分析能够揭示信号中各种频率成分的贡献以及它们之间的关系,从而帮助我们了解信号的频谱特征。时频域分析方法结合了时域和频域的特点,可以同时考察信号的时域和频域特征。时频域分析方法可以揭示信号在时间和频率上的变化规律,从而提供更全面的信号表征。通过将信号表示为时间和频率的联合分布,在时频域中我们可以更好地理解信号的瞬时频率变化、频谱的演化以及信号的局部特性。辩证思维则是基于综合分析和综合判断的思维方式,它强调对事物矛盾的全面考虑。信号表征的多维特性为我们提供了从不同角度观察和分析信号的机会,从而激发和培养我们的辩证思维能力。通过综合运用时域、频域和时频域的信号表征方法,我们可以更充分地理解和解释信号的复杂性,并在科学分析中采取全面、综合的视角使我们思维更加深入并推动创新发展。

随着计算机和信息技术的不断发展,信号处理、模式识别和人工智能成为机械工程、仪器科学与技术、医工交叉研究的重要工具。在这些研究中,我们除了需要掌握常规信号处理方法,还需要掌握工程应用中的特征提取、模式分类和人工智能方法,如典型相关分析、形态学滤波器、倒频谱与循环谱分析、Wigner 分布等特征分析方法;流形学习、支持向量机等模式分类方法和人工神经网络、深度学习、进化计算等人工智能方法。

1.2 信息处理的智能方法概述

1.2.1 智能的概念

智能是个体认识客观事物、客观世界和运用知识解决问题的能力。人类个体的智能是一种综合性能力,具体包括以下几点:

(1)认识事物、客观世界和自我的感知能力;

(2)获取经验、积累知识的学习能力；

(3)逻辑推理和直觉判断能力；

(4)在复杂环境下做出实时综合决策的能力；

(5)洞察事物发展变化、预测的能力等。

人脑的思维过程本质上是信息处理过程，此过程复杂多样，难以精确描述，如图1-5所示为人左右脑具体分工。人脑的信息处理包括并行处理、信息处理和存储一体化、自学习和自组织能力、鲁棒性、分布存储和冗余性。人脑既具有逻辑思维能力，又具有形象思维能力。采用逻辑思维的信息处理方法要求具备逻辑分析和推理能力，用符号和逻辑的方式处理问题，但记忆容量和学习速度有限，记忆效率也较低。依靠逻辑思维，知识成果才能传递和学习，人类的文明才能延续和发展。冯·诺依曼型计算机可以看作是在一定程度上对逻辑思维式信息处理方式的模拟。形象思维的信息处理方法通常采用本能和直觉的反应，要求具备潜意识和直觉的学习能力、快速记忆能力以及海量数据快速计算能力，这是对复杂事物进行快速直觉处理的能力。

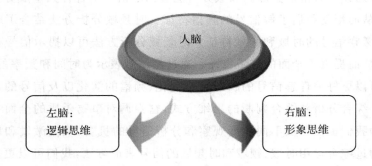

图1-5 人左右脑具体分工

1.2.2 信息处理的智能方法

人工智能是研究、开发用于模拟、延伸和扩展人的智能的理论、方法、技术及应用系统的一门新的技术科学。人工智能的目标是通过机器学习、自动推理等让机器和人一样思考，通过语音识别等技术使机器像人一样听懂，通过视觉识别等技术让机器和人一样看懂，通过运动控制等技术让机器和人一样运动。信息处理的智能方法是指利用人工智能和机器学习等技术来处理和分析大量的信息，这些方法通过模拟人类的智能思维和决策过程，自动识别、提取和理解信息中的特征和模式，从而实现更高效、准确和智能化的信息处理。如图1-6所示，专家系统是对人的逻辑思维能力的模拟，根据一个或多个专家提供的知识和经验，经过推理和判断，模拟人类专家的决策过程。人工神经网络是对人脑功能机构的模拟，是生物神经网络的一种模拟和近似，它从结构、实现机理和功能上模拟生物神经网络。进化计算是模拟达尔文生物进化论的自然选择和遗传学机理的生物进化过程的计算，是一种通过模拟自然进化过程搜索最优解的方法，是解决搜索问题的一种通用算法，对于各种通用问题都可以使用。

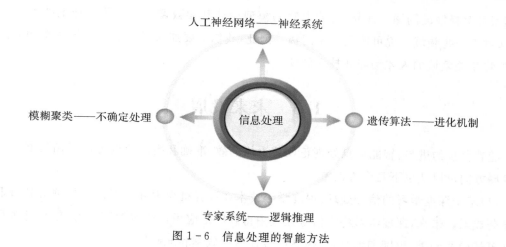

图 1-6 信息处理的智能方法

智能方法在信息处理领域的应用非常广泛,如在自然语言处理领域,我们可以使用自然语言处理算法和深度学习模型来自动识别和理解文本中的语义和情感信息。在图像处理领域,智能方法可以通过神经网络和图像识别算法来自动识别和分类图像中的对象和特征。在数据分析和预测领域,智能方法可以利用机器学习和数据挖掘算法来分析大规模数据集,发现隐藏的模式和趋势,从而为决策和预测提供支持。此外,智能方法还具有自我学习和自我适应的能力,可以不断提升自身的性能和效果,它可以帮助人们更好地应对大数据时代的挑战,并为各个领域的决策和创新提供智能化的支持。智能信息处理的一般方法如图1-7 所示。

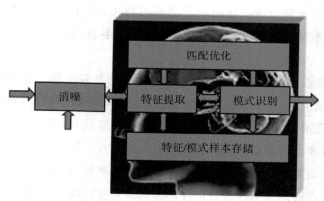

图 1-7 智能信息处理的一般方法

然而,采用智能方法进行信息处理也面临着挑战。首先,由于智能方法需要大量的数据进行训练和学习,因此对于某些领域来说,数据的获取是一个挑战。同时,数据的质量和可靠性对于模型的准确性和鲁棒性至关重要。如何获取高质量的数据,以及如何处理数据中的噪音和异常情况成为挑战。其次,智能方法需要强大的计算资源支持,这对于一些资源有限的环境来说可能是一个问题。智能信息处理方法通常基于机器学习和深度学习技术,这些技术可以建立复杂的模型来实现高精度的预测和决策。然而,这些模型的复杂性也导致了模型可解释性的问题。此外,智能方法的模型设计和参数调优也需要专业的技术人员参与,这对于一些领域来说可能是一个门槛。因此,我们需要加大对智能方法的研发和应用支持,加强相关领域的人才培养和技术创新。

1.3　未来发展

随着科技的进步,智能信息处理正朝着更加高效、准确和智能化的方向不断发展。未来的发展方向可以从以下几个方面考虑:

(1)基于深度学习的信号处理:深度学习技术在计算机视觉和自然语言处理等领域取得了显著成果。未来,深度学习将在信号处理中得到广泛应用。通过深度学习,信号处理可以实现更精确的分类、识别和预测,以提高信号处理的效率和准确性。

(2)多模态信号处理:多模态信号处理是未来信号处理的重要方向之一。多模态信号处理可以实现不同类型的信号之间的融合和互补。例如,通过将图像和声音信号进行融合,可以实现更准确的目标检测和识别。多模态信号处理将在智能家居、智能交通和健康监测等领域发挥重要作用。

(3)边缘计算和边缘信号处理:边缘计算是将来计算能力向数据源的边缘移动的趋势之一。边缘信号处理是在边缘设备上进行实时信号处理的技术。边缘信号处理可实现低延迟的信号处理。随着物联网的发展,边缘信号处理可以减少数据传输和存储的成本,将成为一种重要的信号处理方式。

(4)混合智能信息处理方法。通过结合数据可视化、语音识别、手势识别和虚拟现实等人机交互技术,人工智能系统与人通过有效交互可发挥各自的智能优势,协同解决复杂的信号处理问题。

智能信息处理方法的发展前景令人兴奋,它将在以上多个领域带来深刻变革。深度学习和神经网络将继续演进,为更多类型的数据提供高效的分析和理解;自然语言处理领域将实现更精确的文本理解和语音识别,同时处理多语言和情感分析等复杂任务;计算机视觉将在自动驾驶、医学影像分析和增强现实等应用中取得重大进展;强化学习将赋能自主系统和机器人技术,用于自动驾驶汽车和智能制造。此外,可解释性和公平性将成为关键关注领域,以确保人工智能系统的透明性和公正性。多模态学习将成为处理多源数据的新方法,而边缘计算可支持物联网实现实时智能决策。在医疗和生物信息学方面,智能信息处理将加速个性化医疗和药物研发。然而,随着这些技术的应用,伦理、隐私和安全问题也将引起人们广泛关注,需要持续研究和解决。因此,智能信息处理的未来发展将是多领域合作,它将为改善人类生活和推动技术创新提供无限可能。

总得来讲,未来智能信息处理方法的发展将在深度学习、多模态信息处理、边缘信号处理、混合智能信号处理等方面取得突破。这将为各个领域提供更高效、智能化和个性化的信息处理技术,推动人工智能在信息处理领域的广泛应用。随着科技的不断进步,我们可以期待智能信息处理方法的不断创新和突破,为人类社会的发展带来新的机遇和挑战。

1.4 思 考 题

(1)简述信号和信息概念的联系与区别。

(2)智能信息处理方法包括哪些?

(3)请简单介绍你关注的研究领域中智能信号处理技术的重要性,并举一两个例子予以说明。

第 2 章　信号分析基础

2.1　信号的时域分析

2.1.1　信号的分类

按照信号随自变量时间的取值特点,信号可分为连续时间信号和离散时间信号。对于任意时间都有信号值,这样的信号称为连续时间信号,从物理上讲,也通常称之为模拟信号。如果仅在离散的时间点上有信号值,这样的信号称为离散时间信号。在离散信号中,如果信号的取值只能为某个量值(如 A/D 板的分辨率)的整数倍,这样的信号称为数字信号。通常信号的分类是按照信号取值随时间变化的特点分类的。

信号可以分为确定性信号和随机信号两大类(见图 2-1)。确定性信号的所有参数变量值均为可确定的,能够用确定性图形、曲线或数学解析式准确描述,即该类信号对于给定的某一时刻有确定取值,如单位阶跃信号、单摆运动等。不能用明确的数学表达式来描述的、具有随机性的信号称为随机信号。信号按照统计特性是否随时间变化可以分为平稳随机信号和非平稳随机信号两大类。平稳随机信号的均值和相关统计特性不随时间变化,而非平稳随机信号的统计特性会随时间变化。平稳随机信号又分为各态历经信号和非各态历经信号两种。各态历经信号指无限个样本在某时刻所历经的状态,等同于某个样本在无限时间里所经历的状态的信号。各态历经信号一定是平稳随机信号,反之则不然。

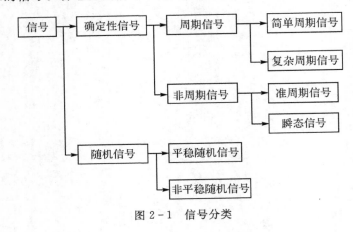

图 2-1　信号分类

2.1.2　时域统计分析

信号的时域统计分析是指对信号的各种时域参数和指标的估计或计算。常用的时域参数和指标有均值、均方值、均方根值、方差、标准差、概率密度函数、概率分布函数和联合概率密度函数等。本节主要介绍常见参数的概念。

1. 均值

当观测时间 T 趋于无穷时，信号在观测时间 T 内取值的时间平均值就是信号 $x(t)$ 的均值。均值的定义为

$$\mu_x = \lim_{T \to \infty} \frac{1}{T} \int_0^T x(t) \mathrm{d}t \tag{2-1}$$

式中，T 是信号的观测区间。实际中 T 不可能为无穷，算出的 μ_x 值必然包含统计误差，只能作为真值的一种估计。均值常常用于建立系统的静态性能评估模型，可以用回转机械的振动位移均值构建轴心位置变化状态评估指标，如图 2-2 所示。通过监测系统的性能指标，如温度、压力、电流等的均值，可以建立一个正常操作的基线。当均值与基线相比显著偏离时，表示系统可能存在故障或异常，从而触发警报或应进一步进行故障诊断。

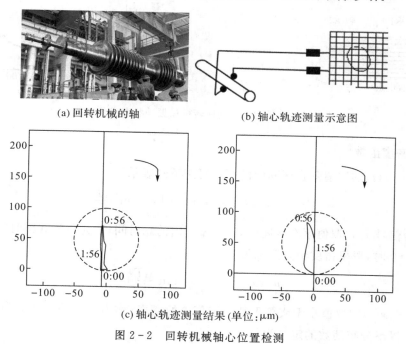

(a) 回转机械的轴　　　　　(b) 轴心轨迹测量示意图

(c) 轴心轨迹测量结果 (单位: μm)

图 2-2　回转机械轴心位置检测

2. 均方值和方差

当观测时间 T 趋于无穷时，信号在观测时间 T 内取值平方的时间平均值就是信号 $x(t)$ 的均方值，常用符号 φ_x^2 表示。均方值的定义为

$$\varphi_x^2 = \lim_{T \to \infty} \frac{1}{T} \int_0^T x^2(t) \mathrm{d}t \tag{2-2}$$

如果仅对有限长的信号进行计算,则结果仅是对其均方值的估计。均方值的正平方根,为均方根值(或有效值)x_{rms}。

方差的定义为

$$\sigma_x^2 = \lim_{T \to \infty} \frac{1}{T} \int_0^T [x(t) - \mu_x]^2 \mathrm{d}t \tag{2-3}$$

方差仅反映了信号 $x(t)$ 中的动态部分。方差的正平方根 σ_x 称为标准差。若信号 $x(t)$ 的均值为零,则均方值等于方差。若信号 $x(t)$ 的均值不为零,则有

$$\sigma_x^2 = \varphi_x^2 - \mu_x^2 \tag{2-4}$$

在制造和生产过程中,均方值和方差常用于监测产品的质量。通过测量关键参数的均方值和方差,制造商可以迅速识别产品制造中的变化或不稳定性,从而改善制造过程,减少缺陷率,图 2-3 中利用均方值有效反映了回转机械振动状态的劣化过程。

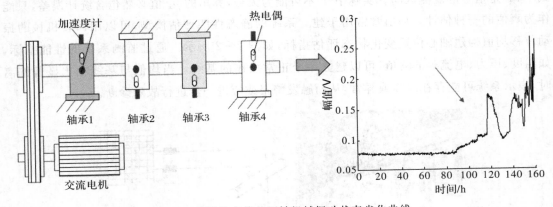

图 2-3 基于均方值的回转机械振动状态劣化曲线

3. 概率密度函数

随机信号 $x(t)$ 的取值落在区间内的概率可用下式表示

$$P_{\text{prb}}[x < x(t) \leqslant x + \Delta x] = \lim_{T \to \infty} \frac{\Delta T}{T} \tag{2-5}$$

式中,ΔT 为信号 $x(t)$ 取值落在区间 $(x, x + \Delta x]$ 内的总时间;T 为总的观察时间。

当 $\Delta x \to 0$ 时,概率密度函数定义为

$$p(x) = \lim_{\Delta x \to 0} \frac{1}{\Delta x} \left[\lim_{T \to \infty} \frac{\Delta T}{T} \right] \tag{2-6}$$

随机信号 $x(t)$ 的取值小于或等于某一定值 δ 的概率,称为信号的概率分布函数。常用 $P(x)$ 表示。概率分布函数的定义为

$$P(x) = P_{\text{prb}}[x(t) \leqslant \delta] = \lim_{T \to \infty} \frac{\Delta T_\delta}{T} \tag{2-7}$$

式中,ΔT_δ 为信号 $x(t)$ 取值满足 $x(t) \leqslant \delta$ 的总时间;T 为总的观察时间。

在复杂系统的维护和故障诊断中,概率密度函数可以为决策提供支持。通过分析数据的概率分布,可以做出更明智的决策,包括维修、更换部件、制定维护计划等,如图 2-4 所示为某大型设备概率密度函数。

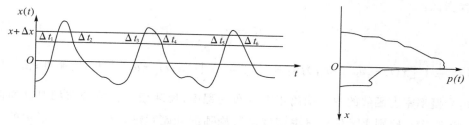

图 2-4　大型设备概率密度函数

4. 有量纲参数指标

有量纲参数指标包括方根幅值、平均幅值、均方幅值和峰值四种。若随机信号 $x(t)$ 符合平稳、各态历经条件，且均值为零，概率密度函数为 $p(x)$，则有量纲参数指标的定义如下：

$$x_d = \left[\int_{-\infty}^{\infty} |x|^l p(x)\mathrm{d}x\right]^{\frac{1}{l}} \tag{2-8}$$

式中，l 为参数。当 l 分别取 $1/2$、1、2、∞ 时，x_d 分别对应于方根幅值、平均幅值、均方幅值和峰值，另外，上述的有量纲参数指标也可在时域定义。有量纲指标在大型设备故障分析中发挥着重要作用，例如峰峰值表示了信号的动态变化范围，即信号的分布区间。峰峰值常用于大机组在线监测指标，在实际应用中，通常取多个峰峰值的平均值。

5. 无量纲参数指标

有量纲参数指标不但与机器的状态有关，而且与机器的运动参数如转速、载荷等有关。而无量纲参数指标具有对信号幅值和频率变化均不敏感的特点，这就意味着理论上它们与机器的运动条件无关，只依赖于概率密度函数的形状。所以无量纲参数指标是一种较好的机器状态监测诊断参数。无量纲参数指标包括了波形指标、峰值指标、脉冲指标、裕度指标、偏斜度指标和峭度指标，定义如下：

波形指标：

$$W = \frac{x_{\mathrm{rms}}}{x} \tag{2-9}$$

峰值指标：

$$C = \frac{x_p}{x_{\mathrm{rms}}} \tag{2-10}$$

脉冲指标：

$$I = \frac{x_p}{x} \tag{2-11}$$

裕度指标：

$$L = \frac{x_p}{x_r} \tag{2-12}$$

偏斜度指标：

$$S = \frac{\alpha}{\sigma_x^3} \tag{2-13}$$

峭度指标：

$$K = \frac{\beta}{\sigma_x^4} \qquad (2-14)$$

式中，$\alpha = \frac{1}{T}\int_0^T [x(t)-u_x]^3 \mathrm{d}t$ ，为偏斜度；$\beta = \frac{1}{T}\int_0^T [x(t)-u_x]^4 \mathrm{d}t$ ，为峭度；偏斜度指标 S 表示信号概率密度函数的中心偏离正态分布的程度，反映信号幅值分布相对其均值的不对称性；峭度指标 K 则表示信号概率密度函数峰顶的陡峭程度，反映信号波形中的冲击分量的大小。

2.1.3 相关分析

1. 相关分析的概念

在信号分析中，相关是一个非常重要的概念。所谓相关，就是指变量之间的线性联系或相互依赖关系。根据前面的讨论，变量之间的联系可通过反映变量的信号之间的内积或投影大小来表现。本节关于相关分析的讨论均针对实信号进行。

设有实信号 $x(t)$ 和 $y(t)$，它们的内积可写成

$$<x,y> = \int_0^T x(t)y(t)\mathrm{d}t \qquad (2-15)$$

式中，T 为信号 $x(t)$ 和 $y(t)$ 的观测时间。

显然，如果信号 $x(t)$ 和 $y(t)$ 随自变量时间的取值相似，内积结果就大，或者说 $x(t)$ 在 $y(t)$ 上的投影大，反之亦然。因此，通过式(2-15)可定义信号 $x(t)$ 和 $y(t)$ 的相关性度量指标。另外，实际中往往需要将两个信号之一在时域中移动一段时间 τ 后，再考查它们之间的相关性。如将信号 $y(t)$ 移动时间 τ 得到 $y(t+\tau)$，再计算 $x(t)$ 和 $y(t+\tau)$ 的相关性。考虑积分时间段的影响，这时信号 $x(t)$ 和 $y(t+\tau)$ 的相关性指标可写成

$$R(\tau) = \lim_{t \to \infty} \frac{1}{T}\int_0^T x(t)y(t+\tau)\mathrm{d}t \qquad (2-16)$$

式中，T 为信号 $x(t)$ 和 $y(t)$ 的观测时间；τ 是信号的时间滞后；$R(\tau)$ 是 τ 的函数。观察 $R(\tau)$ 的变化就可以了解信号 $x(t)$ 和 $y(t+\tau)$ 的相关性。

2. 自相关函数及其应用

为了反映信号自身取值随自变量时间前后变化的相似性，将上述公式中信号 $y(t)$ 用信号 $x(t)$ 代替，就得到信号 $x(t)$ 的自相关函数 $R_x(\tau)$。信号 $x(t)$ 的自相关函数定义为

$$R_x(\tau) = \lim_{T \to \infty} \frac{1}{T}\int_0^T x(t)x(t+\tau)\mathrm{d}t \qquad (2-17)$$

式中，T 为信号 $x(t)$ 的观测时间。$R_x(\tau)$ 描述了 $x(t)$ 与 $x(t+\tau)$ 之间的相关性。实际中常用如下标准化的自相关函数（或称自相关系数）：

$$\rho_x(\tau) = \frac{R_x(\tau)}{\sigma_x^2} \qquad (2-18)$$

式中，$R_x(\tau)$ 为信号 $x(t)$ 的自相关函数；σ_x 为信号 $x(t)$ 的标准差，自相关函数如图 2-5 所示。

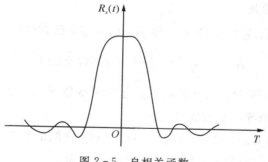

图 2-5　自相关函数

自相关函数 $R_x(\tau)$ 具有如下性质：

（1）$R_x(\tau)$ 为实函数。

（2）$R_x(\tau)$ 为偶函数，即 $R_x(\tau) = R_x(-\tau)$。

（3）$R_x(0) = \varphi_x^2$，φ_x^2 是 $x(t)$ 的均方值。

（4）对于各态历经随机信号 $x(t)$，有 $|R_x(\tau)| \leqslant R_x(0)$，$R_x(\tau)$ 在 $\tau = 0$ 处取得最大值。

（5）当随机信号 $x(t)$ 的均值为 μ_x 时，$\lim\limits_{\tau \to \infty} R_x(\tau) = \mu_x^2$。确定性信号的自相关函数在 $\tau \to \infty$ 时，自相关函数值不为均值的平方。

（6）若平稳随机信号 $x(t)$ 含有周期成分，则它的自相关函数 $R_x(\tau)$ 中亦含有周期成分，且 $R_x(\tau)$ 中周期成分的周期与信号 $x(t)$ 中周期成分的周期相等。该性质对于确定性信号亦成立，如对于简谐振动信号 $x(t) = x_0 \sin(\cos t + \varphi)$ 的自相关函数如下：

$$R_x(\tau) = \frac{x^2}{2} \cos(\omega_0 t) \tag{2-19}$$

它是没有衰减的周期性的余弦曲线，其周期与原简谐振动信号的周期相等，自相关函数可以用来检测噪声中的周期信号，如图 2-6 所示。

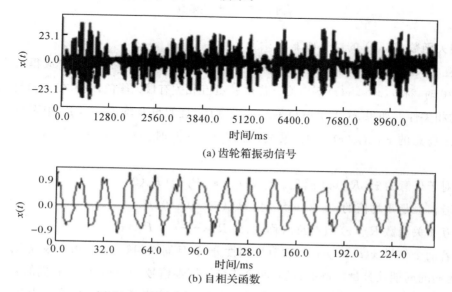

（a）齿轮箱振动信号

（b）自相关函数

图 2-6　利用自相关函数检测噪声中的周期信号

3. 互相关函数及其应用

按照本章前面的理论,随机信号 $x(t)$ 和 $y(t)$ 的互相关函数可定义为

$$R_{xy}(\tau) = \lim_{T \to \infty} \frac{1}{T} \int_0^T x(t)y(t+\tau)\mathrm{d}t \qquad (2-20)$$

式中,T 为随机信号 $x(t)$ 和 $y(t)$ 的观测时间。互相关函数 $R_{xy}(\tau)$ 是 τ 的函数,它完整地描述了两信号之间的相关情况或取值依赖关系。

同样,互协方差函数 $C_{xy}(\tau)$ 也可以表示 $x(t)$ 和 $y(t)$ 之间的相互关系。若 $x(t)$ 和 $y(t)$ 的均值函数分别为 u_x 和 u_y,它们的互协方差函数 $C_{xy}(\tau)$ 为

$$C_{xy}(\tau) = \lim_{T \to \infty} \frac{1}{T} \int_0^T \{[x(t) - u_x][y(t+\tau) - u_y]\}\mathrm{d}t \qquad (2-21)$$

实际中常用的标准化互相关函数为

$$\rho_{xy}(\tau) = \frac{C_{xy}(\tau)}{\sigma_x \sigma_y} \qquad (2-22)$$

式中,$C_{xy}(\tau)$ 为互协方差函数;σ_x 为 $x(t)$ 的标准差;σ_y 为 $y(t)$ 的标准差,互相关函数如图 2-7 所示。

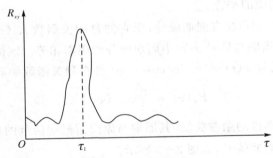

图 2-7 互相关函数

互相关函数 $R_{xy}(\tau)$ 的性质如下:

(1)互相关函数 $R_{xy}(\tau)$ 是实函数,但不是偶函数,且在 $\tau = 0$ 时不一定取得最大值。当 $R_{xy}(\tau) = 0$ 时,称 $x(t)$ 和 $y(t)$ 不相关。若在 τ_0 处互相关有最大峰值,表示在 $x(t)$ 与 $y(t+\tau_0)$ 有最大的相关性。如果 $x(t)$ 与 $y(t)$ 是统计独立的,且假设其均值 μ_x,μ_y 中至少有一个为零,则对于任意的 τ,$R_{xy}(\tau) = 0$。反之,当 $R_{xy}(\tau) = 0$ 时,$x(t)$ 与 $y(t)$ 并不一定是相互独立的。

(2)对于任意的 τ,$R_{xy}(\tau)$ 满足 $[R_{xy}(\tau)]^2 \leqslant R_x(0) R_y(0)$。

(3)若信号是零均值的,在 $\tau \to \infty$ 时,$R_{xy}(\pm\infty) \to 0$。

(4)互相关函数 $R_{xy}(\tau)$ 具有反对称性,即 $R_{xy}(-\tau) = R_{yx}(\tau)$。

(5)若两个信号 $x(t)$ 和 $y(t)$ 均含有周期性分量,且周期相等,则互相关函数 $R_{xy}(\tau)$ 也含有相同周期的周期性分量。例如,设有两个正弦周期性信号 $x(t)$ 和 $y(t)$,它们的表达式分别为 $x(t) = x_0 \sin(\omega t + \theta)$ 和 $y(t) = y_0 \sin(\omega t + \theta - \varphi)$,它们具有相同的周期,其中,$\theta$ 为 $x(t)$

的相位角，φ 为信号 $x(t)$ 和 $y(t)$ 的相位差。信号 $x(t)$ 和 $y(t)$ 的互相关函数为 $R_{xy}(\tau)=$ $\frac{1}{2}x_0 y_0 \cos(\omega t - \varphi)$。显然，互相关函数 $R_{xy}(\tau)$ 的周期与信号 $x(t)$ 和 $y(t)$ 的周期相同，同时互相关函数 $R_{xy}(\tau)$ 还保留了两个信号的相位差信息 φ。

互相关分析在实践中有着广泛和重要的应用，如图 2-8 所示为检测管道泄露示意图，流体通过漏孔时产生的流动噪声是频率不变、持续的噪声，并沿着管壁向管道两端传播。对两传感器接收到的噪声进行频率分析，将相干性好的频率段作为滤波器的通频带对两个信号进行相关分析，发生泄漏后，相关函数的值将发生显著变化，得到延时 τ_d，算出漏点。

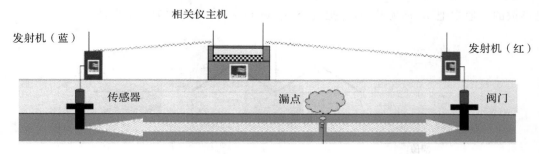

图 2-8　检测管道泄漏检测示意图

2.2　信号的频域分析

2.2.1　周期信号与离散频谱

1. 傅里叶级数的三角函数展开式

在有限区间上，凡满足狄里克雷条件的周期函数（信号）$x(t)$ 都可以展开成傅里叶级数。傅里叶级数的三角函数展开式为

$$x(t) = a_0 + \sum_{n=1}^{\infty}(a_n \cos n\omega_0 t + b_n \sin n\omega_0 t) \tag{2-23}$$

$$a_0 = \frac{1}{T_0}\int_{-\frac{T_0}{2}}^{\frac{T_0}{2}} x(t)\mathrm{d}t \tag{2-24}$$

$$a_n = \frac{2}{T_0}\int_{-\frac{T_0}{2}}^{\frac{T_0}{2}} x(t)\cos n\omega_0 t\mathrm{d}t \tag{2-25}$$

$$b_n = \frac{2}{T_0}\int_{-\frac{T_0}{2}}^{\frac{T_0}{2}} x(t)\sin n\omega_0 t\mathrm{d}t \tag{2-26}$$

式中，T_0 为周期；ω_0 为圆频率，$\omega_0 = \dfrac{2\pi}{T_0}$；$n = 1,2,3,\cdots$

将同频项进行合并，可以改写成

$$x(t) = a_0 + \sum_{n=1}^{\infty} A_n \sin (n\omega_0 t + \varphi_n) \tag{2-27}$$

$$A_n = \sqrt{a_n^2 + b_n^2} \tag{2-28}$$

$$\tan \varphi_n = \frac{a_n}{b_n} \tag{2-29}$$

式中，A_n 为第 n 次谐波的幅值；φ_n 为第 n 次谐波的相角。

可见，周期信号由一个或几个乃至无穷多个不同频率的谐波叠加而成，如图 2-9 所示。以圆频率为横坐标，幅值 A_n 或相角 φ_n 为纵坐标作图，则分别得其幅频谱和相频谱图。由于 n 是整数序列，各频率成分都是 ω_0 的整倍数，相邻频率的间隔 $\Delta\omega = \omega_0 = 2\pi/T_0$，因而谱线是离散的。通常把 ω_0 称为基频，并把成分 $A_n \sin (n\omega_0 t + \varphi_n)$ 称为 n 次谐波。

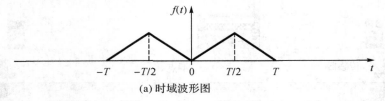

(a) 时域波形图

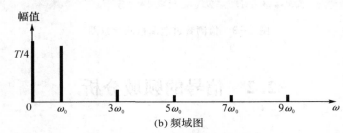

(b) 频域图

图 2-9　周期信号时域波形与频域图

2. 傅里叶级数的复指数函数展开式

傅里叶级数也可以写成复指数函数形式。根据欧拉公式，有

$$e^{\pm j\omega t} = \cos (\omega t \pm j\sin\omega t)(j = \sqrt{-1}) \tag{2-30}$$

$$\cos\omega t = \frac{1}{2}(e^{-j\omega t} + e^{j\omega t}) \tag{2-31}$$

$$\sin\omega t = j\frac{1}{2}(e^{-j\omega t} - e^{j\omega t}) \tag{2-32}$$

因此，傅里叶级数可以改写成

$$x(t) = a_0 + \sum_{n=1}^{\infty} \left[\frac{1}{2}(a_n + jb_n)e^{-jn\omega_0 t} + \frac{1}{2}(a_n - jb_n)e^{jn\omega_0 t} \right] \tag{2-33}$$

令

$$c_n = \frac{1}{2}(a_n - jb_n) \tag{2-34}$$

$$c_{-n} = \frac{1}{2}(a_n + jb_n) \tag{2-35}$$

则

$$x(t) = c_0 + \sum_{n=1}^{\infty} c_n \mathrm{e}^{-\mathrm{j}n\omega_0 t} + \sum_{n=1}^{\infty} c_n \mathrm{e}^{\mathrm{j}n\omega_0 t} \tag{2-36}$$

这就是傅里叶级数的复指数函数形式。比较傅里叶级数的两种展开形式可知：复指数函数形式的频谱为双边谱（ω 从 $-\infty$ 到 ∞），三角函数形式的频谱为单边谱（ω 从 0 到 ∞）；两种频谱各谐波幅值在量值上有确定的关系，即 $|c_n| = \frac{1}{2}A_n$，$|c_0| = a_0$。双边幅频谱为偶函数，双边相频谱为奇函数。

一般周期函数按傅里叶级数的复指数函数形式展开后，其实频谱总是偶对称的，其虚频谱总是奇对称的。

周期信号的频谱具有三个特点：

（1）周期信号的频谱是离散的。

（2）每条谱线只出现在基波频率的整倍数上，基波频率是各分量频率的公约数。

（3）各频率分量的谱线高度表示该谐波的幅值或相位角。工程中常见的周期信号，其谐波幅值总的趋势是随谐波次数的增高而减小的。因此，在频谱分析中没有必要取次数过高的谐波分量。

3. 周期信号的强度表述

周期信号的强度特征可以用峰值、绝对均值、有效值和平均功率等来表述。

峰值 x_p 是信号可能出现的最大瞬时值，即

$$x_\mathrm{p} = |x(t)|_{\max} \tag{2-37}$$

峰-峰值 $x_\mathrm{p\text{-}p}$ 是在一个周期中最大瞬时值与最小瞬时值之差。

对信号的峰值和峰-峰值应有足够的估计，以便确定测试系统的动态范围。一般希望信号的峰-峰值在测试系统的线性区域内，使所观测（记录）到的信号正比于被测量的变化状态。如果进入非线性区域，则信号将发生畸变，结果不但不能正比于被测信号的幅值，而且会增加大量谐波。

周期信号的均值 μ_x 为

$$\mu_x = \frac{1}{T_0} \int_0^{T_0} x(t)\,\mathrm{d}t \tag{2-38}$$

μ_x 是信号的常值分量。

周期信号全波整流后的均值就是信号的绝对均值 $\mu_{|x|}$，即

$$\mu_{|x|} = \frac{1}{T_0} \int_0^{T_0} |x(t)|\,\mathrm{d}t \tag{2-39}$$

有效值是信号的方均根值 x_rms，即

$$x_\mathrm{rms} = \sqrt{\frac{1}{T_0} \int_0^{T_0} x^2(t)\,\mathrm{d}t} \tag{2-40}$$

有效值的二次方——均方值就是信号的平均功率 P_av，即

$$P_{av} = \frac{1}{T_0} \int_0^{T_0} x^2(t) \, dt \qquad (2-41)$$

P_{av} 反映信号功率的大小。信号的峰值 x_p、绝对均值 $\mu_{|x|}$ 和有效值 x_{rms} 可用三值电压表来测量，也可用普通的电工仪表来测量。峰值 x_p 可根据波形折算或用能记忆瞬峰示值的仪表测量，也可以用示波器来测量。绝对均值可用直流电压表测量。因为信号是周期交变的，如果交流频率较高，交流成分只影响表针的微小晃动，不影响绝对均值读数。当频率低时，表针将产生摆动，影响绝对均值读数。这时可用一个电容器与电压表并接，将交流分量旁路，但应注意这个电容器对被测电路的影响。值得指出，虽然一般的交流电压表均按有效值刻度，但其输出量（例如指针的偏转角）并不一定和信号的有效值成比例，而是随着电压表的检波电路的不同，其输出量可能与信号的有效值成正比例，也可能与信号的峰值或绝对均值成比例。不同检波电路的电压表上的有效值刻度都是依照单一简谐信号来刻度的。这就保证了用各种电压表在测量单一简谐信号时都能正确测得信号的有效值，获得一致的读数。然而，由于刻度过程实际上相当于把检波电路输出和简谐信号有效值的关系"固化"在电压表中，这种关系不适用于非单一简谐信号，因为随着波形的不同，各类检波电路输出和信号有效值的关系已经改变了，从而造成电压表在测量复杂信号有效值时的系统误差，这时应根据检波电路和波形来修正有效值读数。

2.2.2 瞬变非周期信号与连续频谱

非周期信号包括准周期信号和瞬变非周期信号两种，其频谱各有特点。

如前所述，周期信号可展开成许多乃至无限项简谐信号之和，其频谱具有离散性且各简谐分量的频率具有一个公约数——基频。但几个简谐信号的叠加不一定是周期信号，也就是说，具有离散频谱的信号不一定是周期信号。只有其各简谐成分的频率比是有理数，它们能在某个时间间隔后周而复始，合成后的信号才是周期信号。若各简谐成分的频率比不是有理数，例如 $x(t) = \sin(\omega_0 t) + \sin\sqrt{2}\,\omega_0 t$，各简谐成分在合成后不可能经过某一时间间隔后重演，其合成信号就不是周期信号。但这种信号有离散频谱，故称为准周期信号。多个独立振源激励起某对象的振动往往是这类信号。

1. 傅里叶变换

周期为 T_0 的信号 $x(t)$ 的频谐是离散的。当 $x(t)$ 的周期 T_0 趋于无穷大时，该信号就成为非周期信号了，周期信号频谐谐线的频率间隔 $\Delta\omega = \omega_0 = \frac{2\pi}{T_0}$，当周期 T_0 趋于无穷大时，其频率间隔 $\Delta\omega$ 趋于无穷小，谱线无限靠近，变量 ω 连续取值以致离散谐线的顶点最后演变成一条连续曲线。所以非周期信号的频谱是连续的，可以将非周期信号理解为由无限多个频率成分所组成，并且这些频率之间的间隔趋于零，从而形成连续的频谱。

设有一个周期信号 $x(t)$，在 $(-\frac{T_0}{2}, \frac{T_0}{2})$ 区间以傅里叶级数表示为

$$x(t) = \sum_{n=-\infty}^{+\infty} c_n e^{jn\omega_0 t} \tag{2-42}$$

式中

$$c_n = \frac{1}{T_0} \int_{-\frac{T_0}{2}}^{\frac{T_0}{2}} x(t) e^{-jn\omega_0 t} dt \tag{2-43}$$

将 c_n 代入上式则得

$$x(t) = \sum_{n=-\infty}^{+\infty} \left[\frac{1}{T_0} \int_{-\frac{T_0}{2}}^{\frac{T_0}{2}} x(t) e^{-jn\omega_0 t} dt \right] e^{jn\omega_0 t} \tag{2-44}$$

当 T_0 趋于 ∞ 时,频率间隔 $\Delta\omega$ 成为 $d\omega$,离散频谱中相邻的谱线紧靠在一起,$n\omega_0$ 就变成连续变量 ω,求和符号就变为积分符号了,于是

$$x(t) = \int_{-\infty}^{\infty} \frac{d\omega}{2\pi} \left[\int_{-\infty}^{\infty} x(t) e^{-j\omega t} dt \right] e^{j\omega t} \tag{2-45}$$

$$= \int_{-\infty}^{\infty} \left[\frac{1}{2\pi} \int_{-\infty}^{\infty} x(t) e^{-j\omega t} dt \right] e^{j\omega t} dt \tag{2-46}$$

这就是傅里叶积分。

由于时间 t 是积分变量,故上式中中括号里积分后仅是 ω 的函数,记作 $X(\omega)$,于是

$$X(\omega) = \frac{1}{2\pi} \int_{-\infty}^{\infty} x(t) e^{-j\omega t} dt \tag{2-47}$$

式中

$$x(t) = \int_{-\infty}^{\infty} X(\omega) e^{-j\omega t} d\omega \tag{2-48}$$

当然,也可写成

$$X(\omega) = \int_{-\infty}^{\infty} x(t) e^{-j\omega t} dt \tag{2-49}$$

式中

$$x(t) = \frac{1}{2\pi} \int_{-\infty}^{\infty} X(\omega) e^{-j\omega t} d\omega \tag{2-50}$$

在数学上,$X(\omega)$ 为 $x(t)$ 的傅里叶变换;$x(t)$ 为对 $X(\omega)$ 的傅里叶逆变换,两者互称为傅里叶变换对。

把 $\omega = 2\pi f$ 代入式(2-49)得

$$X(f) = \int_{-\infty}^{\infty} x(t) e^{-j2\pi f t} dt \tag{2-51}$$

$$x(t) = \int_{-\infty}^{\infty} X(f) e^{j2\pi f t} df \tag{2-52}$$

这样就避免了在傅里叶变换中出现 $\frac{1}{2\pi}$ 的常数因子,使公式形式简化,其关系是

$$X(f) = 2\pi X(\omega) \tag{2-53}$$

一般 $X(f)$ 是实变量 f 的复函数,可以写成

$$X(f) = |X(f)| e^{j\varphi(f)} \tag{2-54}$$

式中，$|X(f)|$ 为信号 $x(t)$ 的连续幅值谱；$\varphi(f)$ 为信号 $x(t)$ 的连续相位谱。

非周期信号时域波形与频域波形如图 2-10 所示。必须着重指出，尽管非周期信号的幅值谱 $|X(f)|$ 和周期信号的幅值谱 $|c_n|$ 很相似，但两者是有差别的，表现在 $|c_n|$ 的量纲与信号幅值的量纲一样，而 $|X(f)|$ 的量纲则与信号幅值的量纲不一样，$|X(f)|$ 是单位频宽上的幅值，所以更确切地说，$X(f)$ 是频谱密度函数。

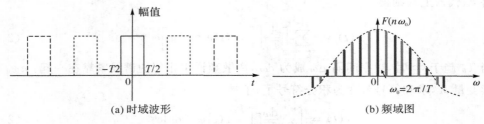

(a) 时域波形　　　　　　　　　　　　　(b) 频域图

图 2-10　非周期信号时域波形与频域图

2. 傅里叶变换的主要性质

一个信号的时域描述和频域描述依靠傅里叶变换来确立彼此一一对应的关系。熟悉傅里叶变换的主要性质有助于了解信号在某个域中的变化和运算将在另一域中产生何种相应的变化和运算关系，最终有助于对复杂工程问题的分析和简化计算工作。傅里叶变换的主要性质见表 2-1。

表 2-1　傅里叶变换的主要性质

性质	时域	频域	性质	时域	频域
函数的奇偶虚实性	实偶函数	实偶函数	频移	$x(t)e^{\mp j2\pi f_0 t}$	$X(f \pm f_0)$
	实奇函数	虚奇函数	翻转	$x(-t)$	$X(-f)$
	虚偶函数	虚偶函数	共轭	$x^*(t)$	$X^*(-f)$
	虚奇函数	实奇函数	时域卷积	$x_1(t) * x_2(t)$	$X_1(f) X_2(f)$
线性叠加	$ax(t) + by(t)$	$aX(f) + bY(f)$	频域卷积	$x_1(t)x_2(t)$	$X_1(f) * X_2(f)$
对称	$X(t)$	$x(-f)$	时域微分	$\dfrac{d^n x(t)}{dt^n}$	$(j2\pi f)^n X(f)$
尺度改变	$x(kt)$	$\dfrac{1}{k}x\left(\dfrac{f}{k}\right)$	频域微分	$(-j2\pi t)^n x(t)$	$\dfrac{d^n X(f)}{d f^n}$
时移	$x(t - t_0)$	$X(f)e^{-j2\pi f t_0}$	积分	$\displaystyle\int_{-\infty}^{t} x(t)dt$	$\dfrac{1}{j2\pi f}X(f)$

2.3　信号的时频分析

2.3.1　短时傅里叶变换

信号 $s(t)$ 与窗函数的内积即为短时傅里叶变换。

$$F_s^{\gamma}(\iota,\omega) = \; < s(t), g(t-\iota)\mathrm{e}^{-\mathrm{j}\omega t} >$$

$$\int_{-\infty}^{\infty} s(t)g^*(t-\iota)\mathrm{e}^{-\mathrm{j}\omega t}\mathrm{d}t \qquad (2-55)$$

$g(t-\iota)\mathrm{e}^{-\mathrm{j}\omega t}$ 即为我们之前提过的要找到的窗函数，其在时域和频域都具有良好的局部化特性，那么信号在这样的正交基上展开就可以同时显示信号的时域和频域特征了。对之前的信号做短时傅里叶变换，如图 2-11 所示，我们可以看到各频率分量出现的时间范围和幅值。

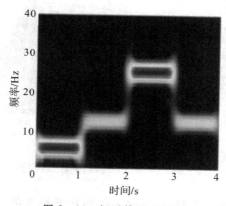

图 2-11　短时傅里叶变换

短时傅里叶变换的分辨率是固定的，这是因为我们加的窗函数的窗长固定。为了使信号平稳，我们必须有一个宽度足够短的窗函数，在这个很短的时间内，信号是平稳的。窗口越短，时间分辨率越高，信号的稳定性越高，频率分辨率越低。

2.3.2　应用案例——语音信号时频分析

短时傅里叶变换在物理学、电子类学科、信号处理、统计学、密码学、声学、光学、海洋学、结构动力学等领域都有着广泛的应用。尤其在信号处理中，傅里叶变换是最重要、应用最广泛的变换。

音频（语音）信号属于非平稳信号，它的一个重要特点是信号随时间变化而随机变化；又由于人的声道形状及其变化规律具有一定惯性，因此在一段时间间隔内语音信号保持相对稳定，所以语音信号的分析处理就必须建立在"短时"概念基础上。

对于突变音频信号，时频分析方法具有其独特的优势。对于一段课间教室里录制的音频信号,其波形如图 2-12 所示,其中包含了两段铃声,在波形图中可以很明显看出两段幅值较大的铃声波段。用传统的傅里叶变换后,得到频谱图中反而无法辨别铃声信号。由于该信号为时变信号,用短时傅里叶变换可以看出铃声的时频分布,同时可以很清楚看出该铃声的合成情况,有利于对其进行提取,噪声去除等处理。

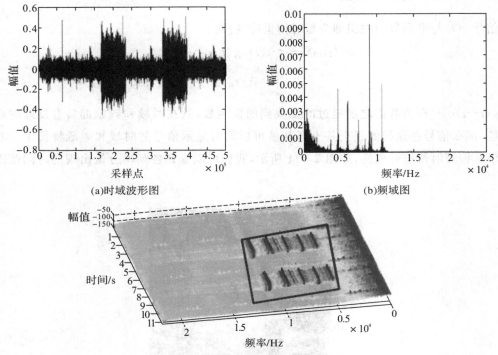

(a)时域波形图   (b)频域图

图 2-12　语音信号时域、频域、时频图

　　本节仅对铃声进行了初步提取,基本保留了铃声的绝大部分合成信号,同时去除了周围的嘈杂声和高频噪声。当然,对于音频信号的提取和去噪,必定有更优的方法,本案例主要为了体现时频分析方法在时变信号分析中,对于各个突变信号的直观展示上的优势。

　　另外,对于一些有规律的音频信号,即使信号很微弱,通过时频分析依然可以很清楚的分辨出来。图 2-13 中是在一个周围有风吹树叶,有鸟叫等环境声音中录制的一段音频,音频中同时录入了远处的一段人声。由于人声很小,从波形幅值图和傅里叶变换中都无法辨别出来。在时频图中的低频段,可以看出一段相对独立的有规律的音频信号,确定频段后可以提取出来进行辨别,最后经过信号放大,可以得到人声。同时可以看到两段有规律的信号,提取出来可以得到鸟叫声。

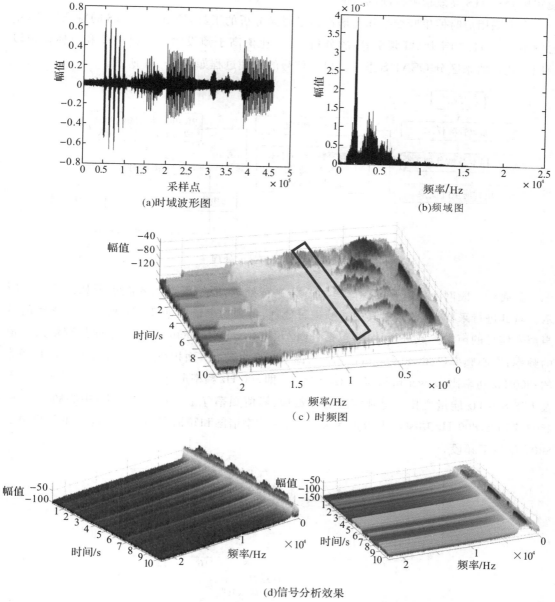

(a)时域波形图

(b)频域图

（c）时频图

(d)信号分析效果

图 2-13　信号分析效果图

　　本节还通过时频分析对鼾声信号进行了分析,对阻塞性睡眠呼吸暂停低通气综合症 (obstructive sleep apnea-hypopnea syndrome,OSAHS)的判定运用短时傅里叶变换进行了验证。鼾声信号包含和携带了人呼吸通道的结构特征和构造信息,OSAHS 患者的呼吸通道发生了结构性变化,因此鼾声信号可以反应出待测人是否患有 OSAHS,对鼾声信号的检测分析结果能够作为 OSAHS 患病的判断标准。鉴于鼾声也是一种语音信号,可通过信号采样、特征点提取、时频分析等手段对于 OSAHS 一些共有病理特征参数进行提取分析,以便实现 OSAHS 高效检测诊断的目的。

本书采用短时傅里叶变换作为鼾声信号时频分析的工具,通过 OSAHS 的特征参数(中心频率、800 Hz 功率比、峰频率等)的分析,统计比值高于预设阈值的鼾声段和总体鼾声段的归一化比值来区分 OSAHS 患者。鼾声信号的处理过程如图 2-14 所示。

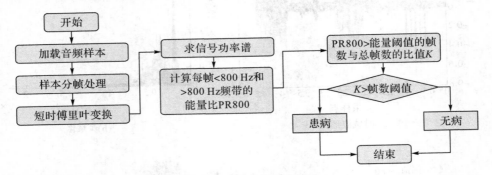

图 2-14　鼾声信号的处理

下面对一段网上的鼾声资源库里的音频进行处理,原始鼾声信号波形图如图 2-15 所示。对其进行采样分帧后,对其中一帧进行处理,得到功率谱图如 2-16 所示。对该帧的鼾声声音信号的声学参数进行计算,包括:峰值频率(peak frequency,fpeak),即具有最大能量的频率;中心频率(central frequency,fc),即该频率曲线下方面积在此频率点左右两边是相等的;800 Hz 功率比(power ratio 800 Hz,PR800),即 800 Hz 频率上下能量比,指小于等于 800 Hz 及大于 800 Hz 能量之比。得到相应的参数值:峰值频率 $f_{peak}=7031.25$ Hz,中心频率 $f_c=4593.75$ Hz,800 Hz 功率比 PR800$=0.2505$;从功率谱图和频谱图均可看出能量主要集中于 800 Hz 以下频段。

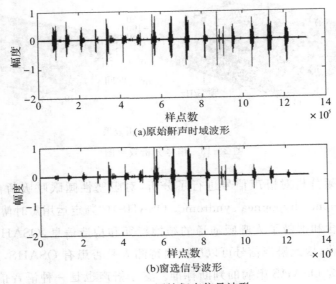

(a)原始鼾声时域波形

(b)窗选信号波形

图 2-15　原始鼾声信号波形

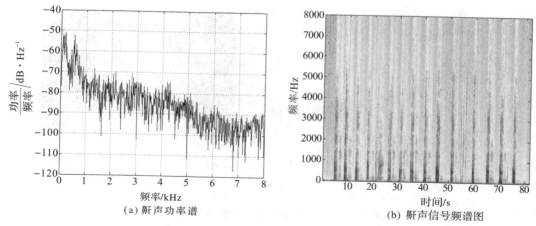

（a）鼾声功率谱　　　　　　　　（b）鼾声信号频谱图

图 2-16　鼾声信号功率谱图和频谱图

采用手机 app 鼾声分析器对鼾声进行录制,录制的界面及部分鼾声信号如图 2-17 所示。

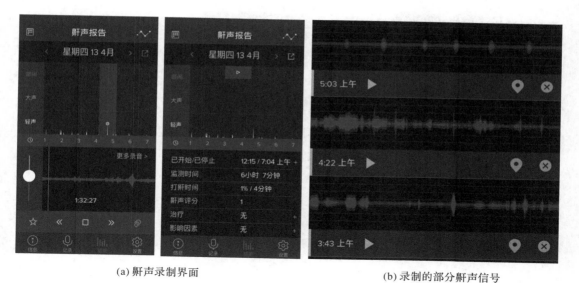

（a）鼾声录制界面　　　　　　　　（b）录制的部分鼾声信号

图 2-17　录制的界面及部分鼾声信号

对其中鼾声明显的一个时间段的信号进行处理(2:57am 时间段的鼾声),几个特征参数值如下:

峰值频率 $f_{peak} = 31.25$ Hz,中心频率 $f_c = 3312.50$ Hz,800 Hz 功率比 PR800 $= 0.7833$。其功率谱图和频谱图如图 2-18 所示。从频谱图中可以明显看出,能量在 800 Hz 以下聚集度非常高。

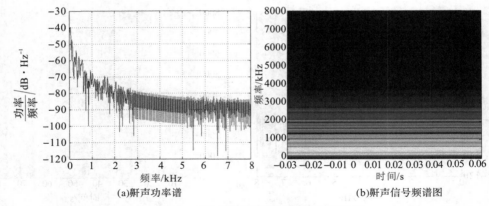

(a)鼾声功率谱   (b)鼾声信号频谱图

图 2-18　某段鼾声信号功率谱图和频谱图

2.4　思　考　题

(1)请简述信号的分类。

(2)常用的信号时域统计指标有哪些？

(3)自相关函数有哪些应用？

(4)互相关函数有哪些应用？

(5)傅里叶级数适用于分析什么类型信号？

(6)两种傅里叶级数展开形式有什么异同？

(7)请列举 3 条傅里叶变换的基本性质。

(8)短时傅里叶变换的优点是什么？

第3章 典型相关分析

3.1 典型相关分析概述

3.1.1 典型相关分析的研究背景

相关,其词意是"彼此关连、互相牵涉"。在自然界或人类社会中,事物或现象之间相随变动的关系称为相关关系。而在数学领域中,如果变量之间具有相随变动的关系,则称变量之间相关。

在统计学中,两个变量之间的关系可能是确定的关系,即函数关系,也可能是非确定性关系。当自变量取值一定时,若因变量也唯一确定,则变量之间的关系为确定性关系;而当自变量取值一定时,若因变量具有随机性且不唯一确定,这种变量之间的关系则称为相关关系。相关关系是一种非确定性关系,如长方体的高与体积之间的关系就是确定关系,而人的身高与体重的关系,学生的数学成绩与物理成绩的关系(见图3-1)等都是相关关系。

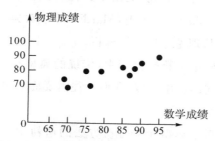

图 3-1 学生的数学成绩与物理成绩的关系

两个随机变量的相关关系可以用它们的相关系数来衡量,一个随机变量与一组随机变量之间的相关关系可以用复相关系数来衡量。但考虑一组随机变量与另一组随机变量的关系时,如果运用两个变量的相关关系,分别考虑第一组每个变量和第二组中每个变量的相关,或者运用复相关关系考虑一组变量中的每个变量和另一组变量的相关,这样做比较繁琐,抓不住要领。因此,为了用比较少的变量来反映两组变量之间的相关关系,一种考虑的思路就是类似主分量分析,考虑两组变量的线性组合,从这两个线性组合中找出最相关的综合变量,通过少数几个综合变量来反映两组变量的相关性质,这样便引出了典型相关分析(canonical correlation analysis,CCA)。

典型相关的概念是在两个变量相关的基础上发展起来的。典型相关分析的思想类似主成分分析，但他们研究的对象不同。主分量分析出发点是从一组随机变量出发，寻求该组随机变量间的线性组合，试图用少数的线性组合反映原来多个变量的信息，同时又可以保证这些综合指标间互不相关。典型相关分析主要研究两组变量之间的相关性问题，它通过提取少数几对变量（称为典型变量），将两组变量之间复杂的相关关系进行简化，用这些典型变量之间的相关性来反映两组变量之间的关联性。同时，这些典型变量对之间相互独立，互不相关。

典型相关分析作为多元统计学的一个重要部分，是相关分析研究的一个重要内容。典型相关分析不仅其方法本身具有重要的理论意义，而且它还可以作为其他分析方法，如多重回归、判别分析和相应分析的工具，因此在多元分析方法中占有特殊地位。

典型相关分析的目的是识别并量化两组变量之间的联系，将两组变量相关关系的分析转化为一组变量的线性组合与另一组变量线性组合之间的相关关系分析。

目前，典型相关分析作为一种统计分析方法，广泛应用于心理学、市场营销等领域。如用于研究个人性格与职业兴趣的关系，市场促销活动与消费者响应之间的关系等问题的分析研究。近些年来，国内外已开始将典型相关分析用于信号处理、计算机视觉及语音识别等领域，并取得了一定进展。

3.1.2 典型相关分析的发展史

1936 年霍特林（Hotelling）最早就"大学表现"和"入学前成绩"的关系、政府政策变量与经济目标变量的关系等问题进行了研究，提出了典型相关分析技术。之后，库利（Cooley）、赫内斯（Hohnes）、龙冈（Tatsuoka）及马蒂亚（Mardia）等人对典型相关分析的应用进行了讨论，克什萨加（Kshirsagar）则从理论上进行了分析。

典型相关分析最早主要应用于数据分析中，传统的典型相关分析只能用于发现两组变量间的线性相关关系。在不同的应用领域，我们往往需要面对更加复杂多样的数据，且变量间的关系也可能是非线性关系。

解决实际问题的需求刺激了典型相关分析方法的蓬勃发展。例如，为了分析变量之间的非线性相关关系，赤穗（Akaho）首先将核方法（kernel）与传统典型相关分析结合，提出了核典型相关分析（kernel canonical correlation analysis，KCCA）；山岸（Y. Yamanishi）等人在生物医学研究中，面对多数据特征集情形，将 KCCA 推广到 mutiple KCCA；在基因组数据分析中，由于基因数据的特征数目一般都远远超过可观测的数目，帕尔霍缅科（Parkhomenko）等提出了稀疏典型相关分析（sparse canonical correlation analysis，SCCA），并用于讨论基因的位点与该基因表达类型之间的相关关系。

在人脸识别和手写数据识别研究中，孙（Sun）等人提出了判别典型相关分析，利用离散类别特征数据，实现更有效的特征抽取；当数据存在噪音时，传统典型相关分析便不能很好的对数据进行分析，对此，王（Wang）在弗朗西斯（Francis）的基础上提出了贝叶斯典型相关分析，随后塞波(Seppo)对其进一步改进，并将方法应用于神经数据，分析了大脑激素的变化和自然音乐刺激之间的关系。

目前，典型相关分析及其变型被广泛应用于智能工程(计算机视觉、人机交互、机器人工程、模式识别、图像分析和处理、文本和图像检索)、电子通信、医学、遥感、航天、生物信息学、社会统计学等众多学科或领域。从典型相关分析的数据处理功能来看，上述工程应用大致可分为数据分析、回归建模和预测、单模态识别与信息融合等。

3.2　基本原理

3.2.1　典型相关分析的基本思想

假设有两组变量 $[X_1,X_2,\cdots,X_p]$ 和 $[Y_1,Y_2,\cdots,Y_q]$，我们要研究这两组变量之间的相关关系，如何给两组变量之间的相关性以定量的描述。

当 $p=q=1$ 时，就是我们常见的研究两个变量 X 与 Y 之间的简单相关关系，其相关系数是最常见的度量，定义为

$$\rho_{xy} = \frac{\mathrm{Cov}(X,Y)}{\sqrt{\mathrm{Var}(X)}\sqrt{\mathrm{Var}(Y)}} \tag{3-1}$$

当 $p \geqslant q=1$ (或 $q \geqslant p=1$)时，p 维随机向量 $X=(X_1,X_2,\cdots,X_p)'$，设 $\begin{bmatrix} X \\ Y \end{bmatrix} \sim N_{p+1}(\mu,\Sigma)$，$\Sigma = \begin{bmatrix} \Sigma_{11} & \Sigma_{12} \\ \Sigma_{21} & \Sigma_{22} \end{bmatrix}$，其中 Σ_{11} 是第一组变量的协方差阵，Σ_{12} 是第一组与第二组变量的协方差阵，Σ_{22} 是第二组变量的协方差阵，则称 $R = \sqrt{\dfrac{\Sigma_{21}\,\Sigma_{11}^{-1}\,\Sigma_{12}}{\Sigma_{22}}}$ 为 Y 与 $X_1,X_2,\cdots,X_p$ 的全相关系数。全相关系数用于度量一个随机变量 Y 与另一组随机变量 $X_1,X_2,\cdots,X_p$ 的相关系数。

当 $p>1,q>1$ 时，利用主成分分析的思想，可以把多个变量与多个变量之间的相关化为两个新的综合变量之间的相关，也就是做两组变量的线性组合，即

$$U = \alpha_1 X_1 + \alpha_2 X_2 + \cdots \alpha_p X_p = \alpha'X$$
$$V = \beta_1 Y_1 + \beta_2 Y_2 + \cdots \beta_q Y_q = \beta'Y \tag{3-2}$$

式中，$\alpha=(\alpha_1,\alpha_2,\cdots,\alpha_p)'$ 和 $\beta=(\beta_1,\beta_2,\cdots,\beta_q)'$ 为任意非零向量。于是我们把研究两组变量之间的问题转化为研究两个变量 U 与 V 之间的相关问题，希望寻求 α、β 使 U、V 之间最大可能相关，我们称这种相关为典型相关，基于这种原则的分析方法就是典型相关分析。

3.2.2　典型相关分析的基本概念

1. 典型变量与典型相关系数定义

设有两组随机变量 $X=(X_1,X_2,\cdots,X_p)'$，$Y=(Y_1,Y_2,\cdots,Y_q)'$，分别为 p 维和 q 维随

机向量，根据典型相关分析的思想，我们用 X 和 Y 的线性组合 $\alpha'X$ 和 $\beta'Y$ 之间的相关性来研究两组随机变量 X 和 Y 之间的相关性。我们希望找到 α 和 β，使 $\rho(\alpha'X, \beta'Y)$ 最大。由相关系数的定义

$$\rho(\alpha'X, \beta'Y) = \frac{\text{Cov}(\alpha'X, \beta'Y)}{\sqrt{\text{Var}(\alpha'X)}\ \sqrt{\text{Var}(\beta'Y)}} \tag{3-3}$$

易得出对任意常数 e, f, c, d，均有

$$\rho[e(\alpha'X) + f, c(\beta'Y) + d] = \rho(\alpha'X, \beta'Y) \tag{3-4}$$

这说明使得相关系数最大的 $\alpha'X, \beta'Y$ 并不唯一。因此，为了避免不必要的结果重复，我们在求综合变量时常常限定

$$\text{Var}(\alpha'X) = 1, \text{Var}(\beta'Y) = 1 \tag{3-5}$$

于是，我们就有了下面的定义：设有两组随机变量 $X = (X_1, X_2 \cdots, X_p)'$，$Y = (Y_1, Y_2 \cdots, Y_q)'$，$p+q$ 维随机向量 $\begin{bmatrix} X \\ Y \end{bmatrix}$ 的均值向量为零，协方差阵 $\Sigma > 0$（不妨设 $p \leqslant q$）。如果存在 $\alpha_1 = (\alpha_{11}, \cdots, \alpha_{p1})'$ 和 $\beta_1 = (\beta_{11}, \cdots, \beta_{q1})'$，使得在约束条件 $\text{Var}(\alpha'X) = 1$，$\text{Var}(\beta'Y) = 1$ 下，有

$$\rho(\alpha'_1 X, \beta'_1 Y) = \max \rho(\alpha'X, \beta'Y) \tag{3-6}$$

则称 $\alpha'_1 X, \beta'_1 Y$ 是 X, Y 的典型相关变量（也可称为典型变量），它们之间的相关系数称为典型相关系数。其他典型相关变量定义如下：定义了前 $k-1$ 对典型相关变量之后，如果存在 $\alpha_k = (\alpha_{1k}, \cdots, \alpha_{pk})'$ 和 $\beta_k = (\beta_{1k}, \cdots, \beta_{qk})'$，使得：

(1) $\alpha'_k X, \beta'_k Y$ 和前面的 $k-1$ 对典型相关变量都不相关；

(2) $\text{Var}(\alpha'_k X) = 1, \text{Var}(\beta'_k Y) = 1$；

(3) $\alpha'_k X$ 和 $\beta'_k Y$ 的相关系数最大。

则称 $\alpha'_k X$ 和 $\beta'_k Y$ 是 X, Y 的第 k 对（组）典型相关变量，它们之间的相关系数称为第 k 个典型相关系数（$k = 2, \cdots, p$）。

2. 典型相关变量的重要性质

根据典型相关分析的统计思想及推导，可以归纳总结典型相关变量的一些重要性质如下：

(1) 同一组的典型变量互不相关，即，设 X 与 Y 的第 i 对典型变量为

$$U_i = \alpha'_i X, V_i = \beta'_i Y, i = 1, 2, \cdots, m \tag{3-7}$$

则有

$$\rho(U_i, U_j) = 0, \rho(V_i, V_j) = 0, 1 \leqslant i \neq j \leqslant m \tag{3-8}$$

(2) 不同组的典型变量之间的相关性如下

$$\rho(U_i, V_i) = \rho_i, i = 1, 2, \cdots, m$$
$$\rho(U_i, V_j) = 0, 1 \leqslant i \neq j \leqslant m \tag{3-9}$$

表明不同组的任意两个典型变量，当 $i = j$ 时，相关系数为 ρ_i；当 $i \neq j$ 时是彼此不相关的。

（3）设 X 和 Y 分别为 p 维和 q 维随机向量，令 $X^* = C'X + d, Y^* = G'Y + h$，其中 C 为 $p \times p$ 阶非退化矩阵，d 为 p 维常数向量，G 为 $q \times q$ 阶非退化矩阵，h 为 q 维常数向量。则：

① X^* 和 Y^* 的典型相关变量为 $(a_i^*)'X^*$ 和 $(b_i^*)'Y^*$，其中 $a_i^* = C^{-1} a_i$，$b_i^* = G^{-1} b_i (i = 1, 2, \cdots, p)$；而 a_i 和 b_i 是 X 和 Y 的第 i 对典型相关变量的系数。

② $\rho[(a_i^*)'X^*, (b_i^*)'Y^*] = \rho[a_i'X, b_i'Y]$，即线性变换不改变相关性。

（4）简单相关、复相关和典型相关之间的关系。当 $p = q = 1$，X 和 Y 之间的（唯一）典型相关就是它们之间的简单相关；当 $p = 1$ 或 $q = 1$ 时，X 与 Y 之间的（唯一）典型相关就是它们的复相关。复相关是典型相关的一个特例，而简单相关又是复相关的一个特例。从第一个典型相关的定义可以看出，第一个典型相关系数至少同 X（或 Y）的任一分量与 Y（或 X）的复相关系数一样大，即使所有这些复相关系数都很小，第一个典型相关系数仍可能很大；同样，从复相关的定义也可以看出，当 $p = 1$（或 $q = 1$）时，X（或 Y）与 Y（或 X）之间的复相关系数也不会小于 X（或 Y）与 Y（或 X）的任一分量之间的相关系数，即使所有这些相关系数都很小，复相关系数仍可能很大。

3.3　算法介绍

3.3.1　典型相关分析的一般解法

设 $X_{(1)}, \cdots, X_{(n)}$ 为取自于正态总体的样本，每个样品测量两组指标，分别记为 $X = (X_1, \cdots, X_p)', Y = (Y_1, \cdots, Y_q)'$，原始矩阵为

$$
\begin{bmatrix}
x_{11} & x_{12} & \cdots & x_{1p} & y_{11} & y_{12} & \cdots & y_{1q} \\
x_{21} & x_{22} & \cdots & x_{2p} & y_{21} & y_{22} & \cdots & y_{2q} \\
\vdots & \vdots & \cdots & \vdots & \vdots & \vdots & \cdots & \vdots \\
x_{n1} & x_{n2} & \cdots & x_{np} & y_{n1} & y_{n2} & \cdots & y_{nq}
\end{bmatrix}_{n \times (p+q)}
\tag{3-10}
$$

（1）计算相关矩阵 S，设 $p \leqslant q$，样本均值为 0，协方差矩阵 S 为

$$
S = \begin{bmatrix} S_{11} & S_{12} \\ S_{21} & S_{22} \end{bmatrix} > 0
\tag{3-11}
$$

其中，S_{11}, S_{22} 分别为第一组变量和第二组变量之间的相关系数矩阵；$S_{12} = S'_{21}$ 为第一组与第二组变量之间的相关系数。

（2）求典型相关系数及典型变量。

记 $\hat{T} = S_{11}^{-1/2} S_{12} S_{22}^{-1/2}$，并设 p 阶方阵 $\hat{T}\hat{T}'$ 的特征值依次为 $\hat{\lambda}_1^2 \geqslant \hat{\lambda}_2^2 \geqslant \cdots \geqslant \hat{\lambda}_p^2 > 0 (\lambda_i > 0, i = 1, \cdots, p)$，而 $l_1, l_2, \cdots, l_p$ 为相应的单位正交特征向量。令

$$
\hat{\alpha}_k = S_{11}^{-1/2} l_k, \hat{\beta}_k = \lambda_k^{-1} S_{22}^{-1} S_{21} \hat{\alpha}_k
\tag{3-12}
$$

则 $U_k = \hat{\alpha}_k'X, V_k = \hat{\beta}_k'Y$ 为 X, Y 第 k 对典型相关变量，$\hat{\lambda}_k'$ 为第 k 典型相关系数。

写出样本的典型变量为

$$\hat{U}_1 = \hat{\alpha}^{(1)'}X, \hat{V}_1 = \hat{\beta}^{(1)'}Y$$

$$\hat{U}_2 = \hat{\alpha}^{(2)'}X, \hat{V}_2 = \hat{\beta}^{(2)'}Y$$

$$\vdots \qquad\qquad (3-13)$$

$$\hat{U}_p = \hat{\alpha}^{(p)'}X, \hat{V}_p = \hat{\beta}^{(p)'}Y$$

(3)典型相关系数的显著性检验。

首先,检验第一对典型变量的相关系数,即

$$H_0:\hat{\lambda}_1 = 0, H_1:\hat{\lambda}_1 \neq 0$$

它的似然比统计量为

$$\Lambda_1 = (1-\hat{\lambda}_1^2)(1-\hat{\lambda}_2^2)\cdots(1-\hat{\lambda}_p^2) = \prod_{i=1}^{p}(1-\hat{\lambda}_i^2) \qquad (3-14)$$

则统计量

$$Q_1 = -\left[n-2-\frac{1}{2}(p+q+1)\right]\ln\Lambda_1 \qquad (3-15)$$

给定显著性水平 α,查表得 χ_α^2,若 $Q_1 > \chi_\alpha^2$,则否定 H_0,认为第一对典型变量相关,否则不相关。如果相关则依次逐个检验其余典型相关系数,直到某一个相关系数 $\hat{\lambda}_k$ ($k=2,\cdots,p$) 检验为不显著时截止。

3.3.2 典型相关分析计算推导具体过程

设总体 $Z = (X_1,\cdots,X_p,Y_1,\cdots,Y_q)'$,已知总体的 n 次观测数据为

$$Z_{(t)} = \begin{bmatrix} X \\ Y \end{bmatrix}_{(p+q)\times 1}, \quad t=1,2,\cdots,n \qquad (3-16)$$

于是样本数据阵为

$$\begin{bmatrix} x_{11} & x_{12} & \cdots & x_{1p} & y_{11} & y_{12} & \cdots & y_{1q} \\ x_{21} & x_{22} & \cdots & x_{2p} & y_{21} & y_{22} & \cdots & y_{2q} \\ \vdots & \vdots & \cdots & \vdots & \vdots & \vdots & \cdots & \vdots \\ x_{n1} & x_{n2} & \cdots & x_{np} & y_{n1} & y_{n2} & \cdots & y_{nq} \end{bmatrix}_{n\times(p+q)} \qquad (3-17)$$

1)计算协方差矩阵 S

若假定 $Z \sim N_{p+q}(\mu,\Sigma)$,则协方差阵 Σ 的最大似然估计为

$$\hat{\Sigma} = \frac{1}{n}\sum_{t=1}^{n}(Z_{(t)}-\bar{Z})(Z_{(t)}-\bar{Z})' \qquad (3-18)$$

式中,$\bar{Z} = \frac{1}{n}\sum_{t=1}^{n}Z_{(t)}$,样本协方差矩阵 $S = \hat{\Sigma}$ 为

$$S = \begin{bmatrix} S_{11} & S_{12} \\ S_{21} & S_{22} \end{bmatrix} \qquad (3-19)$$

式中

$$S_{11} = \frac{1}{n} \sum_{j=1}^{n} (X_j - \bar{X})(X_j - \bar{X})'$$

$$S_{12} = \frac{1}{n} \sum_{j=1}^{n} (X_j - \bar{X})(Y_j - \bar{Y})'$$

$$S_{21} = \frac{1}{n} \sum_{j=1}^{n} (Y_j - \bar{Y})(X_j - \bar{X})'$$

$$S_{22} = \frac{1}{n} \sum_{j=1}^{n} (Y_j - \bar{Y})(Y_j - \bar{Y})'$$

$$\bar{X} = \frac{1}{n} \sum_{j=1}^{n} X_j, \bar{Y} = \frac{1}{n} \sum_{j=1}^{n} Y_j \qquad (3-20)$$

2）典型相关系数的公式表达

令 $U_j = \alpha' X_j, V_j = \beta' Y_j$ ，则样本的相关系数为

$$r(U_j, V_j) = \frac{\sum_{j=1}^{n} (U_j - U)(V_j - V)'}{\sqrt{\sum_{j=1}^{n} (U_j - U)^2} \sqrt{\sum_{j=1}^{n} (V_j - V)^2}} \qquad (3-21)$$

又因为

$$\bar{U} = \frac{1}{n} \sum_{j=1}^{n} U_j = \frac{1}{n} \sum_{j=1}^{n} \alpha' X_j = \alpha' \frac{1}{n} \sum_{j=1}^{n} X_j = \alpha' \bar{X}$$

$$\bar{V} = \frac{1}{n} \sum_{j=1}^{n} V_j = \frac{1}{n} \sum_{j=1}^{n} \beta' Y_j = \beta' \frac{1}{n} \sum_{j=1}^{n} Y_j = \beta' \bar{Y}$$

$$S_{U_j, V_j} = \frac{1}{n} \sum_{j=1}^{n} (U_j - \bar{U})(V_j - \bar{V})' = \frac{1}{n} \sum_{j=1}^{n} (\alpha' X_j - \alpha' \bar{X})(\beta' Y_j - \beta' \bar{Y})' = \alpha' S_{12} \beta$$

$$S_{U_j, U_j} = \frac{1}{n} \sum_{j=1}^{n} (U_j - \bar{U})(U_j - \bar{U})' = \frac{1}{n} \sum_{j=1}^{n} (\alpha' X_j - \alpha' \bar{X})(\alpha' X_j - \alpha' \bar{X})' = \alpha' S_{11} \alpha$$

$$S_{V_j, V_j} = \frac{1}{n} \sum_{j=1}^{n} (V_j - \bar{V})(V_j - \bar{V})' = \frac{1}{n} \sum_{j=1}^{n} (\beta' Y_j - \beta' \bar{Y})(\beta' Y_j - \beta' \bar{Y})' = \beta' S_{22} \beta$$

$$(3-22)$$

所以

$$r(U_j, V_j) = \frac{\alpha' S_{12} \beta}{\sqrt{\alpha' S_{11} \alpha} \sqrt{\beta' S_{22} \beta}} \qquad (3-23)$$

由于 U_j, V_j 乘以任意常数并不改变他们之间的相关系数，即不妨限定取标准化的 U_j 与 V_j ，即限定 U_j 及 V_j 的样本方差为 1，故有

$$S_{U_j, U_j} = S_{V_j, V_j} = 1 \qquad (3-24)$$

则

$$r(U_j, V_j) = \alpha' S_{12} \beta \qquad (3-25)$$

于是我们要求的问题就是在 $S_{U_j, U_j} = S_{V_j, V_j} = 1$ 的约束条件下，求 $\alpha \in R^p, \beta \in R^q$ ，使得 $r(U_j, V_j) = \alpha' S_{12} \beta$ 达到最大。

3)拉格朗日乘子法求解典型相关系数及典型变量

由拉格朗日乘子法求解上述条件极值的问题,此问题等价于求 α,β,使 $\varphi(\alpha,\beta) = \alpha' S_{12}\beta - \dfrac{\hat{\lambda}}{2}(\alpha' S_{11}\alpha - 1) - \dfrac{\hat{\mu}}{2}(\beta' S_{22}\beta - 1)$ 达到最大。其中,$\hat{\lambda}$、$\hat{\mu}$ 为拉格朗日乘数因子。

对上式分别关于 α、β 求偏导并令其为 0,得方程组

$$\begin{cases} \dfrac{\partial \varphi}{\partial \alpha} = S_{12}\beta - \hat{\lambda} S_{11}\alpha = 0 \\ \dfrac{\partial \varphi}{\partial \beta} = S_{21}\alpha - \hat{\mu} S_{22}\beta = 0 \end{cases} \qquad (3-26)$$

分别用 α',β' 左乘方程得

$$\begin{cases} \alpha' S_{12}\beta = \hat{\lambda}\, \alpha' S_{11}\alpha = \hat{\lambda} \\ \beta' S_{21}\alpha = \hat{\mu}\, \beta' S_{22}\beta = \hat{\mu} \end{cases} \qquad (3-27)$$

又

$$(\alpha' S_{12}\beta)' = \beta' S_{21}\alpha \qquad (3-28)$$

所以

$$\hat{\mu} = \beta' S_{21}\alpha = (\alpha' S_{12}\beta)' = \hat{\lambda} \qquad (3-29)$$

也就是说,$\hat{\lambda}$ 正好等于线性组合 U 与 V 之间的相关系数,于是式(3-26)可写为

$$\begin{cases} S_{12}\beta - \hat{\lambda} S_{11}\alpha = 0 \\ S_{21}\alpha - \hat{\lambda} S_{22}\beta = 0 \end{cases} \text{或} \begin{bmatrix} -\hat{\lambda} S_{11} & S_{12} \\ S_{21} & -\hat{\lambda} S_{22} \end{bmatrix} \begin{bmatrix} \alpha \\ \beta \end{bmatrix} = 0 \qquad (3-30)$$

而其有非零解的充要条件是

$$\begin{vmatrix} -\hat{\lambda} S_{11} & S_{12} \\ S_{21} & -\hat{\lambda} S_{22} \end{vmatrix} = 0 \qquad (3-31)$$

该方程左端是 $\hat{\lambda}$ 的 $p+q$ 次多项式,因此有 $p+q$ 个根。求解 $\hat{\lambda}$ 的高次方程,把求得的最大的 $\hat{\lambda}$ 代回方程组,再求得 α 和 β,从而得出第一对典型相关变量。

4)列方程组求解 $\hat{\lambda}$ 得到典型变量

具体计算时,因 $\hat{\lambda}$ 的高次方程不易解,将其代入方程组后还需求解 $p+q$ 阶方程组。为了计算上的方便,我们做如下变换:

用 $S_{12} S_{22}^{-1}$ 左乘式(3-26)的下式,则有

$$S_{12} S_{22}^{-1} S_{21}\alpha - \hat{\lambda} S_{12} S_{22}^{-1} S_{22}\beta = 0 \qquad (3-32)$$

即

$$S_{12} S_{22}^{-1} S_{21}\alpha = \hat{\lambda} S_{12}\beta \qquad (3-33)$$

又由式(3-26)的上式得

$$S_{12}\beta = \hat{\lambda} S_{11}\alpha \qquad (3-34)$$

将式(3-34)代入式(3-33)得

$$S_{12} S_{22}^{-1} S_{21}\alpha - \hat{\lambda}^2 S_{11}\alpha = 0$$

即

$$(S_{12} S_{22}^{-1} S_{21} - \hat{\lambda}^2 S_{11})\alpha = 0 \tag{3-35}$$

再用 S_{11}^{-1} 左乘上式得

$$(S_{11}^{-1} S_{12} S_{22}^{-1} S_{21} - \lambda^2 I_p)\alpha = 0 \tag{3-36}$$

因此,对 $\hat{\lambda}^2$ 有 p 个解,设为 $r_1^2 \geqslant r_2^2 \geqslant \cdots \geqslant r_p^2$,对 α 也有 p 个解。

类似地,用 $S_{21} S_{11}^{-1}$ 左乘式(3-26)中的上式,则有

$$S_{21} S_{11}^{-1} S_{12}\beta - \hat{\lambda} S_{21} S_{11}^{-1} S_{11}\alpha = 0 \tag{3-37}$$

又由式(3-26)中的下式,得

$$S_{21}\alpha = \hat{\lambda} S_{22}\beta \tag{3-38}$$

代入到 $(S_{11}^{-1} S_{12} S_{22}^{-1} S_{21} - \hat{\lambda}^2 I_p)\alpha = 0$ 式中,有

$$(S_{21} S_{11}^{-1} S_{12} - \hat{\lambda}^2 S_{22})\beta = 0 \tag{3-39}$$

再以 S_{22}^{-1} 左乘式(3-39),得

$$(S_{22}^{-1} S_{21} S_{11}^{-1} S_{12} - \hat{\lambda}^2 I_q)\beta = 0 \tag{3-40}$$

因此 $\hat{\lambda}^2$ 为 $S_{11}^{-1} S_{12} S_{22}^{-1} S_{21}$ 的特征根,α 是对应于 $\hat{\lambda}^2$ 的特征向量;同时 $\hat{\lambda}^2$ 也是 $S_{22}^{-1} S_{21} S_{11}^{-1} S_{12}$ 的特征根,β 为相应特征向量。而式 $(S_{11}^{-1} S_{12} S_{22}^{-1} S_{21} - \hat{\lambda}^2 I_p)\alpha = 0$ 和 $(S_{22}^{-1} S_{21} S_{11}^{-1} S_{12} - \hat{\lambda}^2 I_q)\beta = 0$ 有非零解的充分必要条件为

$$\begin{cases} |S_{11}^{-1} S_{12} S_{22}^{-1} S_{21} - \hat{\lambda}^2 I_p| = 0 \\ |S_{22}^{-1} S_{21} S_{11}^{-1} S_{12} - \hat{\lambda}^2 I_q| = 0 \end{cases} \tag{3-41}$$

对于式(3-41)的上式,由于 $S_{11} > 0, S_{22} > 0$,所以 $S_{11}^{-1} > 0, S_{22}^{-1} > 0$,故有: $S_{11}^{-1} S_{12} S_{22}^{-1} S_{21} = S_{11}^{-1/2} S_{11}^{-1/2} S_{12} S_{22}^{-1/2} S_{22}^{-1/2} S_{21}$ 。

如果记 $\hat{T} = S_{11}^{-1/2} S_{12} S_{22}^{-1/2}$,则 $S_{11}^{-1/2} S_{12} S_{22}^{-1/2} S_{22}^{-1/2} S_{21} S_{11}^{-1/2} = \hat{T} \hat{T}'$ 。类似可得 $S_{22}^{-1/2} S_{21} S_{11}^{-1/2} S_{11}^{-1/2} S_{12} S_{22}^{-1/2} = \hat{T}' \hat{T}$ 。

而 $\hat{T} \hat{T}'$ 与 $\hat{T}' \hat{T}$ 有相同的非零特征根,从而推出 $(S_{11}^{-1} S_{12} S_{22}^{-1} S_{21} - \hat{\lambda}^2 I_p)\alpha = 0$ 和 $(S_{22}^{-1} S_{21} S_{11}^{-1} S_{12} - \hat{\lambda}^2 I_q)\beta = 0$ 的非零特征根是相同的。设已求得 $\hat{T} \hat{T}'$ 的 p 个特征根依次为

$$\hat{\lambda}^2_1 \geqslant \hat{\lambda}^2_2 \geqslant \cdots \geqslant \hat{\lambda}^2_p > 0 \tag{3-42}$$

则 $T'T$ 的 q 个特征根中,除了上面的 p 个外,其余的 $q-p$ 个都为零。故 p 个特征根排列是 $\lambda_1 \geqslant \lambda_2 \geqslant \cdots \geqslant \lambda_p > 0$,因此,只要取最大的 λ_1,代入方程组即可求得相应的特征向量 $\alpha = \alpha_1, \beta = \beta_1$。令 $U = \alpha'_1 X$ 与 $V = \beta'_1 Y$ 为第一对典型相关变量,而 $r(U,V) = \alpha'_1 S_{12} \beta'_1 = \lambda_1$ 为第一典型相关系数。可见,求典型相关系数及典型相关变量的问题就等价于求解 $\hat{T} \hat{T}'$ 的最大特征值及相应的特征向量。

由上述分析不难看出,典型相关系数 $\hat{\lambda}_i$ 越大说明相应的典型变量之间的关系越密切,因

此一般在实际中忽略典型相关系数很小的那些典型变量,按 $\widehat{\lambda}_i$ 的大小只取前 n 个典型变量及典型相关系数进行分析。

3.3.3 典型相关系数的显著性检验具体计算过程

设总体 Z 的两组变量 $X = (X_1, X_2, \cdots, X_p)'$,$Y = (Y_1, Y_2, \cdots, Y_q)'$ 且 $Z = (X, Y)' \sim N_{p+q}(\mu, \Sigma)$。在做两组变量 X、Y 的典型相关分析之前,首先应该检验两组变量是否相关,如果不相关,则讨论两组变量的典型相关就毫无意义。

考虑假设检验问题为

$$H_0 : \rho_1 = \rho_2 = \cdots = \rho_m = 0$$
$$H_1 : \rho_1, \rho_2, \cdots, \rho_m \text{ 至少有一个不为零}$$

$$(3-43)$$

式中,$m = \min\{p, q\}$。

若检验接受 H_0,则认为讨论两组变量之间的相关性没有意义;若检验拒绝 H_0,则认为第一对典型变量是显著的。上式实际上等价于假设检验问题,如下

$$H_0 : \mathrm{Cov}(X, Y) = \Sigma_{12} = 0, H_1 : \Sigma_{12} \neq 0 \qquad (3-44)$$

用似然比方法可导出检验 H_0 的似然比统计量如下

$$\Lambda = \frac{|S|}{|S_{11}||S_{22}|} \qquad (3-45)$$

式中,$p + q$ 阶样本离差阵 S 是 Σ 的最大似然估计,且 $S = \begin{bmatrix} S_{11} & S_{12} \\ S_{21} & S_{22} \end{bmatrix}$,$S_{11}$ 和 S_{22} 分别是 Σ_{11} 和 Σ_{22} 的最大似然估计。

该似然比统计量 Λ 的精确分布已由霍特林(Hotelling),吉尔希克(Girshik)和安德森(Anderson)给出,但表达方式很复杂,又不易找到该分布的临界值表,下面我们采用 Λ 的近似分布。

利用矩阵行列式及其分块行列式的关系可得

$$|S| = |S_{22}| \cdot |S_{11} - S_{12} S_{22}^{-1} S_{21}| = |S_{22}| \cdot |S_{11}| \cdot |I_p - S_{11}^{-1} S_{12} S_{22}^{-1} S_{21}| \quad (3-46)$$

所以

$$\Lambda = |I_p - S_{11}^{-1} S_{12} S_{22}^{-1} S_{21}| = \left| \begin{pmatrix} 1 & \cdots & 0 \\ \vdots & \ddots & \vdots \\ 0 & \cdots & 1 \end{pmatrix} - \begin{pmatrix} \lambda_1^2 & \cdots & 0 \\ \vdots & \ddots & \vdots \\ 0 & \cdots & \lambda_p^2 \end{pmatrix} \right| = \prod_{i=1}^p (1 - \widehat{\lambda}_i^2) \quad (3-47)$$

式中,$\widehat{\lambda}_i^2$ 是 $\widehat{T}\widehat{T}'$ 的特征值($\widehat{T} = S_{11}^{-1/2} S_{12} S_{22}^{-1/2}$),按大小次序排列为 $\widehat{\lambda}_1^2 \geqslant \widehat{\lambda}_2^2 \geqslant \cdots \geqslant \widehat{\lambda}_p^2 > 0$,当 $n \gg 1$ 时,在 H_0 成立下,$Q_0 = -m\ln\Lambda$ 近似服从 χ_f^2 分布,这里 $f = pq$,$m = n - 1 - \frac{1}{2}(p + q + 1)$。因此在给定检验水平 α 之下,若由样本算出的 $Q_0 > \chi_\alpha^2$ 临界值,则否定 H_0,也就是说第一对典型变量 $\widehat{U}_1, \widehat{V}_1$ 具有相关性,其相关系数为 $\widehat{\lambda}_1$,即至少可以认为第一个典型相关系数 $\widehat{\lambda}_1$ 为显著的。将它除去之后,再检验其余 $p - 1$ 个典型相关系数的显著性,这时用巴特利特提出的大样本 χ^2 检验计算统计量如下

$$\Lambda_1 = (1-\hat{\lambda}_2^2)(1-\hat{\lambda}_3^2)\cdots(1-\hat{\lambda}_p^2) = \prod_{i=2}^{p}(1-\hat{\lambda}_i^2) \tag{3-48}$$

则统计量

$$Q_1 = -\left[n-2-\frac{1}{2}(p+q+1)\right]\ln \Lambda_1 \tag{3-49}$$

近似地服从 $(p-1)(q-1)$ 个自由度的 χ^2 分布,如果 $Q_1 > \chi_\alpha^2$,则认为 $\hat{\lambda}_2$ 显著,即第二对典型变量 U_2、V_2 相关,以下逐个进行检验,直到某一个相关系数 $\hat{\lambda}_k$ 检验为不显著时截止。这时我们就找出了反映两组变量相互关系的 $k-1$ 对典型变量。

检验 $H_0^{(k)}: \lambda_k = 0, (k=2,\cdots,p)$。

当否定 H_0 时,表明 X、Y 相关,进而可以得出至少第一个典型相关系数 $\lambda_1 \neq 0$,相应的第一对典型相关变量 U_1、V_1 可能已经提取了两组变量相关关系的绝大部分信息。两组变量余下的部分可认为不相关,这时 $\lambda_k \approx 0, (k=2,\cdots,p)$,故在否定 H_0 后,有必要再检验 $H_0^{(k)}, (k=2,\cdots,p)$,即第 k 个及以后的所有典型相关系数均为 0。

为了减少计算量,下面我们采用二分法来减少检验次数,取检验统计量为

$$Q_k = -\left[n-k-\frac{1}{2}(p+q+1)\right]\sum_{i=k}^{p}\ln(1-\hat{\lambda}_i^2) \tag{3-50}$$

Q_k 近似服从 $(p-k+1)(q-k+1)$ 个自由度的 χ^2 分布。在检验水平 α 下,若 $Q_k > \chi_\alpha^2[(p-k+1)(q-k+1)]$,则拒绝 H_0,即认为第 k 对典型相关系数在显著性水平 α 下是显著的,否则不显著。

从第 2 个典型相关系数到第 p 个典型相关系数共 $p-1$ 个数,所以根据二分法的原理,将它们分为一个区间 $[2,p]$,然后先检验第 $\left[\frac{p-1}{2}\right]$ 个典型相关系数即中位数,当 $\lambda_{\left[\frac{p-1}{2}\right]} = 0$ 时,即认为第 $\left[\frac{p-1}{2}\right]$ 个典型相关系数不相关,否定原假设,接着检验 $\left[2,\left[\frac{p-1}{2}\right]\right]$;若当 $\lambda_{\left[\frac{p-1}{2}\right]} \neq 0$ 时,则检验 $\left[\left[\frac{p-1}{2}\right],p\right]$。如此划分区间依次检验下去,由数学分析上的区间套定理,一定存在第 k 个数 $(k=2,3,\cdots,p)$,使得 $\lambda_{k-1} \neq 0$,而 $\lambda_k = 0$。

以上的一系列检验实际上是一个序贯检验,检验直到对某个 k 值 H_0 未被拒绝为止。事实上,检验的总显著性水平已不是 α 了,且难以确定。而且,检验的结果易受样本容量大小的影响。因此,检验的结果只宜作为确定典型变量个数的重要参考依据,而不宜作为唯一的依据。

3.4 编程实现

典型相关分析的编程流程一般可分为以下五个步骤:

1)确立典型相关分析目标

典型相关分析所适用的数据是两组变量。我们假定每组变量都能赋予一定的理论意

义,通常一组可以定义为自变量,另一组可以定义为因变量。典型相关分析可以达到以下目标:

(1)确定两组变量相互独立或者相反,确定两组变量间存在关系的大小。

(2)为每组变量推导出一组权重,使得每组变量的线性组合达到最大程度相关。最大化余下的相关关系,且其他的线性函数是与前面的线性函数独立的。

(3)解释自变量与因变量组中存在的相关关系,通常是通过测量每个变量对典型函数的相对权重来衡量。

2)设计典型相关分析

对于典型相关分析来说,样本多少的影响和每个变量需要足够的观测都是经常遇到的。研究者容易使自变量组和因变量组包含很多的变量,而没有认识到样本量的含义。少的样本不能很好的代表相关关系,这样掩盖了有意义的相关关系。但是过多的样本量会使数据"过度拟合",在查找了一部分资料后发现,样本量一般设为 10 个左右最合适。

3)检验典型相关分析基本假设

线性假定影响典型相关分析的两个方面。首先,任意两个变量间的相关系数是基于线性关系的;如果这个关系不是线性的,一个或者两个变量需要变换。其次,典型相关是变量间的相关;如果关系不是线性的,典型相关分析将不能测量到这种关系。

另外一点,典型相关分析能够包容任何没有严格正态性假定的度量变量。但是,如果变量满足正态分布,则会允许变量之间更高程度的相关。

4)估计典型模型,评价模型拟合情况

每个典型函数都包括一对变量,通常一个代表自变量,另一个代表因变量。可从变量组中提取的典型变量(函数)的最大数目等于最小数据组中的变量数目,如一个研究问题包含 5 个自变量和 3 个因变量,可提取的典型函数的最大数目是 3。

典型相关分析集中于说明两组变量间的最大相关关系,而不是一组变量。结果是第一对典型变量在两组变量中有最大的相关关系,第二对典型变量得到第一对典型变量没有解释的两组变量间的最大相关关系。简言之,随着典型变量的提取,接下来的典型变量是基于剩余残差,并且典型相关系数会越来越小。每对典型变量是正交的,并且与其他的典型变量是独立的。

5)验证模型

与其他多元分析方法一样,典型相关分析的结果应该验证,以保证结果不是只适合于样本,而是适合于总体。最直接的方法是构造两个子样本(如果样本量允许),在每个子样本上分别做分析,这样结果可以比较典型函数的相似性、典型权重等。如果存在显著差别,研究者应深入分析,保证最后结果是总体的代表而不只是单个样本的反映。

另一种方法是测量结果对于剔除一个因变量或自变量的灵敏度,保证典型权重和典型载荷的稳定性。

典型相关分析可以采用 MATLAB(一种支持数据分析、算法开发和建模的编程和数值计算平台)、R 语言(一种常用的统计编程语言)等编程实现。MATLAB 中典型相关分析的命令为 canoncorr。R 语言中进行典型相关分析的函数为 cantor。如图 3 - 2 所示,用 MATLAB 或 R 语言进行典型相关分析的步骤是:

(1)读入原始数据;

(2)对数据进行标准化处理;

(3)使用函数 canoncorr 或 cancor 做典型相关分析;

(4)得出分析结果,对结果进行描述整理;

(5)对结果进行实际含义解释,得出结论。

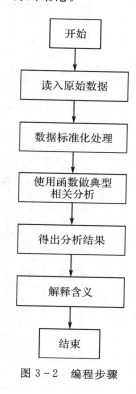

图 3 - 2　编程步骤

3.5　应用案例

3.5.1　研究土壤温度好和气温的关系

数据:某地区 46 天的土壤温度和气温的统计表,数据单位为华氏度,见表 3 - 1。

表3-1 某地区土壤温度和气温的统计表

天数	日最高土壤温度	日最低土壤温度	日土壤温度积分值	日最高气温	日最低气温	日气温曲线积分	天数	日最高土壤温度	日最低土壤温度	日土壤温度积分值	日最高气温	日最低气温	日气温曲线积分
No.	X1	X2	X3	Y1	Y2	Y3	No.	X1	X2	X3	Y1	Y2	Y3
1	85	59	151	84	65	147	24	92	73	201	93	72	186
2	86	61	159	84	65	149	25	93	72	206	93	74	188
3	83	64	152	79	66	142	26	94	72	208	94	75	199
4	83	65	158	81	67	147	27	95	73	214	93	74	196
5	88	69	180	84	68	167	28	95	70	210	93	74	196
6	77	67	147	74	66	131	29	95	71	207	96	75	198
7	78	69	159	73	66	131	30	95	69	202	95	76	202
8	84	68	159	75	67	134	31	96	69	173	84	73	173
9	89	71	195	84	68	161	32	91	69	168	91	71	170
10	91	76	206	86	72	169	33	89	70	189	88	72	179
11	91	76	206	88	73	176	34	95	71	210	89	72	179
12	94	76	211	90	74	187	35	96	73	208	91	72	182
13	94	75	211	88	72	171	36	97	75	215	92	74	196
14	92	70	201	88	72	171	37	96	69	198	94	75	182
15	87	68	167	81	69	154	38	95	67	196	96	75	195
16	83	68	162	79	68	149	39	94	75	211	93	76	198
17	87	66	197	84	70	160	40	92	73	198	88	74	188
18	87	68	177	84	70	160	41	90	74	197	91	74	178
19	88	70	169	84	70	168	42	94	70	205	92	72	175
20	83	66	170	77	67	147	43	95	71	209	92	72	190
21	92	67	196	87	67	166	44	96	72	208	92	73	189
22	92	72	199	89	69	171	45	95	71	208	94	75	194
23	94	72	204	89	72	180	46	96	71	208	96	76	202

我们将土壤温度记为 X，气温记为 Y，进行典型相关分析得到的结果见表3-2。

表 3 - 2　**X 的特征值、Y 的特征值**

X			Y		
1	2	3	1	2	3
0.8609	0	0	0.8609	0	0
0	0.0275	0	0	0.0275	0
0	0	0.3160	0	0	0.3160

可以看出其中 X 的第一组特征和 Y 的第一组特征相关性最大，其相关性达到了 $p = \sqrt{0.8609} = 0.9278$，而 X 的第三组特征和 Y 的第三组特征相关性其次，其相关性为 $p = \sqrt{0.3160} = 0.5261$。将这个两组特征向量取出，见表 3 - 3 和表 3 - 4。

表 3 - 3　**X 的第一特征向量、Y 的第一特征向量**

X 的第一特征向量	Y 的第一特征向量
0.8073	−0.0679
−0.1430	−0.1585
0.5726	0.9850

表 3 - 4　**X 的第三特性向量、Y 的第三特征向量**

X 的第三特征向量	Y 的第三特征向量
−0.2252	0.0579
−0.6896	0.7154
0.6883	−0.6963

从这两组数据可以看出，日气温积分越高，土壤温度和土壤温度积分也就越高，即这一天整体气温热量越大，土壤的热量也就越大。同时，这一天最低气温越高，土壤散发出的温度也就越低，即使空气的累计热量较低，土壤的累计热量也会有一定程度的提升。

3.5.2　手写账单录入问题

在金融等行业存在大量的手写录入工作，如图 3 - 3 所示，然而手写票据工作量大、错误率较高、需要复查，增加了人工成本，因此需要一种自动化校验工具。

图 3-3　手写发票

典型相关分析(canonical correlation analysis，CCA)是多模态特征提取方法中的代表算法，能够实现高维多模态数据的特征提取和融合。CCA 作为特征提取算法，旨在学习两组模态数据的相关投影方向，使投影后的两组模态间相关性最大，已经成功应用于如图像处理、特征融合等模式识别领域。因此，利用 CCA 提取手写字体特征用于模式识别，可构建有效的计算机手写体自动辨识系统。

将 CCA 用于模式识别时，先抽取同一模式的两组特征矢量 $x \in R_p, y \in R_q$，建立描述两组特征矢量之间相关性的判据准则，然后依此准则求取两组典型投影矢量集 $A = (\alpha_1, \alpha_2, \cdots, \alpha_d), B = (\beta_1, \beta_2, \cdots, \beta_d), d \leqslant \min(p, q)$。

求取两组典型投影矢量集 A, B 后，对于任意样本 $x_t \in R_p, y_t \in R_q$，即可用"并行融合"或"串行融合"策略进行特征融合，分别如下所示

$$A^\mathrm{T} x_t + B^\mathrm{T} y_t \tag{3-51}$$

$$\begin{bmatrix} A^\mathrm{T} x_t \\ B^\mathrm{T} y_t \end{bmatrix} \tag{3-52}$$

利用融合后的特征，可采用合适的分类器进行训练与分类。

本例中用于辨识的手写体数据源于美国邮政手写体数字数据集。美国邮政数据集有将近 10000 张图片，数据集图片示例如图 3-4 所示，原始数据为信封上手写的邮政编码或者是电话号码数字笔迹。

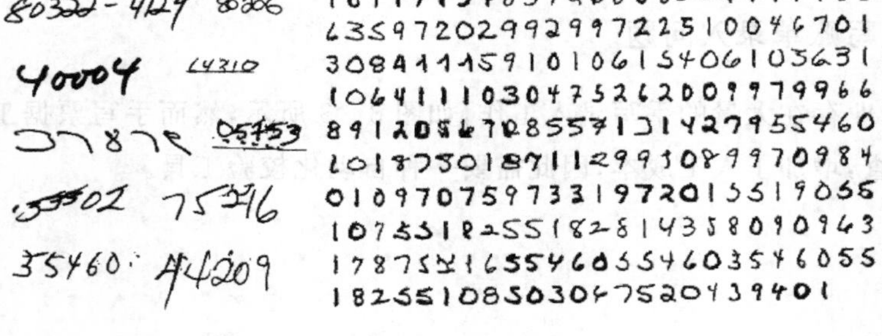

图 3-4　美国邮政数据集示例

通过对原始的笔迹数字化重新采样,生成的 USPS 手写体数字数据集包含数字 0～9 的 16×16 灰度图像,共计 9298 个样本,其中训练集设置为 7291 个样本(包含 0～9),测试集设置为 2007 个样本(包含 0～9)。每个样本表示为一个 256 维的向量(16×16 矩阵),每个像素的灰度值在 0～255 范围内。预处理把所有像素灰度值除以 255 以使其落入 0～1 范围内。由于 USPS 数据集是单视图数据集,所以我们将图像分为上下两部分,从而得到两个 128 维(8×16 矩阵)的人工双视图数据。

利用 CCA 提取手写体特征并分类识别的基本思路如图 3-5 所示,首先计算训练集中所有数字类别的人工双视图数据间的典型投影矢量集;然后使用求取的两组典型投影矢量集将训练集不同数字类别样本分别投影到 CCA 子空间,获得多分类的典型相关特征;再选择分类器,通过特征训练获得分类器模型;之后将测试集样本投影到同样的 CCA 子空间,获得待分类样本的典型相关特征;最后将待分类样本的典型相关特征输入训练完成的分类器,获得所属类别。

图 3-5　问题解决思路

本例中选用 LIBLINERA 工具箱作为分类器,使用"串行融合"方法构建输入特征,当使用全部典型相关特征进行训练与分类时,分类正确率为 91.5%,当使用一半典型相关特征时,计算速度提高,但分类正确率下降为 88.0%。

由于 CCA 是一种线性数学模型,而现实问题中存在着大量的非线性相关现象,当使用线性模型来学习非线性相关现象时,将有可能出现欠拟合现象,导致结果不够理想。对于手写体的识别,直接使用 CCA 算法也存在上述问题,导致最终辨识准确率仍低于 95%,因此大量研究人员利用核方法、局部化、概率混合模型方法等思路设计了不同的改进 CCA 算法,使其可以更精准的提取手写体识别等问题的特征,最终改善了识别准确率,为 CCA 方法在模式识别问题中的应用提供了更多的可行途径。

3.6　存在问题与发展

通过上述理论分析与应用实例可以发现并总结典型相关的不足:

(1) CCA 是一个线性数学模型,这种线性模型不足以揭示真实世界中大量存在的非线性相关现象。

(2) 用 CCA 进行单模态识别是传统的模式识别方法之一,但这种方法面临着与线性判别分析识别等价的尴尬境地,CCA 的识别性能无法得到进一步提升。

（3）基于 CCA 信息融合的多模态识别对样本的类信息没有进行有效的利用，换言之，目前的 CCA 多模态识别是以牺牲监督信息做代价的。

（4）在 CCA 模型中，样本必须成对出现，然而在实际中，由于各种原因会造成样本的缺失，样本不再成对出现，然而现有的 CCA 多模态识别无法解决这一问题。

3.7　思　考　题

（1）典型相关分析的原理是什么？

（2）典型相关分析与简单相关关系之间的区别与联系是什么？

（3）构造典型相关变量（U 和 V）时应保证所选取的系数具有什么样的特性？

（4）相关系数（r）与变量间相关关系之间的对应关系有哪些？

（5）典型相关变量的重要性质有哪些？

（6）为什么在求相关系数的时候需要加约束条件使样本方差为 1？

（7）设有两组变量 X 和 Y，请简述典型相关分析的计算流程。

（8）典型相关分析方法的局限性有哪些，应如何改进？

第4章 倒频谱

4.1 倒频谱概述

4.1.1 谱分析基本概念

信号分析常常从时间和频率两个角度来进行,如图4-1所示。在信号分析过程中,时域分析主要反映信号幅值随时间变化的特征与规律,除了单频率分量的简谐波外,很难揭示信号的频率组成和各频率分量大小。相比之下,频域分析主要反映信号幅值或能量随频率的分布特征与构成规律,对于设备转速、固有频率等参数具有更加直观的表征能力。通过频谱分析,可以提取信号的重要频率成分,从而获得信号的重要特征信息。因此,信号频谱分析方法成为信号处理技术的核心之一。

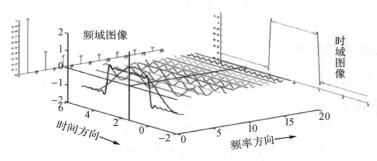

图4-1 信号的时域和频域描述

频谱分析可分为经典频谱分析和现代频谱分析。经典频谱分析是一种非参数、线性估计方法,其理论基础是信号的傅里叶变换;而现代谱分析属于非线性参数估计方法,主要通过对随机过程参数模型的参数估计实现。

目前工程应用中多采用经典频谱分析,该方法可根据傅里叶理论将周期信号展开为简谐信号的简单叠加形式,换言之,通过傅里叶变换可将信号从时间域转换到频率域。傅里叶变换式为

$$x(f) = \int_{-\infty}^{+\infty} x(t) \mathrm{e}^{-\mathrm{i}2\pi ft} \mathrm{d}t = <x(t), \mathrm{e}^{-\mathrm{i}2\pi ft}> = a(f) + b(f)\mathrm{i} \tag{4-1}$$

式中,$x(t)$为待处理的信号。经过傅里叶变换之后,可以获取频率为f的正弦波的相关信

息,幅值为 $A(f) = \sqrt{a(f)^2 + b(f)^2}$,相位为 $\varphi(f) = \tan^{-1} \dfrac{b(f)}{a(f)}$ 。

傅里叶变换的实质是通过对不同频率的正弦函数进行匹配,从而"扫描"出原始信号中的周期成分。可以将傅里叶变换类比为棱镜的作用,如图 4-2 所示,它能够将信号中的不同频率成分分离出来。

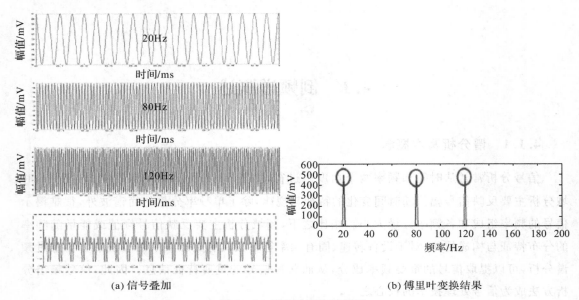

(a) 信号叠加   (b) 傅里叶变换结果

图 4-2 傅里叶变换结果图

4.1.2 倒频谱的发展史

倒频谱作为一种信号处理方法,是将频谱的前四个字母反过来写而得名。倒频谱是对其信号的频域函数进行傅里叶逆变换后的结果,又称为二次频谱。倒频谱与相关函数具有相同的量纲,唯一的区别在于倒频谱采用对数加权的方式,使其能够更好地展示频谱上的细微变化和周期性成分。通过倒频谱分析,可以有效提取频谱上的周期性分量。此外,倒频谱可以对卷积信号进行线性分解,通过测得被测对象的系统响应特性,以识别源特性或系统传输特性。倒频谱在众多领域有着广泛的应用,如语音分析中语音音调的测定、机械振动中故障监测和诊断、排除回波(反射波)等。

20 世纪 60 年代,博格特(Bogert)等人提出了功率倒频谱。1980 年,戴维斯(Davis)和默梅尔斯坦(Mermelstein)提出了梅尔频率倒谱系数(Mel frequency cepstral coefficents, MFCCs)的概念。梅尔频率倒谱系数是一种在自动语音和发音者识别中广泛使用的特征,是在梅尔标度频率域提取出来的倒谱参数,其在人工特征方面独具特色。之后,为了解决语音去混响问题,又有学者提出了复倒谱的概念。复倒谱处理技术构成了去混响方法的基础,其中,经典的方法包括复倒频谱域滤波方法和复倒谱均值减法等方法。近年来,倒频谱技术在应用中与小波分析、经验模态分解等其他信号处理方法的结合,提高了对非平稳和非线性信号的分析能力,与深度学习、神经网络等人工智能技术的结合,提高了对复杂信号的识别和分类能力。

倒频谱分析在以下领域有着广泛应用。

(1)机械故障诊断。齿轮轴承等出现故障时,信号的频谱上会出现难以识别的多簇调制边频带,采用倒频谱分析可以分解和识别故障频率,检测故障原因和部位。

(2)语音和回声分析。振源或声源信号往往受到传递系统的影响,采用倒频谱分析技术可以分离和提取源信号与传递系统影响,有利于对问题进行本质性的研究。回声在时间信号的功率谱里给出了周期性的成分,使频谱图脉动增大。利用倒频谱可将回声的影响消除,得到接近无回声影响的真实功率谱,以便在频域里对噪声进行更好的分析。

(3)运动模糊图像恢复。图像去模糊是图像处理中的基本问题,在成像系统中,引起图像退化的原因有很多,如噪声的影响就是引起图像降质的主要原因之一。另一个主要原因是成像系统的散焦、成像设备与物体的相对运动、成像器材的固有缺陷或外部干扰等过程中成像产生模糊。针对图像恢复中的模糊情况,利用倒频谱把模糊信息和原图像信息分离出来,从而可以估计出模糊图像的模糊尺度。

(4)医学应用。探讨倒频谱声学分析法与连贯言语声学信号用于鉴别病理性声信号的价值。连贯言语声和持续元音的扰动参数和倒频谱参数均可用于区别正常与声带息肉患者的噪音声学信号,倒频谱参数对区别正常和声带息肉患者噪音信号有较好的特异度和灵敏度。

4.2　基本原理

傅里叶变换实现了将信号从时域到频域的转换,然而在工程应用中实际测量到的波动、噪声信号往往不是振源信号本身,而是振源或声源信号 $x(t)$ 经过被测对象受其传递系统 $h(t)$ 作用到达测点的输出信号 $y(t)$。对于线性系统 $x(t)$、$h(t)$、$y(t)$ 三者的关系可用卷积公式表示如下

$$y(t) = x(t) * h(t) = \int_0^\infty x(\tau)h(t-\tau)\mathrm{d}\tau \qquad (4-2)$$

在这种情况下,仅仅依靠傅里叶变换难以从卷积信号中准确获取源信号 $x(t)$ 的频谱。为了解决该问题,倒频谱应运而生。

设时域信号 $x(t)$ 的傅里叶变换为 $X(f)$,功率谱密度函数为 $S_x(f)$。所谓倒频谱,就是对功率谱 $S_x(f)$ 的对数值进行傅里叶逆变换。倒频谱函数 $C_p(q)$ 的数学表达式为

$$C_p(q) = F^{-1}\{\lg S_x(f)\} \qquad (4-3)$$

式中,自变量 q 为倒频率,具有与自相关函数 $R_x(\tau)$ 的自变量 τ 相同的时间量纲。其中,较大的 q 值被称为高倒频率,用于表示频谱图上的低速波动;较小的 q 值称为低倒频率,用于表示频谱图上的快速波动。

由于人耳感知的声音频率和实际的声音频率并不是线性关系,将语音信号的频域变换到感知频域中,就能更好的模拟听觉过程的处理。研究表明,人耳的构造对不同频率声波的

听觉敏感度会有所不同,响度不同的声音作用于人耳时,高响度声音会影响低响度声音的感受,使其不易察觉形成掩蔽效应。而在人耳实际感知声音过程中,较低频率声音在内耳蜗基底膜上传递距离大于较高频率声音,容易造成低音掩蔽高音,而低音掩蔽的临界带宽较高频要小,为此我们利用了听觉模型的研究成果,按照人耳特性从低频到高频按临界带宽大小,由密到疏设计了一组带通滤波器对输入信号进行滤波,经此处理后就可以更好的作为语音输入特征,同时,这种特征与基于声道模型的 LPCC 相比具有更好的鲁棒性,更符合人耳的听觉特性,而且在信噪比降低时仍然具有较好的识别性能。为此,研究人员提出了梅尔(Mel)频率,其 Mel 标度描述了人耳频率的非线性特性,它与频率的关系可用下式近似表示

$$\text{Mel}(f) = 2595 \lg \left(1 + \frac{f}{700}\right) \qquad (4-4)$$

式中,f 为线性频率,单位为 Hz。

倒谱和梅尔频率倒谱的区别在于,梅尔频率倒谱的频带划分是在梅尔刻度上等距划分的,它比用于正常的对数倒频谱中的线性间隔的频带更近似人类的听觉系统。

倒频谱是频域函数进行傅里叶逆变换后的结果,可以视为频谱的频谱,通过倒频谱分析可以提取频谱上的周期性分量。此外,倒频谱与相关函数具有相同的量纲,唯一的区别在于前者采用对数加权的方式,使得倒频谱能够更好地展示频谱上的细微变化和周期性成分。

4.3　算法介绍

工程实测的波动、噪声信号往往并非振源信号本身,而是振源或声源信号 $x(t)$ 经传递系统 $h(t)$ 到达测点的输出信号 $y(t)$。对于线性系统 $x(t)$、$h(t)$、$y(t)$ 三者的关系可用卷积公式表示如下

$$y(t) = x(t) * h(t) = \int_0^\infty x(\tau)h(t-\tau)\mathrm{d}\tau \qquad (4-5)$$

对上式进行傅里叶变换,将时域卷积变为频域乘积,有

$$S_y(f) = S_x(f)\,S_h(f) \qquad (4-6)$$

对上式两边取对数,将乘积变为线性相加,有

$$\lg S_y(f) = \lg S_x(f) + \lg S_h(f) \qquad (4-7)$$

再进一步作傅里叶逆变换,可得倒频谱

$$F^{-1}\{\lg S_y(f)\} = F^{-1}\{\lg S_x(f)\} + F^{-1}\{\lg S_h(f)\} \qquad (4-8)$$

或

$$C_y(q) = C_x(q) + C_h(q) \qquad (4-9)$$

4.4　编程实现

如图 4-3 所示,倒频谱的基本编程步骤如下:

(1)获取信号。可以是一个音频文件(如 WAV、MP3 等格式)或从麦克风等实时获取的

音频流。

（2）预处理。对获取的音频信号进行必要的预处理，如去除静音部分、均衡化音量等操作，以提高分析的准确性。

（3）分帧。将预处理后的音频信号分割成短帧，每帧通常包含 20～30 ms 的音频数据。帧与帧之间通常有重叠，以保留时域信息。

（4）加窗。对每个帧进行窗函数加窗，以减少频谱泄漏。常用的窗函数包括汉宁窗、汉明窗等。

（5）计算 FFT。对每个加窗后的帧进行快速傅里叶变换（fast Fourier transform，FFT），得到频谱信息。

（6）取对数。对每帧的频谱进行对数运算，将乘法操作转化为加法操作，以符合声音的人耳感知特性。

（7）再次 IFT。对取对数后的频谱进行傅里叶逆变换（inverse Fourier transform，IFT），得到倒谱。

（8）倒谱提取。根据应用的特点，从倒谱系数中提取所需的基频、共振峰、包络等信息特征。

可以看到，对比倒频谱的定义表述，这里功率谱被换成了频谱。因为功率谱为频谱值的平方，在取对数后平方会变成系数 2，对后续计算影响不大，所以，可以近似认为结果相同。倒频谱在 MATLAB 中的求解函数为 rceps()，在 MATLAB 的帮助文档中，receps() 的计算公式为 real(ifft(log(abs(fft(y)))))。

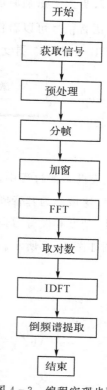

图 4-3　编程实现步骤

4.5　应用案例

4.5.1　男女生识别

1. 语音信号处理编程技巧

本编程主要是基于语音信号的倒频谱分析，所以重点介绍语音信号处理的编程技巧。

（1）语音信号是非平稳信号，具有短时平稳性。因此，在编程时通常取 10～40 ms 为一帧信号，并将其视为平稳信号。可以在短时上用倒频谱等平稳信号的处理方法对其进行分析处理。

（2）在进行语音信号的倒谱特征提取之前，需要进行端点检测，裁剪静音段，以减少静音段对提取特征的影响。

（3）在提取 Mel 倒谱特征时，需要注意 Mel 滤波器中选取的阶数。阶数越大，数据量越大，一般选取 12～36 阶之间的阶数。

2.男女生识别原理

语音信号可以看作由声门激励信号和声道冲激响应序列进行卷积得到的,其形成原理如图4-4所示。男女声识别主要是靠检测声门激励信号的差别来识行的。

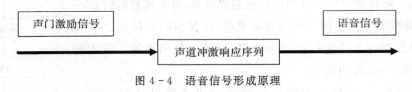

图4-4　语音信号形成原理

发浊音的过程中,气流通过声门时会使声带产生张弛震荡式振动,形成准周期的激励脉冲串,这被称为基音周期。基音频率受到声门激励信号的基音频率以及声带的长度、厚度、韧性、劲度和发音习惯等有关系,在很大程度上反映了个体的特征。基音周期和基音频率示意图如图4-5所示。

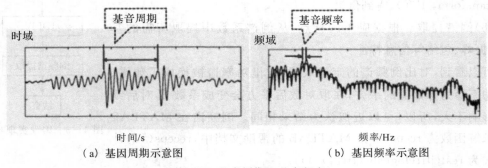

（a）基因周期示意图　　　　　　　　（b）基因频率示意图

图4-5　基音周期和基音频率

人类的基音频率范围大约为70～350 Hz,由于生理结构的差异,男性和女性的声音具有不同的听觉特征。一般而言,男声的基音频率大多为100～200 Hz,而女声的基音频率则为200～350 Hz。不同发音者的基音频率分布如图4-6所示,在对数频率轴上,男声、女声分别呈现出正态分布的特点。男声的基音频率的平均值和标准差分别为125 Hz和20 Hz,而女声的基音频率约为男声的2倍。由于男女声存在基音频率的明显差异,因此基音频率可作为男女声识别的依据。

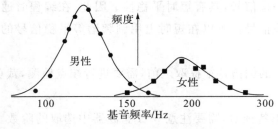

图4-6　男女声基音频率分布

倒频谱具有解卷积的功能,因此可以用于计算发音者的基音频率,从而根据基音频率的大小来判断发音者的性别。

3. 算法流程

整个基音周期的算法流程如图 4-7 所示,首先通过电脑的麦克风采集待识别的语音信号,并选择采样频率为 16000 Hz。接着,从中取出一帧数据,并对其应用 Hamming 窗函数。然后,对应用窗函数后的数据进行倒谱计算,找出该范围内的倒谱值的最大值。将最大值和设置的阈值(以 0.08 为例)进行比较,如果最大值低于或等于阈值,则判定为静音或清音;如果高于,则计算该帧的基音周期。之后,继续处理下一帧的数据。

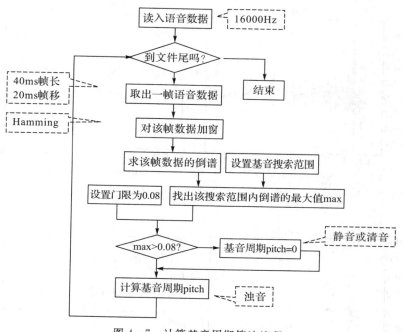

图 4-7　计算基音周期算法流程

首先使用该算法计算出所有的基音周期,然后根据基音周期计算整个语音数据基音频率的最大值。如果该最大值大于 220 Hz,则判定为女声;如果小于 200 Hz,则判定为男声;如果介于 200～220 Hz 之间,则无法进行准确判定,可能需要再进行一次测试。

4. 实验过程和结果

为了更加深入地了解倒频谱在语音识别中的重要性,这里选取了程序运行过程中用到的一些波形,男女声的清音和浊音对比图如图 4-8 和图 4-9 所示。

从图 4-8 中可以看出,男声的清音时域无明显周期性,倒谱无峰值,而男声浊音有明显的周期。取出的帧的周期有 130 个采样点,换成时间单位约为 8.125 ms,基音频率为 123.08 Hz。

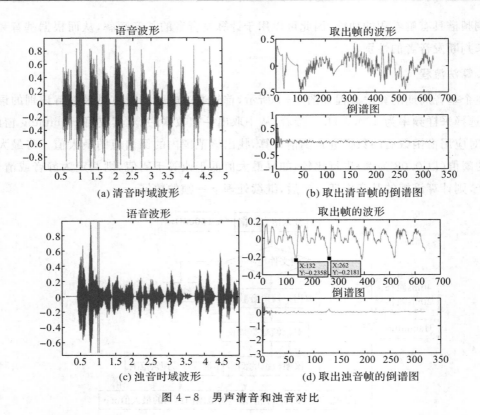

(a) 清音时域波形　　　　　　(b) 取出清音帧的倒谱图

(c) 浊音时域波形　　　　　　(d) 取出浊音帧的倒谱图

图 4-8　男声清音和浊音对比

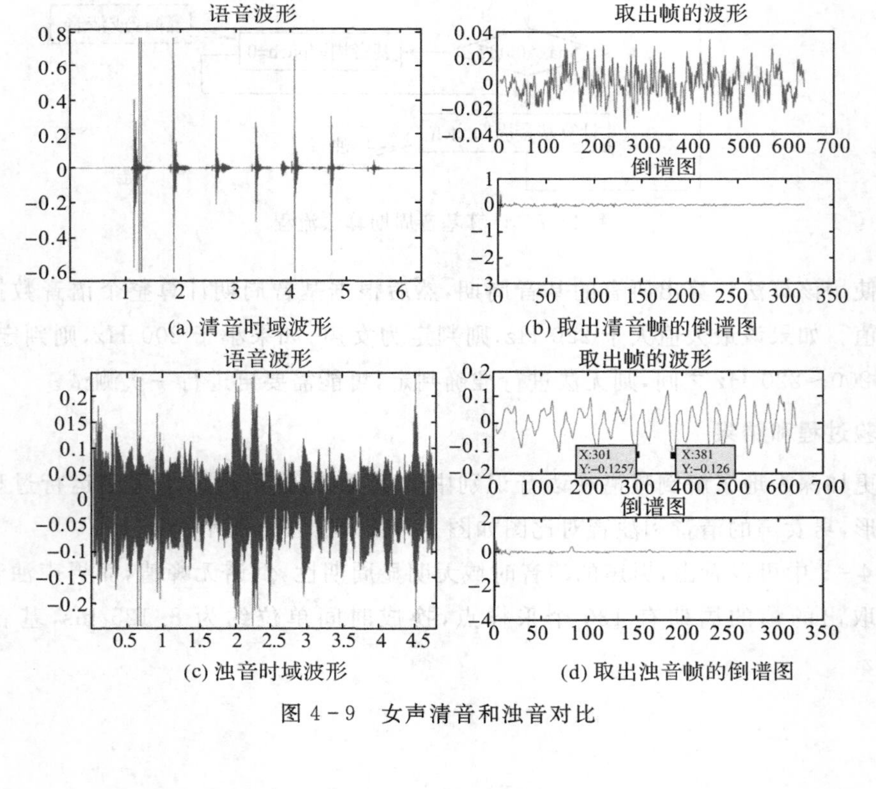

(a) 清音时域波形　　　　　　(b) 取出清音帧的倒谱图

(c) 浊音时域波形　　　　　　(d) 取出浊音帧的倒谱图

图 4-9　女声清音和浊音对比

同样,从图 4-9 中可以看出,女声的清音时域无明显周期性,倒谱无峰值,而女声浊音有明显的周期,取出的帧的周期有 81 个采样点,换成时间单位约为 5.063 ms,基音频率为 197.53 Hz。

由上所知,女声的基音频率比男声的基音频率高。以一次识别结果为例,该段语音的最大基音频率为 173.913 Hz,低于设定的阈值 200 Hz,所以识别为男声。经过多组实验,准确率可达 85% 以上。

5.结论

(1)基音频率是语音信号处理中描述激励源的重要参数之一;

(2)倒频谱可以将声音信号的激励源和传递通道分开;

(3)由于男女声基音频段存在重叠,所以不能保证识别率 100%。

4.5.2 声纹识别

1.声纹识别原理

声纹识别是从某段语音中识别出发音者的身份的过程。在声纹识别中,最重要的就是识别声音传递通道的特征。共振峰携带了声音的辨识属性,可以用来作为传递通道的特征,以识别不同的声音,如图 4-10 所示。

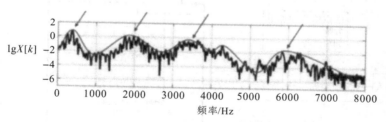

图 4-10 共振峰

实验观测发现,人耳的听觉系统类似于一个滤波器组,如图 4-11 所示。人耳对声音频谱上某些特定的频率较为敏感,意味着人耳更关注特定频率范围内的声音信息。同时,在声音频率感知范围上,人耳的感知并不遵循线性关系,而是遵循在 Mel 频域上的近似线性关系。

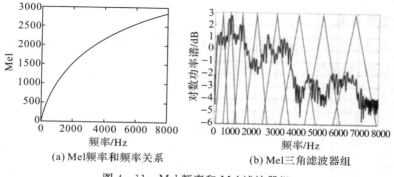

(a)Mel频率和频率关系   (b)Mel三角滤波器组

图 4-11 Mel 频率和 Mel 滤波器组

所以我们使用一个变形的倒频谱——梅尔频率倒谱系数（MFCC）来表示发音者的特征，其计算方法如图 4-12 所示。

图 4-12　梅尔频率倒谱系数

2.算法流程

整个发音者识别系统的算法流程（见图 4-13）如下：首先对语音信号进行预处理，预处理主要包括端点检测、预加重、分帧和加窗等步骤。然后，从每一帧语言中提取 MFCC。接着，使用矢量量化的方法对 MFCC 进行数据压缩，并训练一个闭集模型，该闭集模型主要包括四个发音者的语音码本。

在识别过程中，同样对输入的语音信号进行预处理，提取 MFCC，并与上面训练得到的闭集码本进行比较。然后，分别计算和每个码本之间的欧氏距离。距离最小的码本即对应于识别出的发音者身份，完成一次识别过程。

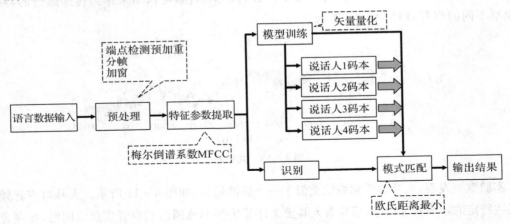

图 4-13　发音者识别系统的算法流程

3.实验过程和结果

四个发音者发音"apple"，采样率为 16000 Hz，四个发音者每人采样 6 次，然后对采样的时域波形进行裁剪，对比如图 4-14 所示。

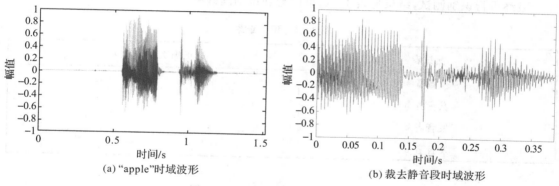

(a) "apple"时域波形　　　　　　　　(b) 裁去静音段时域波形

图 4 - 15　裁剪前后时域波形对比

预处理之后，对时域波形进行特征提取，使用 20 阶 Mel 滤波器，如图 4 - 15(a)所示，最后计算出 MFCC，如图 4 - 15(b)所示。

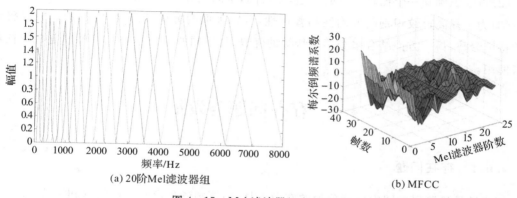

(a) 20阶Mel滤波器组　　　　　　　　(b) MFCC

图 4 - 15　Mel 滤波器组和 MFCC

对 MFCC 数据进行矢量量化，对从一帧语音数据中提取的特征矢量在多维空间中给予整体量化，从而可以在信息量损失较小的情况下压缩数据量。矢量量化前后对比如图 4 - 16 所示。

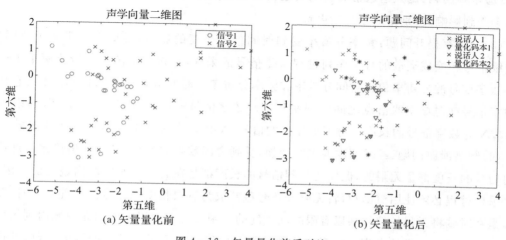

(a) 矢量量化前　　　　　　　　　　(b) 矢量量化后

图 4 - 16　矢量量化前后对比

最终进行识别测试,结果见表 4-1,可以看到识别准确率为 100%。

表 4-1 识别结果

测试者	正确次数(5 次)
发音者 a	5 次
发音者 b	5 次
发音者 c	5 次
发音者 d	5 次

4. 结论

(1)Mel 倒谱是倒谱的一种应用,频带是根据人耳听觉特性所设,常应用于声音信号处理,可以描述语音的特征。

(2)声纹识别是一个比较复杂的问题,受时间,空间和环境的影响较大。

(3)为了提高声纹识别的准确性和鲁棒性,可以采取两方面策略:一方面选取较高鲁棒性的特征参数;另一方面结合多个不同特征的优势,将不同的特征结合起来构成复合特征向量来使用。

4.6 存在问题与发展

4.6.1 存在问题

倒频谱是检测复杂图中周期分量的有力工具,但倒频谱仍存在一些问题和挑战。

(1)噪声和失真问题:倒频谱在音频信号中对噪声和失真比较敏感,不良的信号质量、环境噪声和录制失真等因素可能会影响倒频谱的准确性。

(2)基频问题:倒频谱通常需要用高通滤波器去除信号的基频成分,但基频的准确估计可能会受到影响,特别是对于复杂声音。

(3)分辨率提升问题:频率分辨率受到时间信号长度的影响,要提高分辨率十分困难。将连续信号转换成离散的数字序列过程就是信号的采样,它包含了离散和量化两个主要步骤。数字信号的分辨率包括时间分辨率和频率分辨率。时间分辨率即采样间隔 Δt,它反映了数字信号在时域中取值点之间的细密程度。数字信号的频率分辨率为 $2\pi/T$,其中 $T=N \cdot \Delta t$,N 为数字信号的长度。对于短序列的信号,N 比较小的时候,频率分辨率比较差。

(4)频谱泄露问题:经过两次傅里叶变换,受到窗函数影响严重,导致频谱泄露。理论上任何信号的长度都是无限的,但任何观测信号的长度都是在有限的时间段内进行的。因此,信号采样过程必须使用窗函数,将无限长信号截断成为有限长度的信号。从理论上看,截断过程是在时域将无限长信号乘以有限时间宽度的窗函数。由卷积定理知在频域内则为信号的频谱与窗函数频谱的卷积。由于窗函数的幅频曲线是一个无线带宽的函数,所以即使原信号为有限带宽信号,截断后信号的频谱也必然是无线带宽的。这就说明信号的能量截断后被扩展了。由此可见信号截断必然会带来一定的误差。

(5)分析参数选择:在倒谱分析中,选择合适的分析参数(如窗函数、帧长度、重叠比等)对于结果的准确性至关重要。不同的参数选择可能会导致不同的分析结果,因此需要进行参数调优。

4.6.2　发展

1. 倒熵谱

为了解决倒频谱的局限性,提出了用最大熵谱和傅里叶变换相结合的方法得到新倒频谱,即倒熵谱。最大熵谱分析又称时序谱分析方法,是一种自相关函数外推的方法,把自相关函数两边外推至无穷,预测出有限数据以外的数据,得到一个足够的数据长度,因此倒熵谱在一定程度上提高了分辨率,特别是对短时间序列具有良好的效果。倒频谱需要经过两次傅里叶变换,而倒熵谱是将其中的一次傅里叶变换用最大熵谱估计代替,因此可以减小窗函数的影响。倒熵谱算法包括倒熵傅谱法、倒傅熵谱法和倒熵熵谱法。倒熵傅谱法是在计算中先把时域信号用最大熵谱估计进行变换,得到最大熵谱(功率谱),然后对最大熵谱取对数,得到对数熵谱,再进行快速傅里叶变换。倒傅熵谱法在计算中先把时域信号通过快速傅里叶变换,得到功率谱,然后对功率谱取对数,再对其用最大熵谱估计进行分析。倒熵熵谱法在计算中先把时域信号用最大熵谱估计进行变换,得到最大熵谱,然后对最大熵谱取对数,最后再对其用最大熵谱估计进行变换。

2. 全矢倒频谱

全矢倒频谱是基于同源信息融合提出的,它把全矢谱技术和传统倒频谱相结合,是一种多通道信号分析方法。全矢谱技术可以避免单通道信号不真实的情况,倒频谱技术可以过滤掉传输途径带来的影响,能够分离和提取出幅值谱中的周期成分和多成分边频。全矢倒频谱把二者的优点结合起来能够更好的对旋转设备进行故障诊断。

3. 小波倒频谱

倒频谱和小波分析法相结合的小波倒频谱可以得到汽轮机轴承对频谱特征。

4.7　思 考 题

(1)简述倒频谱的定义。

(2)简述倒频谱的计算流程。

(3)简述倒频谱的应用领域。

(4)为什么男女声识别准确率理论上不能达到百分之百?

(5)对比功率谱,简述倒频谱在齿轮故障诊断中的优越性。

第5章　循环谱

5.1　循环谱概述

5.1.1　循环谱的研究背景

平稳随机信号的特性是各阶统计量恒定与时间无关,而任何统计量随时间变化的信号则称为非平稳信号或时变信号。在非平稳信号中有一个重要的子类,它们的统计量随时间按周期或多周期规律变化,这类信号称为循环平稳信号。具有季节性规律变化的自然界信号都是典型的循环平稳信号,如水文数据、气象数据、海洋信号等,同时也包括齿轮、轴、轴承、活塞等机械设备的振动信号。

设备振动相关的循环平稳信号具有以下特点:

(1)正常无故障的机械信号一般是平稳随机信号,统计量基本不随时间变化;

(2)故障信号产生周期成分或调制现象,其统计量呈现周期性变化,此时信号成为循环平稳信号;

(3)统计量中的特定周期信息反映机械故障的发生。

傅里叶变换是将平稳信号从时域转换到频域的有效工具,但是针对非平稳信号,傅里叶变换并不适用。尤其是对循环平稳信号来说,傅里叶变换无法很好地提取循环平稳信号中的信息和特征,因此需要寻找研究循环平稳信号的新方法。

循环谱分析方法就是研究循环平稳信号的,其循环谱密度具有一种特殊的谱相关特性——谱冗余,这是一般平稳信号谱所没有的。利用循环平稳信号谱冗余的特性,可以从平稳的干扰中将特定的循环平稳信号提取出来。

5.1.2　循环谱的发展史

循环平稳信号是一类特殊的非平稳信号。虽然人们早期就已经意识到许多人工信号和天然信号中存在循环平稳性这一客观事实,但直到具有周期变化的统计量——循环统计量这一数学工具诞生以后,人们才得以真正揭开循环平稳信号的本质。由此,学术领域出现了一类基于循环统计理论的信号处理方法——循环平稳信号处理方法。循环谱分析方法就是针对循环平稳信号的一种方法。

循环统计理论的研究在 20 世纪 80 年代中期得到了迅速发展。研究初期,人们将循环平稳信号分解为一组相关的平稳随机信号,后来转向研究信号的二阶统计量——自相关函数和功率谱密度函数。对二阶循环统计量研究做出卓越贡献的是加德纳(W. A. Gardner),他提出了谱相关理论和冗余概念。随后,有多种循环谱估计算法被提出,例如时域平滑算法和频域平滑算法。这些算法各有优缺点,需要根据不同的应用场景和信号特性进行选择和调整。同时,一些新算法也在不断研究和发展中,例如基于子空间分解、压缩感知、机器学习等方法的循环谱估计算法。近些年,随着高阶循环统计量这一数学工具诞生,循环平稳信号的研究也从二阶发展到了高阶。由此,循环谱已形成多个典型应用技术模式:

1)频谱感知

频谱感知是一种利用循环谱检测及识别授权信号和非授权信号的技术,它可以用来实现动态频谱接入和频谱共享。频谱感知可以利用循环谱在非零循环频率上的谱相关特性,抑制高斯白噪声,降低其他非循环平稳信号的影响,提高信号检测的准确性和灵敏度。

2)通信信号参数估计

通信信号参数估计是一种利用循环谱估计和提取通信信号的载频、符号速率、调制方式等参数的技术,它可以用来实现通信信号的识别和解调。通信信号参数估计可以利用循环谱在不同调制方式下的不同特征,如循环频率、循环谱峰值、循环谱形状等,设计相应的估计算法和判决准则。

3)循环平稳信号处理与应用

循环平稳信号处理与应用是一种利用循环谱分析和处理具有周期性或者调制特性的自然界或人体信号的技术,目前已在生物医学信号分析、机械故障诊断等领域实现了有效的应用。例如,循环平稳可以用来提取心音信号的特征参数,如心率、心音时长、心音强度等,从而对心脏疾病进行诊断;另外,循环平衡可检测胎儿的心跳和呼吸信号,评估胎儿的健康状况,或分析脉搏波的形态和频率,反映血管的弹性和血压的变化等。而在机械设备的状态监测和故障识别中,二阶循环统计量(如循环自相关函数和循环谱密度函数)得到了广泛应用,滚动轴承、齿轮和齿轮箱等旋转机的典型部件与系统都可以用循环平稳理论来建立信号模型,并通过分析循环统计量来检测故障特征。

5.2　基本原理

循环平稳谱分析作为一种特殊的非平稳信号处理方法,可以用来分析具有周期性统计特性的信号,如调制信号、机械故障信号等。循环平稳谱分析的基本思想是将信号的自相关函数进行傅里叶展开,得到一系列循环自相关函数,然后对每个循环自相关函数进行傅里叶变换,得到一系列循环谱密度函数。循环谱密度函数可以反映信号的频率信息和循环频率信息,从而揭示信号的内在结构和特征。

循环统计方法的核心是研究信号统计量的周期结构,即具有周期变化的统计量——循环统计量。通过直接对时变统计量进行非线性变换得到循环统计量,并依靠循环频率抽取信号时变统计量中的周期信息。循环统计量的一般表达式为

$$C_x^\alpha (\tau)_k = \lim_{T \to \infty} \frac{1}{T} \int_0^T c_x (t,\tau)_k e^{-j2\pi\alpha t} dt \tag{5-1}$$

T 代表信号的基本循环平稳周期,而 $\alpha = n/T$(n 为整数)即表示循环平稳信号的所有循环频率,其中 $n=1$ 时的 α 为信号的循环基频。

循环频率是循环平稳信号分析理论中的一个重要概念,循环频率包括零值和非零值,其中零值循环频率对应信号的平稳部分,非零值循环频率则描述了信号的循环平稳部分。从物理意义上讲,循环频率与傅里叶变换中的频率一样,都表示信号的频率。

按照统计特征参数的不同,循环统计量分为一阶循环统计量(循环均值)、二阶循环统计量(循环自相关函数与循环功率谱密度函数)和高阶循环统计量。目前,二阶循环统计量和高阶循环统计量已成为多个应用领域的重要信号处理工具。

5.3 算法介绍

5.3.1 循环均值

循环平稳过程的一阶循环统计量是指信号的均值是时间的周期函数。

假设一个随机过程由正弦信号和零均值随机噪声组成,即

$$x(t) = x_0 \cos(2\pi f_0 t) + n(t) \tag{5-2}$$

式中,x_0 为信号幅值;f_0 为信号频率;$n(t)$ 为零均值随机噪声。用统计平均求其均值得

$$m_x(t) = E[x(t)] = E[x_0 \cos(2\pi f_0 t)] + E[n(t)] = x_0 \cos(2\pi f_0 t) \tag{5-3}$$

可见均值是时间的周期函数,该信号是循环平稳信号,因此无法直接使用时间平均估计信号的均值。

对上述循环平稳信号以 T_0 为周期进行采样,则这样的采样值满足遍历性,从而可以用样本平均来估计其均值,即

$$M_x(t) = \lim_{N \to \infty} \frac{1}{2N+1} \sum_{n=-N}^{N} x(t + nT_0) \tag{5-4}$$

可以看出上式是 T_0 的周期函数,取 $\alpha = m/T$,对均值函数作傅里叶展开并整理得

$$M_x^\alpha = \lim_{T \to \infty} \frac{1}{T} \int_{-T/2}^{T/2} x(t) e^{-j2\pi\alpha t} dt = [x(t) e^{-j2\pi\alpha t}] \tag{5-5}$$

循环均值的实质是将 $x(t)$ 的频谱左移频率 α 后,再取时间平均。

5.3.2 循环自相关函数

对于零均值的非平稳复信号,时变自相关函数可以写成

$$R_x(t,\tau) = E\{x(t)x^*(t-\tau)\} \tag{5-6}$$

假定时变自相关函数具有周期性,并且周期为 T_0,类似地,以 T_0 为周期进行采样,并用

样本估计整体,则可以用时间平均将相关函数写成

$$R_x(t,\tau) = \lim_{N \to \infty} \frac{1}{2N+1} \sum_{n=-N}^{N} x(t+nT_0)x^*(t+nT_0-\tau) \tag{5-7}$$

作和求循环均值类似地处理可得

$$R_x^\alpha(\tau) = \lim_{T \to \infty} \frac{1}{T} \int_{-T/2}^{T/2} x(t)x^*(t-\tau)e^{-j2\pi\alpha t}dt = \langle x(t)x^*(t-\tau)e^{-j2\pi\alpha t} \rangle \tag{5-8}$$

循环自相关函数将载波信息和调制信息划分为循环频率高低两个不同的频段,循环频率的高频段既含有载波信息又含有调制信息,循环频率的低频段只含有调制信息,根据这两个频段的信息,可以准确地判别载波信息和调制信息。这一现象对于单一调制源多载波信号的解调具有重要作用。

下面以幅值调制信号为例对循环自相关函数的性能作仿真分析。幅值调制信号如下

$$x(t) = (1 + A\cos(2\pi f_0 t))\cos(2\pi f_c t + \theta) \tag{5-9}$$

式中,f_0 为调制频率;f_c 为载波频率。

根据上述公式,求得该信号的循环自相关函数为

$$R_x^\alpha(\tau) = \begin{cases} \frac{1}{2}\cos(2\pi f_c\tau)\left[1 + \frac{A^2}{2}\cos(2\pi f_0\tau)\right], \alpha = 0 \\[2mm] \frac{A}{2}\cos(2\pi f_c\tau)\cos(2\pi f_0\tau), \alpha = \pm f_0 \\[2mm] \frac{A^2}{2}\cos(2\pi f_c\tau), \alpha = \pm 2f_0 \\[2mm] \frac{1}{4}e^{\pm j2\theta}\left[1 + \frac{A^2}{2}\cos(2\pi f_c\tau)\right], \alpha = \pm 2f_c \\[2mm] \frac{A}{4}e^{\pm j2\theta}\cos(2\pi f_0\tau), \alpha = \pm(2f_c \pm f_0) \\[2mm] \frac{A^2}{16}e^{\pm j2\theta}, \alpha = \pm(2f_c \pm 2f_0) \end{cases} \tag{5-10}$$

从上式可以看出,循环自相关函数的非零值只存在于循环频率等于调制频率及 2 倍频、2 倍载波频率、2 倍载波频率与调制频率及其 2 倍频的和差等频率处。

如图 5-1 所示是信号的循环自相关函数三维图,从图中可以粗略地观察到循环频率信息分布在循环频率域高、低两个不同的频段。

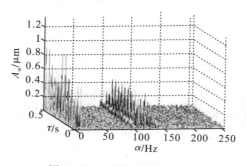

图 5-1　自相关函数三维图

为了更加清晰地获取信息,作出如图 5-2 所示的 $\tau = 10$ s 时的切片图。从图中可以看出,调制频率 $f_0 = 10$ Hz 及其 2 倍频被清晰地分离出来了;同时,在解调谱上还存在着以 2 倍载波频率 120 Hz 为中心,以调制频率 10 Hz 及其 2 倍频为边带的调制信息,解调结果满足循环自相关函数。循环频率的高频段既含载波信息又含调制信息,循环频率低频段只含调制信息。

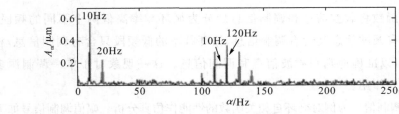

图 5-2　循环自相关函数切片图($\tau = 10$ s)

许多机械部件发生故障时所测得的振动信号存在同一故障频率调制其他多载波频率的现象,利用循环自相关函数可以在循环频率域分离载波频率信息和调制频率信息。

5.3.3　循环谱密度函数

对于平稳的随机信号来说,其自相关函数与功率谱密度函数是一对傅里叶变换对,通过功率谱密度函数可以描述信号二阶统计量的数字特征。同样,对于循环平稳信号,其循环自相关函数与循环谱密度函数也是一对傅里叶变换对。根据维纳-辛钦关系,循环谱密度(cyclic spectrum density,CSD)公式如下

$$S_x^\alpha(f) = \int_{-\infty}^{\infty} R_x^\alpha(\tau) e^{-j2\pi f \tau} d\tau \tag{5-11}$$

$\alpha = 0$ 时,循环谱密度函数退化为普通的功率谱,表示信号的平稳成分;$\alpha \neq 0$ 时,循环谱密度函数的非零部分表示信号的循环平稳成分。

对上述仿真信号求解循环谱密度函数,得到如图 5-3 所示的循环谱。从图中可以看出,在循环频率的低频段分布着调制频率及其各倍频信息;循环频率的高频段分布着以 2 倍载波频率为中心,以调制频率及其各倍频为边频带的信息。对三维循环谱作如图 5-4 所示的切片图可进行具体分析。

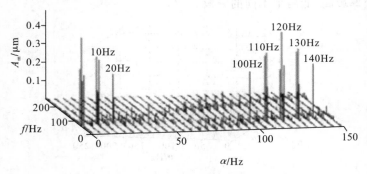

图 5-3　调频信号的循环谱

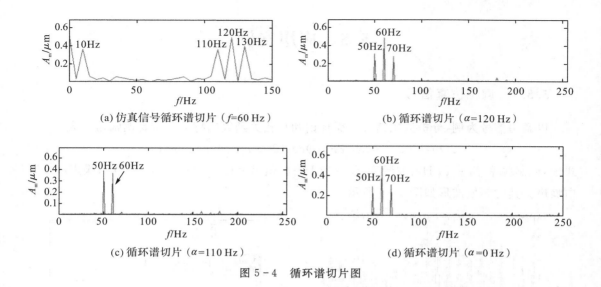

(a) 仿真信号循环谱切片（f=60 Hz）　　　(b) 循环谱切片（α=120 Hz）

(c) 循环谱切片（α=110 Hz）　　　(d) 循环谱切片（α=0 Hz）

图 5-4　循环谱切片图

由此可知,循环谱密度函数在频率域内的信息和循环频率域内的信息具有谱相关特性。对于调幅信号,载波信息在频率域内的值与其自身相等,而在循环频率域内的频率信息是其载波频率的 2 倍。而调制频率在频率域和循环频率域内的值没有变化。利用循环频率与频率之间的相关特性,用切片图可以将有用的信息提取出来进而分析频率信息特征。

5.4　编程实现

如图 5-5 所示,循环谱的基本编程实现方法为先对信号进行快速傅里叶变换(FFT),并将其在频率上进行循环移位,再进行快速傅里叶逆变换(IFFT)后得到循环谱自相关函数值。在进行循环谱计算时,需要考虑信号的采样频率及信号长度等因素,同时也需要进行信号的预处理工作,如去除直流分量、滤波、归一化等。此外,循环谱计算过程中还需要选择合适的循环移位范围、循环谱的样本点数等参数,以达到有效分析信号特性的目的。

循环谱主要应用于循环平稳信号的分析和处理,编程时主要有以下几点需要注意:

(1)循环谱只能应用于循环统计量随时间按周期或者多周期规律变化的信号,所以在编程应用时,应注意其适用性。

(2)实际参数选取合适的频率分辨率和循环频率分辨率。

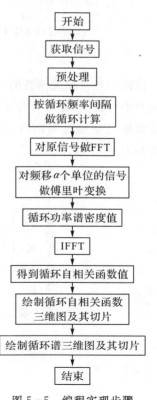

图 5-5　编程实现步骤

5.5 应用案例

5.5.1 调幅仿真信号

以调幅信号为例,分析调幅信号的循环谱和自相关函数的特点。仿真调幅信号为

$$x(t) = (1 + A\cos(2\pi f_0 t))\cos(2\pi f_c t + \theta) + 0.5n(t)$$

式中,调制频率 $f_0 = 10$ Hz;波频率 $f_c = 60$ Hz;幅值 $A = 1.5$ μm;相位 $\theta = 30°$;噪声 $n(t)$ 为白噪声。其时频域波形如图 5-6 所示。

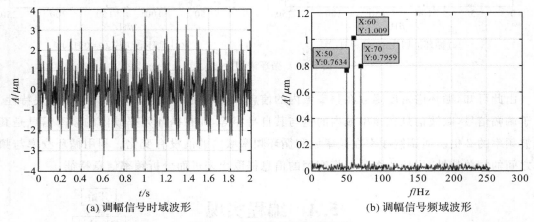

(a) 调幅信号时域波形   (b) 调幅信号频域波形

图 5-6 调幅信号时频域波形

根据循环自相关函数的定义式可以求得循环自相关函数值(见式 5-10)。从循环自相关函数中可看出,循环自相关函数的非零值只存在于循环频率等于调制频率及 2 倍频、2 倍载波频率、2 倍载波频率与调制频率及其 2 倍频的和差等频率处。该仿真信号的循环自相关函数如图 5-7 所示。

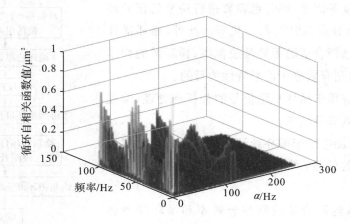

图 5-7 循环自相关波形

由图 5-7 可知,高频段循环频率范围大致为 $100\sim150$ Hz,低频段的循环频率范围大致为 $0\sim30$ Hz。为了具体分析出调制频率和载波频率,给出切片图如图 5-8 所示。

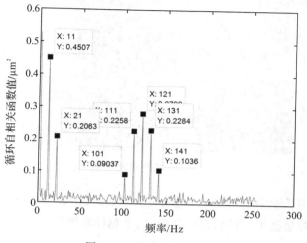

图 5-8　切片图($_t=10$ s)

从图 5-8 中可以看出,调制频率(10 Hz)及其 2 倍频被清晰分离,图中还存在以 2 倍载波频率为中心,以调制频率及其 2 倍频为边频带的调制信息。高频段既含载波信息又含调制信息,而低频段只含调制信息,其循环谱如图 5-9 所示。

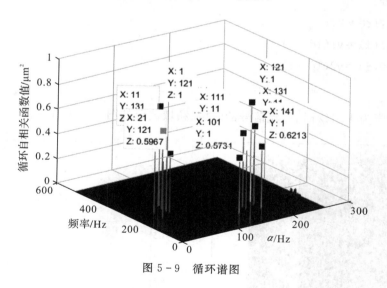

图 5-9　循环谱图

5.5.2　顶管机状态监测

顶管机现场如图 5-10 所示。顶管机数据说明:采样频率为 2048 Hz,采样长度为 425042。分析电机的电流信号在不同的电机转频下的调制现象。载波信息是同步转频/极对数,需要找出在载波信息下的系统特征频率,即调制频率。

图 5－10　顶管机现场图

预处理:采样数据长度为 425042,若直接将采样数据代入计算,会出现内存不足的现象,为保证分辨率不变,对数据进行重新采样处理,以避免计算硬件存储不足的现象。重采样程序如下:

```
load('10ac.mat')
fs＝12 8;
y1＝Track1;
y2＝Track3;
for i＝1:128 * 207
        x1(i)＝y1(16 * i)
        x2(i)＝y2(16 * i)
end
```

电机轴转频为 10 Hz 时,电流信号的时域、频域波形如图 5－11 所示。

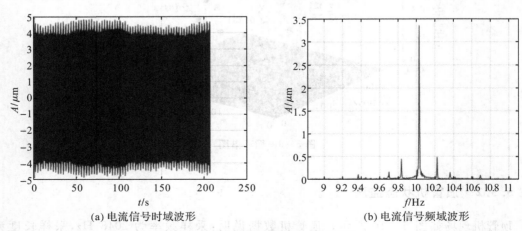

(a) 电流信号时域波形　　　　　　　　　　　(b) 电流信号频域波形

图 5－11　电流信号时域、频域波形

现对电机转轴为 10 Hz 时的电流信号做循环谱,利用循环谱及其切片(见图 5－12)找出系统的特征频率。

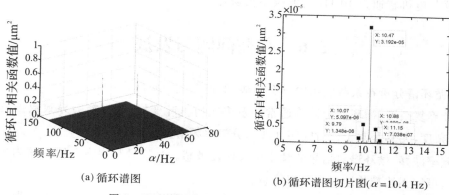

（a）循环谱图　　　　　　　（b）循环谱图切片图（α=10.4 Hz）

图 5-12　循环谱图和切片图（$\alpha = 10.4$ Hz）

从循环谱图及切片图中可以看到调制频率 $f=0.4$ Hz，即系统的特征频率为 0.4 Hz。当电机轴转频为 20 Hz 时，其电流信号时域图和循环谱图如图 5-13 所示。

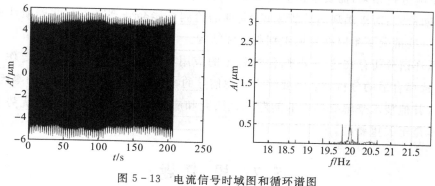

图 5-13　电流信号时域图和循环谱图

现对电机转轴为 20 Hz 时的电流信号做循环谱，利用循环谱及其切片找出系统的特征频率，如图 5-14 所示。

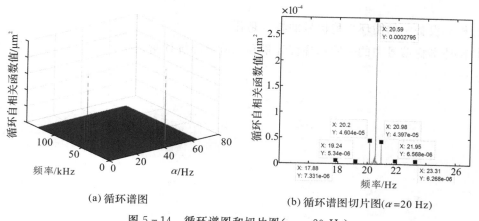

（a）循环谱图　　　　　　（b）循环谱图切片图（α=20 Hz）

图 5-14　循环谱图和切片图（$\alpha = 20$ Hz）

同样,从循环谱图及切片图中可以看到调制频率 $f = 0.4$ Hz,即系统的特征频率为 0.4 Hz,这与电机转速为 10 Hz 时的频率相吻合。

5.6 存在问题与发展

虽然循环谱分析在某些应用中具有优势,但也存在一些问题:

(1)计算复杂度:循环谱的计算通常涉及多次傅里叶变换,这可能会导致数据具有较高的计算复杂度,尤其是对于长时间序列或高分辨率频谱分析。

(2)频率漂移:循环谱对信号的频率漂移比较敏感。当信号频率在一段时间内发生变化时,循环谱可能无法准确地反映频率信息。

(3)噪声敏感性:循环谱对噪声的敏感性较高,特别是在低信噪比情况下。噪声可能会影响循环谱的清晰度和准确性。

(4)分析参数选择:循环谱分析需要选择一些参数,如窗函数、频谱分辨率等。参数的选择可能会影响分析结果,需要根据应用情况进行调优。

(5)周期检测:对于循环谱分析来说,周期的检测可能会受到噪声和非周期性成分的影响,导致在一些情况下难以准确地识别周期性结构。

尽管循环谱分析存在这些问题,但在特定的应用场景下仍然可以发挥重要作用。在实际应用中,选择合适的分析方法需要综合考虑信号的特性、噪声水平、分析目的等因素,并可能需要结合其他技术来解决存在的问题。在研究和应用中,对循环谱分析的优势和限制有清晰的认识是至关重要的。

5.7 思 考 题

(1)请简述循环谱。

(2)循环平稳信号是平稳信号吗?利用循环谱分析循环平稳信号主要得益于它的什么特性?

(3)机械设备中的循环平稳信号的特点是什么?

(4)循环平稳信号中的一阶循环统计量和二阶循环统计量是指什么?

第6章 信号的时频分析

6.1 时频分析概述

6.1.1 时频分析的研究背景

实际生产和生活中,对于常见的非平稳信号,如语音信号、音乐信号、脉冲信号、变速变载的转轴信号以及医学图像信号等,它们的频域特性是随时间变化的,人们需要了解某些局部时段上所对应的主要频率特性是什么,也需要了解某些频率的信息出现在哪些时段上。对于这种时-频局部化要求,傅里叶变换无能为力。

傅里叶变换是从时间信号中提取频谱信息,即使用 $(-\infty, \infty)$ 的时间信息来计算单个频率的频谱,因此,傅里叶变换对频率信息的刻画是"全局性"的,不能反映局部区域特征。人们虽然从傅里叶变换能清楚地看到信号包含的每一种频率成分,但很难看出不同频率信息的出现时间和延续时间,缺少时间信息使傅里叶变换分析容易出现问题。以一个简单的非平稳信号为例:

$$s(t) = \begin{cases} \sin(10\pi t), t \in [0,1] \\ 0.5\sin(22\pi t), t \in (1,2] \\ \sin(50\pi t), t \in (2,3] \\ 0.5\sin(22\pi t), t \in (3,4] \end{cases} \tag{6-1}$$

该非平稳信号的时域波形如图 6-1 所示,时频特性如图 6-2 所示,对上述信号做傅里叶变换得到图 6-3。

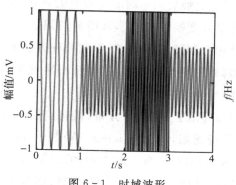

图 6-1 时域波形

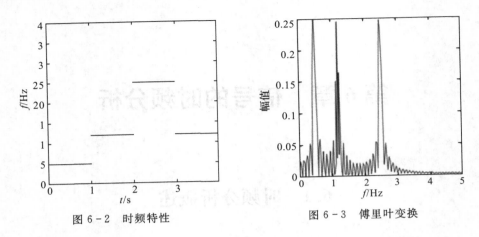

图 6-2 时频特性　　　　　　　　　图 6-3 傅里叶变换

从图 6-3 中只能看出该信号包含三个幅值相等的频率分量,分别为 5 Hz,11 Hz 和 25 Hz,但不能指出各频率分量的持续时间和幅值。伊利诺依大学教授梅耶曾说:"若你记录 1 小时长的信息而在最后 5 分钟出错,这一错误就会毁了整个傅里叶变换。相位的错误是灾难性的,如果在相位上哪怕犯了一个错误,最后会发现你所干的事与最初的信号无关了。"综上,传统的傅里叶变换在处理非平稳随机信号的过程中具有以下缺点:

(1)傅里叶变换缺乏时间和频率的定位功能。

(2)傅里叶变换不能反映信号瞬时频率随时间的变化,仅适用于分析平稳信号。

(3)傅里叶变换在时间和频率分辨率上存在局限性。

为了解决这一问题,引入时频分析来刻画信号在时间和频率的变化情况,使信号在时域和频域都有良好的局部化特性。

6.1.2 时频分析的发展史

1. Wigner - Ville 分布的发展史

从第一部分中可以知道,傅里叶变换解决了信号从时域到频域的转换问题。然而面对复杂的非平稳随机信号时,由于傅里叶变换在整个时域范围内对信号进行积分,损失了信号的所有时域信息,在此基础上提出了短时傅里叶变换。短时傅里叶变换对信号加窗后一段一段地进行傅里叶变换,实现了变换后信号时域与频域的联系,很大程度上解决了傅里叶变换的部分缺陷。然而短时傅里叶变换也存在非常明显的问题,那就是短时傅里叶变换的频域分辨率与时域分辨率之间相互制约。因此,能否有一种方法能够既保存信号的时频域信息,又能够不受到时频域分辨率的相互制约,使二者分辨率都很高,保留信号更多的时频域信息。这就是 Wigner - Ville 分布出现的背景。

1932 年,维格纳(Wigner)提出了 Wigner 分布,最初应用于量子力学的研究。1948 年,维尔(Ville)将其引入信号分析领域,称为 Wigner - Ville 分布,简称为 W - V 分布。1970 年,马克(Mark)提出 Wigner - Ville 分布中最主要的缺陷-交叉干扰项的存在。Wigner - Ville 分布是一种重要的双线性时频分布,具有分辨率高、能量集中和满足时频边缘特性等优点,是目前重要的时频分析工具。

2. 小波变换的发展史

小波变换的目的是既要看到信号的全貌,也要看到信号的细节。小波分析的思想源于伸缩和平移方法,这可追溯到 1910 年哈尔提出的规范正交系,他的贡献是克服了傅里叶变换虽然在频域实现了完全的局部化,但在时域却没有任何分辨能力的缺点。1981 年,斯特龙伯格对 Haar(哈尔)基进行改进,证明小波函数的存在性。1984 年,莫莱特在分析地震数据的局部性时引入了小波概念。之后,格罗斯曼对莫莱特的伸缩、平移小波概念可行性进行了研究,开创了小波分析的先河。1986 年,梅耶创造性地构造出二进伸缩、平移小波基函数,掀起了小波研究热潮。

6.2　基本原理

6.2.1　时频分析的基本思想

信号的时域和频域表示是信号在不同正交基上的展开,而展开的结果取决于正交基的特性。如果能找到一个这样的正交基,它的基函数在时域和频域都集中在很小的范围内,或者说在时域和频域都具有良好的局部化特性,那么信号在这样的正交基上展开,就可以同时显示信号的时域和频域特征了。我们把这样的基函数称为窗函数,信号在窗函数上的展开称为信号的时频表示。

信号 $f(t)$ 在窗函数 $g_{w\tau}(t)$ 上的展开 $<f(t),g_{w\tau}(t)>$ 表明了信号在相平面上 (w,τ) 这一点的状态。窗口的宽度反映了窗函数的局部化特性,也直接影响了对信号进行时频分析的分辨率,因此希望窗宽越小越好。然而窗函数的时宽和频宽不可能同时取得任意小,它们之间存在一定的制约关系,海森堡测不准原理说明了这种关系:设窗函数 $g(t)$ 的时窗宽度和频窗宽度分别为 Δg 和 $\Delta\bar{g}$,则 $\Delta g\cdot\Delta\bar{g}\geqslant 0.5$,若 $g(t)$ 为实函数,则仅当 $g(t)$ 为高斯函数时等号成立。

6.2.2　时频分析的基本概念

1. 窗函数的定义

数字信号处理的主要数据工具是傅里叶变换,当运用计算机实现测试信号处理时,不可能对无限长的信号进行测量和运算,而是取其有限的时间片段进行分析。具体做法是从时域信号中截取一个时间片段,然后用截取的信号时间片段进行周期延拓处理,得到虚拟的无限长信号,再进行相关分析。当无限长信号被截断后,即使是周期信号,如果截断的时间长度不是信号周期的整数倍(整周期截断),那么其频谱会发生畸变,为了将这个泄漏误差减少到最小程度,我们需要采用不同的截取函数对信号进行截断。截断函数称为窗函数,其作用主要是用来减小频谱泄漏和改善栅栏效应,只有对窗函数特性进行深入了解,才能针对不同的应用场合的信号选择恰当的窗函数。以下介绍几种常用窗函数的性质和特点：

(1)矩形窗。矩形窗属于时间变量的零次幂窗,矩形窗使用最多,习惯不加窗就是使信号通过了矩形窗。这种窗的优点是主瓣比较集中,缺点是旁瓣较高,并有负旁瓣,导致变换中带进了高频干扰和泄漏,甚至出现负谱现象。

(2)三角窗。三角窗亦称费杰窗,是幂窗的一次方形式,与矩形窗比较,三角窗的主瓣宽约等于矩形窗的两倍,但旁瓣小,而且无负旁瓣。

(3)汉宁窗,又称余弦窗。汉宁窗可以看成3个矩形时间窗的频谱之和。汉宁窗主瓣加宽并降低,旁瓣则显著减小,从减小泄漏的观点出发,汉宁窗优于矩形窗,但汉宁窗主瓣加宽,相当于分析带宽加宽,频率分辨力下降。

(4)海明窗。海明窗与汉宁窗一样,也是余弦窗的一种,只是加权系数不同,海明窗加权的系数能使旁瓣达到更小,分析表明,海明窗的第一旁瓣衰减为-42 dB,但其旁瓣衰减速度为20分贝每十倍频程,这比汉宁窗衰减速度慢。

(5)高斯窗。高斯窗是一种指数窗,它无负的旁瓣,第一旁瓣衰减达-55 dB,高斯负谱的主瓣较宽,故频率分辨力低,高斯窗函数常被用来截断一些非周期信号。

2. 信号内积与基函数

在信号处理的各种运算中,内积发挥了重要作用。考虑到实数序列 $X=(x_1, x_2, \cdots, x_n), Y=(y_1, y_2, \cdots, y_n) \in R^n$（$n$ 维实数空间),它们的内积定义为

$$\langle X, Y \rangle = \sum_{j=1}^{n} x_j y_j \qquad (6-2)$$

现有复序列 $Z=(z_1, z_2, \cdots, z_n), W=(w_1, w_2, \cdots, w_n) \in C^n$（$n$ 维复数空间),它们的内积定义为

$$\langle Z, W \rangle = \sum_{j=1}^{n} z_j w_j^* \qquad (6-3)$$

在平方可积空间 L^2 中的函数 $x(t)$、$y(t)$,它们的内积定义为

$$\langle x(t), y(t) \rangle = \int_{-\infty}^{+\infty} x(t) y^*(t) \mathrm{d}t, x(t), y(t) \in L^2 \qquad (6-4)$$

函数 $x(t)$ 的自相关函数 $R_{xx}(\tau)$ 及 $x(t)$ 与函数 $y(t)$ 的互相关函数 $R_{xy}(\tau)$,τ 是时间滞后,都可以用内积的方式表示如下

$$R_{xx}(\tau) = \int_{-\infty}^{+\infty} x(t) x^*(t-\tau) \mathrm{d}t = \langle x(t), x(t-\tau) \rangle \qquad (6-5)$$

$$R_{xy}(\tau) = \int_{-\infty}^{+\infty} x(t) y^*(t-\tau) \mathrm{d}t = \langle x(t), y(t-\tau) \rangle \qquad (6-6)$$

当 $R_{xx}(\tau)$ 的绝对值达到最大时,$x(t)$ 与 $x(t-\tau)$ 最相关；当 $R_{xy}(\tau)$ 的绝对值达到最大时,$x(t)$ 与 $y(t-\tau)$ 最相关。不妨将 $x(t-\tau)$ 与 $y(t-\tau)$ 视为"基函数",则内积可视为 $x(t)$ 与"基函数"关系紧密度或相似性的一种度量。

6.3　算法介绍

6.3.1　Wigner - Ville 分布

在短时傅里叶变换中,使用窗函数与原信号时域相乘,可以对信号进行截断后开始傅里叶变换。窗函数的引入一方面保留了信号的时域信息,一方面又使短时傅里叶变换受到时频域分辨率的限制。因此 Wigner - Ville 分布不使用信号及窗函数的乘积作为傅里叶变换的被积函数,而是采用信号的瞬时自相关函数作为被积函数,如下

$$R(t,\tau) = x(t+\frac{\tau}{2})x^*(t-\frac{\tau}{2}) \tag{6-7}$$

式中,$x^*(t)$ 为信号的共轭函数。对这个瞬时自相关函数进行傅里叶变换,可以得到 Wigner 分布如下

$$W_x(t,w) = \int_{-\infty}^{+\infty} x(t+\frac{\tau}{2})x^*(t-\frac{\tau}{2})e^{-jw\tau}d\tau \tag{6-8}$$

根据 Hilbert(希尔伯特)变换,将信号 $x(t)$ 变换成解构形式 $z(t)$

$$Z(t) = x(t) + jH[x(t)] \tag{6-9}$$

其中

$$H[x(t)] = \lim_{\delta \to 0}[\int_{-\infty}^{+\infty} \frac{x(t-u)}{u}du + \int_{\delta}^{+\infty} \frac{x(t-u)}{u}du] \tag{6-10}$$

此时信号从一维信号变为二维平面的复信号。Hilbert 变换是信号分析的一个重要工具,在信号处理系统和通信系统中非常有用,其主要作用有以下三点:①用来构建解析信号,使信号频谱仅含有正频率成分,从而降低信号的抽样率;②可以用来表示带通信号,从而为无线电通信中的信号调制提供了一种方法;③与其他变换及分解结合在一起,进行非平稳信号的频谱分析。之后对 $z(t)$ 形式的信号瞬时自相关函数做傅里叶变换,得到信号的Wigner - Ville 分布如下

$$W_z(t,w) = \int_{-\infty}^{+\infty} z(t+\frac{\tau}{2})z^*(t-\frac{\tau}{2})e^{-jw\tau}d\tau \tag{6-11}$$

Wigner - Ville 分布是对信号的瞬时自相关函数做傅里叶变换,且其时间带宽积达到不确定性原理给出的 Heisenberg(海森堡)不等式下界,因此没有任何一种时频联合分布的时频分辨率能够超越 Wigner - Ville 分布。但对于多分量信号,不同的信号分量之间会产生交互作用,交叉项的存在会干扰时频信号的分析。如图 6 - 4 所示,假设有一多分量信号为

$$Z(t) = Z_1(t) + Z_2(t) = A_1 e^{j\varphi_1(t)} + A_2 e^{j\varphi_2(t)} \tag{6-12}$$

根据 Wigner - Ville 分布的定义可得

$$W_z(t,w) = \int_{-\infty}^{+\infty}[Z_1(t+\frac{\tau}{2}) + Z_2(t+\frac{\tau}{2})] \cdot [Z_1(t-\frac{\tau}{2}) + Z_2(t-\frac{\tau}{2})]^* e^{-jw\tau}d\tau$$

$$= W_{Z_1}(t,w) + W_{Z_2}(t,w) + W_{Z_1Z_2}(t,w) + W_{Z_2Z_1}(t,w) \tag{6-13}$$

式中,前两项 $W_{Z_1}(t,w)$, $W_{Z_2}(t,w)$ 为信号的自主项,由信号的自相关产生;后两项 $W_{Z_1Z_2}(t,w)$ 和 $W_{Z_2Z_1}(t,w)$ 为交叉干扰项,由不同分量的交互作用造成。

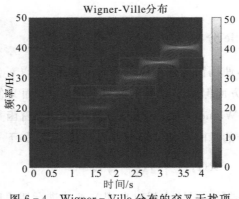

图 6 - 4　Wigner - Ville 分布的交叉干扰项

6.3.2　伪 Wigner - Ville 与平滑伪 Wigner - Ville 分布

由于 Wigner - Ville 分布存在交叉项的干扰,需要针对这一缺点进行优化。Wigner - Ville 分布是在全时间轴上用能量表示信号的特征,但在实际工作中,都是选取有限长的数据进行分析,这就相当于对原始信号施加一个随时间轴滑动的窗函数。通过对变量加窗函数可以减小交叉项带来的负面影响。改进后的 Wigner - Wille 分布称为伪 Wigner - Wille 分布(pseudo Wigner - Ville distribution,PWVD)。伪 Wigner - Ville 分布的定义式为

$$\mathrm{PWVD}_z(t,w) = \int_{-\infty}^{+\infty} z\left(t+\frac{\tau}{2}\right) z^*\left(t-\frac{\tau}{2}\right) h(\tau) \mathrm{e}^{-\mathrm{j}w\tau} \mathrm{d}\tau = W_z(t,w) * H(w) \quad (6-14)$$

式中,$h(\tau)$ 为时域上的窗函数。伪 Wigner - Ville 分布虽然在频域方向上很好地抑制了交叉项的干扰,但并没有在时域方向上削弱交叉项的影响。因此,进一步引入平滑伪 Wigner - Ville 分布(smoothed pseudo Wigner - Ville distribution,SPWVD),它是再将 PWVD 在时间方向上进行平滑处理,以弱化时域上交叉项的干扰。平滑伪 Wigner - Ville 分布的定义式为

$$\mathrm{SPWVD}_z(t,w) = \int_{-\infty}^{+\infty} h(\tau) \left[\int_{-\infty}^{+\infty} g(s-t) z\left(s+\frac{\tau}{2}\right) z^*\left(s-\frac{\tau}{2}\right) \mathrm{d}s \right] \mathrm{e}^{-\mathrm{j}w\tau} \mathrm{d}\tau \quad (6-15)$$

式中,$h(\tau)$ 与 $g(s)$ 为两个实的偶窗函数,且 $h(0) = g(0) = 0$,$g(s)$ 为频域上的窗函数。这些改进方法中,使用加窗的方法削弱了 Wigner - Ville 分布的交叉项干扰,但同时也使得 Wigner - Ville 分布在分辨率上的优势减少了。如图 6 - 5 所示,对比发现平滑伪 Wigner - Ville 分布的时频域分辨率相比 Wigner - Ville 分布差很多。

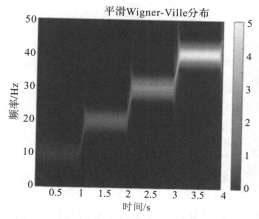

图 6 - 5　平滑 Wigner - Ville 分布的时频图

6.3.3　小波变换

由基本小波或母小波 $\gamma(t)$ 通过伸缩因子 a 和平移因子 b 产生一个函数族 $\{\gamma_{b,a}(t)\}$ 称为小波,有

$$\gamma_{b,a}(t) = a^{-1/2}\gamma(\frac{t-b}{a}) \tag{6-16}$$

如果 $a<1$ 则波形收缩,反之则波形伸展。这里 $a^{-1/2}$ 可保证在不同的 a 值下,小波函数伸缩过程中能量保持相等。信号 $x(t)$ 的小波变换为

$$WT_X(b,a) = a^{-1/2}\int_{-\infty}^{+\infty} x(t)\,\gamma^*(\frac{t-b}{a})\mathrm{d}t = \langle x(t),\gamma(\frac{t-b}{a})\rangle \tag{6-17}$$

式 6 - 17 表示的小波变换是用小波基函数 $\gamma((t-b)/a)$ 代替傅里叶变换中的基函数 $e^{j2\pi ft}$ 而进行的内积运算。函数 $\gamma((t-b)/a)$ 有极丰富的连续和离散形式,包括 $e^{j2\pi ft}$ 的三角基函数。小波变换的实质就是以基函数 $\gamma((t-b)/a)$ 的形式将信号 $x(t)$ 分解为不同频带的子信号。

6.4　编程实现

6.4.1　编程实现 Wigner - Ville 分布

Wigner - Ville 分布的变化公式为

$$W_x(t,\omega) = \int_{-\infty}^{+\infty} x(t+\frac{\tau}{2})x^*(t-\frac{\tau}{2})e^{-j\omega\tau}\mathrm{d}\tau \tag{6-18}$$

如图 6 - 6 所示,编程时的步骤包括:

第一步,确定相关参数,主要包括原信号、对应时间及频点数量。

第二步,根据公式 $x(t+\tau/2)x^*(t-\tau/2)$ 求取信号中心协方差矩阵。

第三步,对信号中心协方差做快速傅里叶变换。

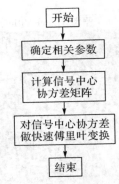

图 6 – 6   Wigner – Ville 分布编程实现步骤

MATLAB 中使用 Wigner – Ville 分布得到信号的时频谱图的语法为

$$[tfr, t, f] = tfrwv(x, t, N, \text{trace})$$

式中,x 为原信号的向量,为列向量,如果是一列,则是求其自 Wigner 分布,如果是两列,则求其互 Wigner 分布;t 为时间向量,默认为 1:length(x);N 为频点数量,默认为 length(x);trace 如果是非 0 值,则显示计算进程,默认值为 0;trf 为时频矩阵的值;t 为时间轴坐标;f 为频率轴坐标。由于 Wigner 分布是实函数,并且是偶函数,对 tfr 画图时,只画前一半就可以得到所有的信息。一般画图时有两种形式:三维图,mesh(t/fs, f(1:length(f)/2) $* fs$, abs(tfr(1:length(f)/2,:)));等高图,contour(t/fs, f(1:length(f)/2) $* fs$, abs(tfr(1:length(f)/2,:)))。三维图画图时信息全面,可以看到所有的幅值,但是计算量比较大,尤其是 Wigner 分布本身数据量比较大,点数比较密集;而等高图简单直观,只以等高线的形式画出了幅值比较高的幅值,但是有可能丢失有用信息。

附:

伪 Wigner – Ville 分布 MATLAB 语法:[tfr, t, f]=$tfrpwv(x, t, N, \text{trace})$

平滑伪 Wigner – Ville 分布 MATLAB 语法:[tfr, t, f]=$tfrspwv(x, t, N, \text{trace})$

6.4.2   编程实现小波变换

小波变换将无限长的三角函数基换成了有限长的会衰减的小波基,它的能量有限,都集中在某一点附近,而且积分的值为零。傅里叶变换中变量只有 w,而小波变换中变量有尺度 a 和平移量 b,尺度对应于频率,平移量对应于时间,所以小波变换可以用于时频分析,得到信号的时频谱。如图 6 – 7 所示,小波变换的步骤为:

第一步:把小波 $w(t)$ 和原函数 $f(t)$ 的开始部分进行比较(实际上就是作内积),计算系数 C,系数 C 表示该部分函数与小波的相似程度。

第二步:把小波向右移 k 单位,得到小波 $w(t-k)$,重复步骤 1 直至函数 f 结束。

第三步:扩展小波 $w(t)$,得到小波 $w(t/2)$,重复步骤 1,2。

第四步:不断扩展小波,重复步骤 1,2,3。

MATLAB 中小波变换的语法为

$$wt = cwt\,(x,\ \text{wname})$$

式中,x 为原信号的向量;wname 为小波基的名称,分别对应 morse、amor、Morlet、bump 等。

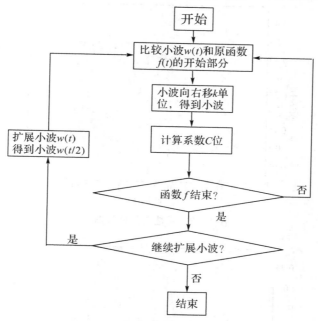

图 6-7　小波变换编程实现步骤

6.5　应用案例

6.5.1　线性调频信号的 Wigner - Ville 分布时频分析

　　军事应用中对雷达的作用距离、分辨能力、测量精度等性能指标具有较高要求。具体而言,为了提高分辨能力和测距精度,要求信号具有大的带宽;为了提高速度分辨力和测速精度,要求信号具有大的时宽。除此之外,提高雷达系统的作用距离又要求信号具有大的能量,在系统发射设备峰值功率受限的情况下,大的信号能量只能靠加大信号时宽得到。脉冲压缩技术的出现有效解决了雷达系统作用距离和距离分辨力之间的矛盾,线性调频便是脉冲压缩技术的一种。线性调频信号通过对载波频率进行调制以增加信号的发射带宽并在接收时实现脉冲压缩。由于线性调频信号具有较高的距离分辨力,当在速度上无法区分多目标时,可以通过增加目标距离测试,解决多目标的分辨问题;同时在抗干扰方面,线性调频信号可以在距离上区分干扰和目标,因而可以有效地对抗拖曳式干扰,这使得线性调频信号在雷达波形设计中得到了广泛应用。

　　如图 6-8 所示为开始标准频率 0 Hz、结束标准频率 0.5 Hz 的线性调频信号实部、虚部以及复平面图,从图中可以看到线性调频信号的瞬时频率是时间的线性函数。对该信号进行 Wigner - Ville 分布时频分析,从图 6-9 的时频分布等高线图以及图 6-10 的时频分布三维图明显看出分析信号的频率是随时间线性变化的,与理论分析值一致,表明 Wigner - Ville 分布能够有效揭示出线性调频信号能量在时频面的分布情况。

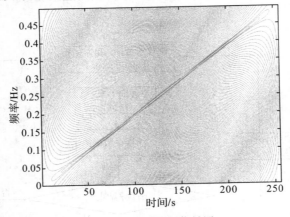

图 6 - 8   线性调频信号图

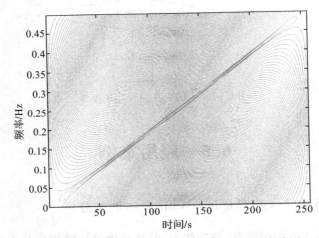

图 6 - 9   线性调频信号 Wigner - Ville 分布等高线图

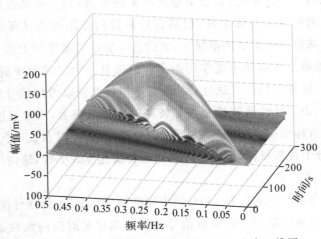

图 6 - 10   线性调频信号 Wigner - Ville 分布三维图

6.5.2　原子信号的 Wigner - Ville 分布与交叉项抑制分析

设 $x_1(t)$、$x_2(t)$ 是两个原子信号,信号 $x(t)=x_1(t)+x_2(t)$,其中 $x_1(t)$、$x_2(t)$ 具有不同的频率中心和时间中心,即

$$x_1(t) = h(t-t_1)e^{i\omega_1 t} \tag{6-19}$$

设 $t_1=32$、$w_1=0.15$,以及

$$x_2(t) = h(t-t_2)e^{i\omega_2 t} \tag{6-20}$$

设 $t_2=96$、$w_2=0.35$,即原子 x_1、x_2 的位置分别在 $(t_1，w_1)=(32，0.15)$,$(t_2，w_2)=(96，0.35)$ 处,计算复合信号 $x(t)$ 的 Wigner - Ville 分布,结果如图 6-11 所示。可以明显看到两个原子的位置分别在 $(32，0.15)$ 与 $(96，0.35)$ 处,表明 Wigner - Ville 分布对原子信号具有良好的时频分析效果。同时,从图 6-9 中也能看到 Wigner - Ville 分布在大致位置 $(64，0.25)$ 处存在交叉项干扰。虽然 Wigner - Ville 分布具有好的时频聚集性,但是对于多分量信号,其 Wigner - Ville 分布会出现交叉项,交叉项来自于多分量信号中不同信号分量之间的交叉作用,且幅度可以达到自主项的两倍,造成信号的时频特征模糊不清。伪 Wigner - Ville 分布可以有效抑制交叉项干扰,其分析结果如图 6-12 所示,可以看到存在于 Wigner - Ville 分布中的交叉项通过伪 Wigner - Ville 分布分析得到了很好的抑制。

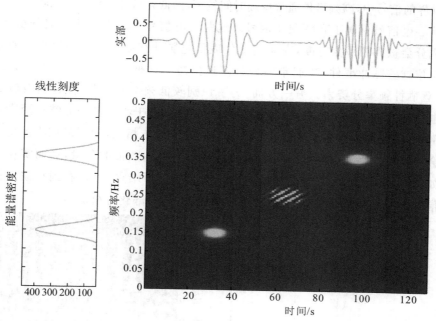

图 6-11　复合原子信号 Wigner - Ville 分布图

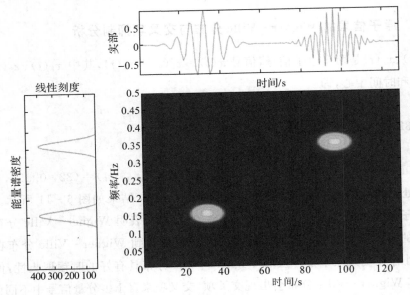

图 6 - 12　复合原子信号伪 Wigner - Ville 分布图

6.5.3　心电信号的小波变换时频分析

现实世界的信号中,高频事件通常持续时间较短,而低频事件的持续时间较长,如图 6 - 13 所示的人体心电信号就属于高频突变信号。这些心电信号由缓慢变化的成分组成,某些时刻的信号成分会被高频瞬变打断,高频瞬变代表了电脉冲在心脏传播的过程。如果要在时间上准确定位这些脉冲事件,我们希望分析窗口更短。这种情况下,为了更准确的时间定位,我们愿意牺牲频率分辨率。另一方面,为了识别较低频率的振荡,优选具有较长的分析窗口。心电信号通常是非平稳的,即频率随时间而变化,由于心电信号的特征通常在时间和频率上局部化,因此与短时傅里叶变换、Wigner - Ville 分布相比,使用诸如小波变换等稀疏表示方法会更简单。小波变换可以将心电信号分解为不同频带的分量,从而实现信号的稀疏表示。如图 6 - 14 所示为心电信号的连续小波时频分析结果,可以看到小波变换能精确定位心电信号中的高频瞬变发生时刻,具有良好的时-频局部化分析能力。

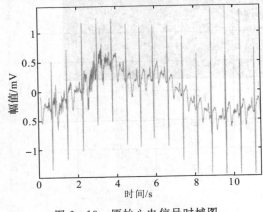

图 6 - 13　原始心电信号时域图

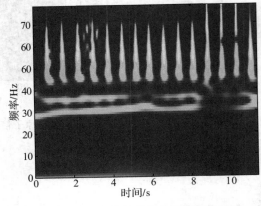

图 6 - 14　心电信号连续小波变换时频图

6.6　存在问题与发展

时频分析能够克服传统傅里叶变换对非平稳信号不适用、不具有局域性以及时域和频域分割的缺陷,并且时频谱能够较准确地反映信号时频特性的变化规律。Wigner – Ville 分布是一种重要的双线性时频分布,具有分辨率高、能量集中和满足时频边缘特性等优点,但存在交叉项干扰问题。在地震波时频分析、雷达信号监测等领域中,常见一种短时傅里叶谱和 Wigner – Ville 分布联合表示方法,该方法结合两者的优点,既抑制了 Wigner – Ville 分布交叉项干扰,又保留了时频高分辨率特性,通过选择合适的窗函数、时窗长度及幂调节系数,能够精确表示信号的波谱特征。

小波变换继承和发展了短时傅里叶变换的局部化思想,同时又克服了窗口大小不随频率变化等缺点,能够提供一个随频率改变的“时间–频率”窗口,是进行信号时频分析和处理的理想工具。小波变换的主要特点是通过变换能够充分突出问题某些方面的特征,能对时间(空间)频率局部化分析,通过伸缩平移运算对信号(函数)逐步进行多尺度细化,最终达到高频处时间细分,低频处频率细分,能自动适应时频信号分析的要求,从而可聚焦到信号的任意细节,解决了傅里叶变换的困难问题,成为继傅里叶变换以来在科学方法上的重大突破。然而,小波基的选取太难了,并且不同的小波基分析结果不同。因此,实际应用中需要根据信号特性选择合适的时频分析方法与参数。

6.7　思　考　题

(1)傅里叶变换是否适合处理非平稳信号,原因是什么?

(2)常见的窗函数有哪些?

(3)请简述窗宽对时域和频域分辨率是如何影响的。

(4)Wigner – Ville 分布的缺点是什么?

(5)对于多分量信号,伪 Wigner – Ville 分布和平滑伪 Wigner – Ville 分布在去除交叉项的同时付出的代价是什么?

(6)小波变换相较于短时傅里叶变换的优势是什么?

(7)为什么小波变换能确定信号频率和其对应的时间区间?

(8)小波变换与傅里叶变换存在什么关系?

第7章 形态学滤波器

7.1 形态学滤波器概述

7.1.1 形态学滤波器的研究背景

1. 形态学滤波器的起源

形态学是生物学的一个分支,常用它来研究动物和植物的形状和结构。滤波器是对波进行过滤的器件。数字滤波器一般可以用两种方法来实现:一种方法是用数字硬件实现;另一种是利用计算机软件算法处理。

数学形态学是分析几何形状和结构的数学方法,建立在集合代数的基础上,用集合论方法定量描述集合结构的学科,广泛应用于数字图像处理和模式识别领域。

2. 数学形态学的思想萌芽

问题提出:1964 年,法国巴黎矿业学院博士塞拉(Serra)和他的导师马瑟龙(Matheron)为了预测铁矿石开采特性,对其做定量岩相学分析(见图 7-1)时提出了新方法。

图 7-1 铁矿石定量岩相学分析

解决思路:Serra 决定用计算矿核切片的多形态图的方法取代传统的岩石粉碎刚体力学方法。在保持其原状不变的情况下拍摄成薄片,采用人工方法对薄片进行多次重复测量分析。但当时 Serra 没能将变差图与经典岩相学指标联系起来,变差图在 3 个不同的岩相上没能得出足够精确的量化信息,所以没有完成最初的铁矿核定量岩相学分析目标。

方法改进:Serra 认为标记和基本规则这两种方法可以结合,前者可以纠正后者所带来的不足。他的灵感来源是 1963 年巴黎测量展览会上蔡司公司展示的测量仪器,操作员利用一个变半径的光点在颗粒上依次移动,并每次都将光点的面积调整到与颗粒面积相等,达到面积测量的目的。他认为这是一种筛选的新方法,但也有不足,因为其并没有考虑到颗粒的各种不同形状。

最终,Serra 提出用一个先验的形状"光点"(结构元素)与研究物体相互作用,即击中不击中变换(hit miss transform,HMT),并根据结构元素的几何特征,揭示出目标物体的不同结构特征,完成了定量岩相学分析的工作。

在 Serra 开展实验研究的同时,Matheron 正在进行多孔介质渗透性与其几何关系的研究工作,他将数学形态学建立在集合论的数学理论框架之上,给出了膨胀、腐蚀、开运算、闭运算和布尔模型的理论描述。此外,他还建立了一系列关于 HMT 变换的额外衍生的结果,并对 HMT 进行了拓扑属性和凸性分析。Matheron 的理论工作为数学形态学构造了基于集合论的数学框架。如图 7 - 2 所示展示了数学形态学的基本思想。

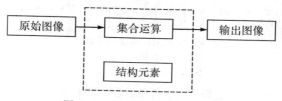

图 7 - 2　数学形态学基本思想

研究成果:从理论和实践两方面初步给出了击中击不中变换、开运算、闭运算和布尔模型的理论描述,以及第一个纹理分析仪的原型。1966 年,他们正式提出"数学形态学"这一术语。

7.1.2　形态学滤波器的发展史

1.经典数学形态学的建立

1968 年 4 月,Serra 和 Matheron 建立法国枫丹白露(Fonatinebleau)数学形态学研究中心。1975 年 Matheron 出版的《随机集与积分几何》阐述了拓扑学基础、随机集及其若干模型、递增映射和凸性分析等内容,奠定了形态学的理论基础。1982 年 Serra 的《图像分析与数学形态学》将数学形态学从研究中心介绍给了国际信号与图像处理界,标志着数学形态学在理论上趋于成熟,应用也不断深入。

二值图像的数学形态学处理是将二值图像看成是集合,并用结构元素来探查,适用于对二值图像进行图像分割、细化、抽取骨架、边缘提取、形状分析等处理。

灰值数学形态学(gray scale morphology)是将二值形态学中所用到的交、并运算分别用最大、最小极值运算代替,使基本算子通过组合得到了广泛应用,也可以通过本影变换与二值形态学联系起来。

二值数学形态学和灰值数学形态学构成了经典数学形态学。在此基础上,众多学者进行了大量、深入的研究,提出了一系列新的数学形态学理论。

2. 经典数学形态学的重大改进

1)结构元素轮廓形态学

结构元素轮廓形态学用结构元素的轮廓对图像进行形态变换,对目标的延伸度进行处理,只会平滑图像边缘的毛刺,对其他部分不会有影响,更好地保护了图像细节。

2)顺序形态学

顺序形态学是排序统计学注入数学形态学发展而成,它扩展了原来的基于集合论的数学形态学,是引入排序统计理论后的更一般的形态变换,包含了经典形态学变换,如图7-3所示。

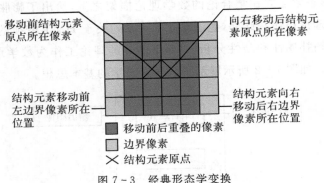

图7-3 经典形态学变换

3)柔性形态学

1991年,科斯基宁(Koskinen)提出将标准形态学中的结构元素用硬核加上柔性边界替代,将最大、最小运算用排序加权统计替代。柔性形态学放宽了经典形态学变换的定义,具有更强的噪声抑制能力,特别是对周期噪声处理具有较好效果。

4)模糊形态学

90年代初,辛哈(Sinha)等人提出将图像作为模糊集合,是经典数学形态学从二值逻辑向模糊逻辑的推广,模糊形态学具有更好的滤波特性和更大的柔性。

卡斯特罗特斯(Casterators)等人将模糊集合理论应用到柔性数学形态学中,提出了模糊柔性数学形态学,根据图像的拓扑结构,合理选择模糊集合运算算子及结构元素硬核、软边界的定义域,通过改变反映结构元素与图像间匹配程度的参数调整输出结果。模糊柔性数学形态学包含模糊形态学和柔性数学形态学,具有更好的滤波特性,可应用于图像处理与分析的各个领域。

2000年,古斯蒂耶斯(Goustias)和海伊曼斯(Heijmans)提出了形态金字塔和形态小波,将形态学与金字塔变换、小波变换结合起来,形成了非线性、多分辨的信号处理方法,可应用于形状分析与处理等领域。

随着其他相关学科的发展,又为形态学注入了新的内容。数学形态学可以与分形、神经网络、遗传、进化、变异等算法等结合,形成新的理论和应用领域,它的发展充分体现了与时俱进的思想。

7.2　基本概念

7.2.1　滤波器

在信号处理中,最常见的是线性滤波器,包括低通、高通或带通、带阻滤波器,如图 7 - 4 所示,它的常用用途为有选择性地滤除或提取信号特征频率。

线性运算:加法和数量乘法称为线性运算,它满足线性叠加原理,具有可加性和齐次性。线性滤波器的运算是一种卷积运算,可以用快速傅里叶变换和其他快速算法来实现,属于频域滤波法,即在信号的频域中对信号进行处理。

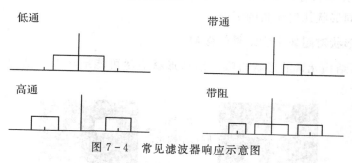

图 7 - 4　常见滤波器响应示意图

7.2.2　形态学滤波器

形态学滤波器是一种运用形态学运算构成的非线性滤波器,是一种空域滤波方法,即形态学滤波器对信号的处理完全在时域内进行,能够在滤除噪声的同时保护图像边缘和细节,因而在形状识别、边缘检测、纹理分析、图像恢复和增强等领域广泛应用。表 7 - 1 列出了常见滤波器与形态学滤波器的区别。

表 7 - 1　常见滤波器与形态学滤波器的区别

常见滤波器	形态学滤波器
线性	非线性
频域滤波	空域滤波(时域)
利用滤波器有选择地滤除或提取信号特征频率	噪声滤除和有选择性地去除图像中的结构或目标
低通、高通、带通或带阻等滤波器	形态开、闭滤波器及其复合滤波器

7.2.3　形态滤波的基本思想

通过选择较小的图像特征集合来收集信号信息,使结构元素像探针一样在信号中移动"试探",并进行比对,从而达到降噪滤波效果。

所采用的"试探"方法就是数学形态学的各种运算,建立在膨胀、腐蚀、开、闭四种基本运算之上。可借助先验的几何特征信息,利用形态学算子有效滤除噪声,又能较完整地保留图像原有信息。因此,形态学滤波器的核心在于结构元素的选取,以下给出其选取的一些思路及原则。

1. 结构元素选取的基本思路

(1)首先对输入图像变化有一个先期的预测,然后根据这些信息,考虑变换后还要对转入图像进行哪些后续运算,再选取与之相适应的结构元素。

(2)对于基本形态学运算的组合,应当考虑在每一步选取不同的结构元素以提高结构元素与输入图像的匹配程度,尽可能大地发挥每一次运算的作用,减少运算次数。

(3)对于几何形状复杂的输入图像,应考虑选择一些组合形式的结构元素,以适应对输入图像中各个不同形状几何元素的提取。

2. 结构元素形状对图像去噪结果的影响

相似性原则:结构元素的形状与噪声图像形状应尽可能地相似。结构元素形状的选择示例如图 7-5 所示。

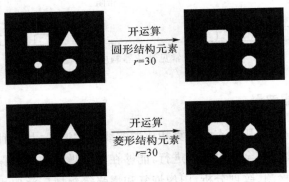

噪点为左下角圆形,$r=25$

图 7-5 结构元素相似性原则

3. 结构元素大小对图像去噪结果的影响

覆盖性原则:结构元素的尺寸应大于噪声图像的尺寸,但应小于非噪声图像的尺寸。结构元素大小的选择示例如图 7-6 所示。

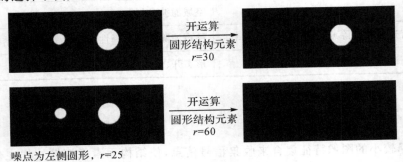

噪点为左侧圆形,$r=25$

图 7-6 结构元素覆盖性原则

4. 信号处理中常用的结构元素

在二值形态学复合运算中,通过实例可以看出,开运算可以抑制信号中的峰值噪声,闭运算可以抑制信号中的低谷噪声。由于形态学的开运算和闭运算具有消除信号噪声和平滑信号的功能,为了同时抑制信号中峰值噪声和低谷噪声,采用同尺寸结构元素以不同顺序级联开、闭运算,构造了形态开–闭滤波器和闭–开滤波器以及二者取平均值的复合运算。图7-7 给出四种常用的结构元素。

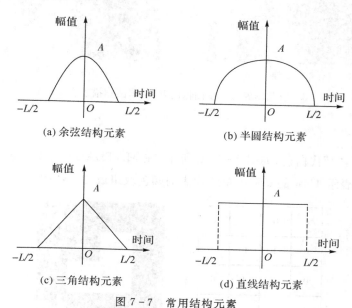

图 7 - 7　常用结构元素

7.3　基本原理

7.3.1　数字图像处理基础知识

1. 彩色(RGB)图像

彩色图像中每个像素点是由红(R)、绿(G)、蓝(B)三个分量来表示的,每个像素点的分量介于 0 到 255 之间,RGB 图像使用这三种颜色,使它们按照不同的比例混合,在屏幕上重现 16777216 种颜色。

2. 灰度图像

灰度图像在黑色与白色之间还有许多级的颜色深度分量介于 0 到 255 之间,0 代表纯黑颜色,255 代表纯白颜色,介于 0 到 255 之间的代表不同深浅的灰色。图 7-8 展示了彩色图像与灰度图像的差异。

(a) 彩色图像　　　　　　　　　　　　(b) 灰度图像

图 7-8　彩色图像与灰度图像的差异(彩图扫描前言二维码)

3. 二值图像

"0"代表黑色,"1"代白色,如图 7-9(a)所示,在 MATLAB 中生成 $4×4$ 的 0、1 矩阵像素值,图 7-9(b)表示 $4×4$ 的 0 和 1 矩阵代表的颜色块组成的二值图。

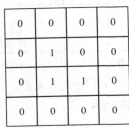 

(a) 图像像素值　　　　　　　　　　(b) 二值图像

图 7-9　二值图像示例

7.3.2　二值图像的腐蚀和膨胀

根据前面内容的描述,形态学滤波器所采用的是主观"探针"与客观物体相互作用的方法。"探针"也是一个集合,它由我们根据分析的目的来确定。术语上,这个"探针"称为结构元素。选取的结构元素大小及形状不同都会影响图像处理的结果。剩下的问题就是如何选取适当的结构元素以及如何利用结构元素对物体集合进行变换。为此,数学形态学定义了两个最基本的运算,称为腐蚀和膨胀。

1. 二值图像的腐蚀运算

腐蚀是表示用某种"探针"(即某种形状的基元或结构元素)对一个图像进行探测,以便找出图像内部可以放下该基元的区域。腐蚀是一种消除边界点,使边界向内部收缩的过程,它可以用来消除小且无意义的物体。腐蚀的实现同样是基于填充结构元素的概念。利用结构元素填充的过程,取决于一个基本的欧氏空间概念——平移。其集合的表达式为

$$A\mathring{\ominus}B = \{x \mid (B)_x \subseteq A\} \tag{7-1}$$

解释：A 被 B 腐蚀是所有位移 x 的集合，其中 B 平移 x 后仍包含于 A 中。换言之，用 B 腐蚀 A 得到的集合是 B 完全包含在 A 中时 B 的原点位置的集合。

1）结构元素形状改变对运算结果的影响

在腐蚀运算中，结构元素可以是矩形、圆形和菱形等各种形状，结构元素的形状不同，腐蚀的结果也就不同，如图 7-10 所示。图 7-11 展示了一些常用的结构元素。

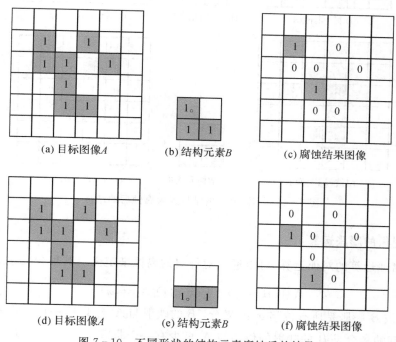

(a) 目标图像 A　　(b) 结构元素 B　　(c) 腐蚀结果图像

(d) 目标图像 A　　(e) 结构元素 B　　(f) 腐蚀结果图像

图 7-10　不同形状的结构元素腐蚀后的结果

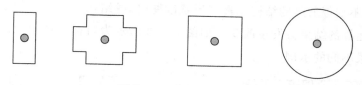

图 7-11　常用结构元素

2）结构元素原点位置不同对运算结果的影响

结构元素的原点位置不同，不会改变腐蚀运算最终的图像形状，只会造成输出结果的平移，如图 7-12 所示。

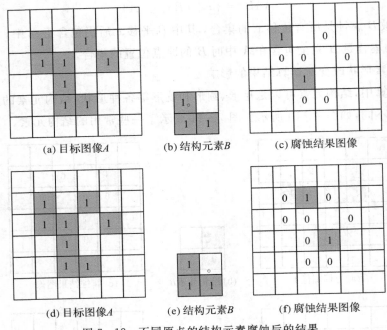

(a) 目标图像A (b) 结构元素B (c) 腐蚀结果图像

(d) 目标图像A (e) 结构元素B (f) 腐蚀结果图像

图 7-12   不同原点的结构元素腐蚀后的结果

2. 二值图像的膨胀运算

膨胀是腐蚀运算的对偶运算,可以通过对补集的腐蚀来定义。其集合表达式如下:

$$A \oplus B = \{x \mid [(\hat{B})_x \cap A] \neq \varphi\} \tag{7-2}$$

解释:A 被 B 膨胀是所有位移 x 的集合,B 的映射与 A 至少有一个元素是重叠的。用 B 膨胀 A 得到的集合是 B 的映射的位移与 A 至少有一个非零元素相交时 B 的原点 x 位置的集合。

当目标图像不变但所给的结构元素的形状改变时,或结构元素的形状不变而其原点位置改变时,膨胀运算的结果会发生改变。如图 7-13 所示为目标图像相同但结构元素不同时,膨胀运算结果不同的示例。

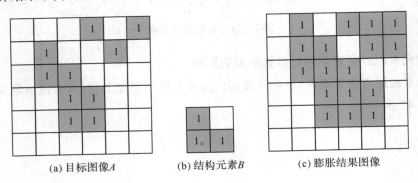

(a) 目标图像A (b) 结构元素B (c) 膨胀结果图像

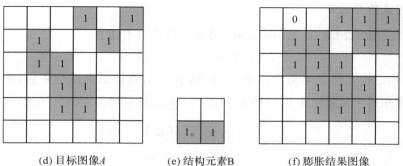

(d) 目标图像A　　　　(e) 结构元素B　　　　(f) 膨胀结果图像

图 7 - 13　目标图像相同结构元素不同的处理结果

3. 腐蚀和膨胀的滤波性质

数学形态学中的腐蚀和膨胀运算与基本的集合运算之间存在着一种代数运算对应关系,这是数学形态学一个很吸引人的性质。下面讨论与形态学滤波有关的一些性质。

1)平移不变性

腐蚀和膨胀都具有平移不变性。对于膨胀,这意味着,先平移图像,然后利用一个给定的结构元素对其做膨胀处理,或先用一个给定的结构元素对图像做膨胀处理,然后做平移处理所得结果是一样的,即:

$$(A + x) \oplus B = (A \oplus B) + x \tag{7-3}$$

对于腐蚀,平移不变性具有下面的形式:

$$(A + x) \mathring{A} B = (A \mathring{A} B) + x \tag{7-4}$$

在考虑平移不变性的时候,必须注意的是,平移不变性是针对平移图像,而不是针对结构元素而言的。

2)递增性

腐蚀和膨胀都具有递增性,如果 A_1 为 A_2 的子集,则 $A_1 \oplus B$ 为 $A_2 \oplus B$ 的子集,$A_1 \mathring{A} B$ 为 $A_2 \mathring{A} B$ 的子集。另外,腐蚀的递增性是相对结构元素及输入图像的次序,即包含关系而言的。如果 A 是一个固定的图像,B_1 是 B_2 的一个子集,那么,B_1 比 B_2 更容易填入 A 的内部,因而,$A \mathring{A} B_1$ 包含 $A \mathring{A} B_2$。

3)对偶性

前面指出,膨胀是腐蚀的对偶运算,因为膨胀可以通过对图像的补集作腐蚀运算求得,腐蚀也可以通过对图像的补集作膨胀运算求得。

7.3.3　二值图像的开运算和闭运算

在形态学图像处理中,除了腐蚀和膨胀两种基本运算外,还有两种由腐蚀和膨胀定义的运算,即开运算和闭运算,这两种运算是数学形态学中最主要的运算或变换。从结构元素填充的角度看,它们具有更为直观的几何形式,同时提供了一种手段,使得我们可以在复杂的图像中选择有意义的子图像。

1. 二值图像的开运算

仍假定 A 为输入图像，B 为结构元素，利用 B 对 A 作开运算，表示为 $A \circ B$，其定义为

$$A \circ B = (A \mathring{\ominus} B) \oplus B \qquad (7-5)$$

解释：使用结构元素 B 对集合 A 先腐蚀，然后 B 对腐蚀结果进行膨胀，如图 $7-14$ 所示。开运算作用是使对象轮廓变得光滑，断开狭窄的间断和消除细的突出物。

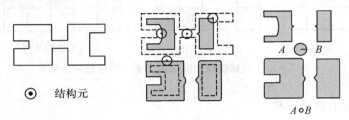

图 $7-14$ 开运算图解

2. 二值图像的闭运算

闭运算是开运算的对偶运算，定义为先作膨胀再作腐蚀。利用 B 对 A 作闭运算表示为 $A \cdot B$，其定义为

$$A \cdot B = (A \oplus B) \mathring{\ominus} B \qquad (7-6)$$

解释：使用结构元素 B 对集合 A 先膨胀，然后用 B 对膨胀结果进行腐蚀，如图 $7-15$ 所示。闭运算的作用是使对象轮廓变得更为光滑，消除狭窄的间断和细长的鸿沟，消除小的孔洞并填补轮廓线中的断裂。

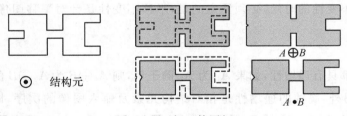

图 $7-15$ 闭运算图解

3. 开闭运算的滤波性质

经过前面的内容可以得到开闭运算的滤波性质。

1）平移不变性

$$O((A+x),B) = O(A,B)+x \qquad (7-7)$$

$$C((A+x),B) = C(A,B)+x \qquad (7-8)$$

2）递增性

若 $A_1 \subseteq A_2$，则：

$$O(A_1,B) \subseteq O(A_2,B) \qquad (7-9)$$

$$C(A_1,B) \subseteq C(A_2,B) \qquad (7-10)$$

3）延伸性

开运算是非延伸的：$O(A,B)$ 是 A 的子集；闭运算是延伸的，A 是 $C(A,B)$ 的子集。由此可得：

$$O(A,B) \subseteq A \subseteq C(A,B) \tag{7-11}$$

4）幂等性

在对一个图像 A 用结构元素 B 进行开运算后，若使用同一结构元素 B 再进行一次开运算，则所得结果不变，这种性质叫做幂等性。同样，闭运算也具有幂等性。

$$O((A,B),B) = O(A,B) \tag{7-12}$$

$$C((A,B),B) = C(A,B) \tag{7-13}$$

5）对偶性

开闭运算互为对偶运算。

$$O(A,B) = C(A^c,B)^c \tag{7-14}$$

$$C(A,B) = O(A^c,B)^c \tag{7-15}$$

7.4　编程实现及应用案例

7.4.1　形态学滤波函数包

形态学滤波器在图像处理中主要用到表 7-2 中的 MATLAB 的函数包。

表 7-2　形态学滤波器函数包

函数名称	功能	使用方法
imread	读取本地图片	imread('图片路径')
imbinarize	图片二值化处理	imbinarize('图片')
strel	结构元素选取	strel('结构元素名称',结构元素大小)
imdilate	膨胀运算	imdilate(目标图像,结构元素)
imerode	腐蚀运算	imerode(目标图像,结构元素)
imopen	开运算	imopen(目标图像,结构元素)
imclose	闭运算	imclose(目标图像,结构元素)
mat2gray	图像矩阵的归一化操作	mat2gray(图像名称)
～	取反操作	如 B＝～A
imwrite	保存图像	imwrite(目标图像,'图片路径')

7.4.2 应用案例1:镂空字的设计

1.方法一:腐蚀操作

针对白底黑字,要做成镂空字效果,利用图像的腐蚀去腐蚀背景而不是直接去腐蚀文字,这样使得背景白色被腐蚀掉,相应的黑色字体变粗。

图7-16和图7-17分别为采用不同结构元素形状对二值图像腐蚀的结果示例。本次图像腐蚀实例采用白色(二值图像中的1)背景,而汉字采用黑色背景(二值图像中的0)。图中最左侧汉字是二值化后的图像,中间的汉字是用相应的结构元素腐蚀后的结果,最后用腐蚀后的结果与二值化后的图像相减得到最右侧的镂空字,即常用的字帖形状,验证了二值图像的腐蚀算法。相应的镂空字处理程序如下:

```
A=imread('loukongzi\liguang.png');
B=imbinarize(A);
se=strel('square',8);        %选取8*8的方形结构元素
C=imerode (B, se);           %用腐蚀目标图像B
subplot(131); imshow(B);
subplot(132); imshow(C);
D=mat2gray(C-B);             %图像相减
subplot(133); imshox(D)
```

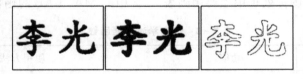

图7-16 用6×6的方形作为结构元素制作镂空字

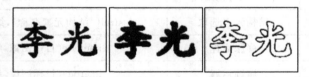

图7-17 用半径为6的圆盘作为结构元素制作镂空字

对比两种处理结果可知,半径为6的结构元素直径为12,腐蚀后的结果相比6×6的方形,黑色字体更粗,最后的字体也比较大,结构元素过大过小均不合适。因此,对不同的图像处理时应该根据其图像二值化后的0和1的行列数进行相应的选择。

2.方法二:膨胀操作

针对黑底黑字,只有字的轮廓为白色,要达到图像膨胀的效果,对图像进行取反操作。首先,最左侧汉字是二值化处理后的图像;然后对其取反,取反后边缘呈现黑色,背景全部变

为白色；最后用半径为 10 的圆盘作为结构元素进行膨胀，得到最右侧的汉字图像，如图 7-18 所示。图 7-19 为采用了不同的结构元素的实验结果，对应的镂空字处理程序如下：

```
A＝imread('loukongzi \ liguang2. png');
B＝imbinarize(A)          ％ 图像二值化处理
C＝~B;                    ％对目标图像取反
se＝strel('disk', 8);     ％选取 8＊8 的方形结构元素
D＝indilate(B, se);
subplot(131); inshow(B);subplot(132); inshow(C);subplot(133); inshow(D);
```

图 7-18 半径为 10 的圆盘作为结构元素制作镂空字

图 7-19 20×20 的方形作为结构元素制作镂空字

图 7-21 镂空字程序

对比两种不同的结构元素处理的结果，第一张图用半径为 10 的圆盘作为结构元素，第二张图用 20×20 的方形作为结构元素，显然，20×20 的方形元素体积比半径为 10 的圆盘结构元素大，因此处理的汉字形状相对较大。

7.4.3 应用案例 2：孔洞填充

以图 7-21 为例，一个白色的圆环，背景为黑色，想要的结果是一个白色的实心圆，就要用到孔洞填充。

(a) 原图　　　　　　　(b) 孔洞填充处理结果

图 7-21 孔洞填充

如图 7-22 所示，形态学的做法是选取孔洞内一个像素点为种子点，从种子点向外膨胀至整个孔洞。具体过程可用下式表示

$$x_k = (x_{k-1} \oplus B) \bigcap A^c, \qquad k = 1, 2, 3 \cdots \tag{7-16}$$

其中，x_0 为初始点，当 $x_k = x_{k-1}$ 时，终止迭代。

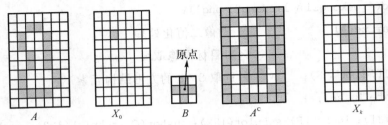

图 7-22 处理过程

实现过程以 $X_0 \rightarrow X_1 \rightarrow X_2$ 为例，如图 7-23 所示，首先我们选取并填充孔洞内一个像素点，再以这个点为种子点，通过结构元素 B 向外膨胀，每次膨胀后与原始图像 A 的补集求交集，这样既可以不断扩大填充区域，利用与 A^c 的交集又可以将结果限制在感兴趣区域。

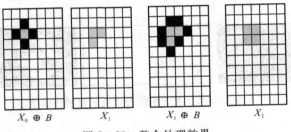

图 7-23 整合处理效果

最终，在 X_7 时，孔洞填充完毕，再与原图像 A 做并集即可得到孔洞填充后的图像。形态学用于孔洞填充在修补破损图像和消除图像中的干扰方面十分适用。图 7-24 是通过将包含磨光的滚珠的场景用阈值处理分为两个层次而得到。圆圈内部的黑点是反射结果，不是真实的，此处，通过孔洞填充消除了这一反射。

图 7-24 孔洞填充消除磨光滚珠图像反射

7.4.4 应用案例 3：连通分量的提取

在无向图中，如果从顶点 V_i 到顶点 V_j 有路径，则称 V_i 和 V_j 连通。如果图中任意两个顶点之间都连通，则称该图为连通图；否则称该图为非连通图。其中的极大连通子图称为连通分量,这里所谓的极大是指子图中包含的顶点个数极大。

形态学用于连通分量的提取与孔洞填充看上去非常相似。只是孔洞填充是寻找背景点,而连通分量的提取则是寻找前景点。其实现过程可用下式表示:

$$x_k = (x_{k-1} \oplus B) \bigcap A, k = 1,2,3\cdots \tag{7-17}$$

式中,x_k 表示一个包含在 A 中的连通分量。那么,针对图 7-25 中的原始图像 A,提取连通分量后得到的图像也在图 7-25 中进行了展示。

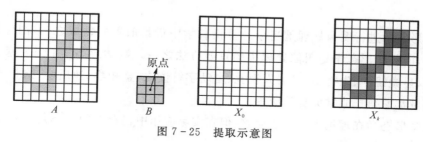

图 7-25　提取示意图

连通分量的提取在识别图像中大尺寸目标方面应用广泛。以图 7-26 所示的鸡肉块中显著尺寸骨头碎片的提取为例。

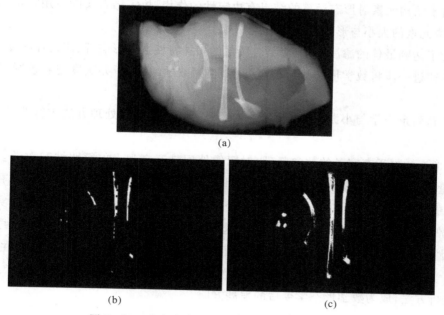

(a)

(b)　　　　　　　　　　　(c)

图 7-26　含有碎骨的鸡胸 X 射线图及骨头提取图

这里连通分量的提取分为两步。首先消除细节,对阈值处理后的图像进行腐蚀,保留大尺寸物体,然后使用阈值将骨头从背景中提取出来。表 7-3 中列出了提取的结果:总共有 15 个连通分量,其中 4 个尺寸比较大,因此可以确定包含在原图像中具有显著尺寸的碎骨。

表 7 - 3   提取得到的所有连通分量

连通分量	1	2	3	4	5	6	7	8	9	10	11	12	13	14	15
对应像素数	11	9	9	39	133	1	1	743	7	11	11	9	9	674	85

7.5   存在问题与发展

用数学形态学进行图像处理是当今计算机科学中最具前景的领域之一,图像技术有非常广的应用,而数学形态学是图像处理中的重要方法之一。数学形态学的基本理论和方法在医学成像、显微镜学、生物学、机器人视觉、自动字符读取、金相学、地质学、冶金学、遥感技术等诸多领域都取得了非常成功的应用。

虽然数学形态学在理论上已趋于完善,但在实际应用中仍存在很多不足。目前,数学形态学存在的主要问题是:

(1)形态运算实质上是一种二维卷积运算,当图像维数较大时,特别是用灰度形态学、软数学形态学、模糊形态学等方法时,不适于实时处理。

(2)由于结构元素对形态运算的结果有决定性的作用,故需结合实际应用背景和期望合理选择结构元素的大小与形状。

(3)为了达到最佳的滤波效果,应结合图像的拓扑特性选择形态开、闭运算的复合方式。

(4)有待进一步将数学形态学与神经网络、模糊数学结合,研究灰度与彩色图像的处理和分析方法。

(5)有待将形态学与小波、分形等方法结合起来对现有图像处理方法进行改进,进一步推广。

数学形态学由于有完备的数学基础,对图像处理具有直观上的简明性和数学上的严谨性,能定量描述和分析图像的几何结构,因此非常适合图像处理各方面的应用。它在图像处理应用中的许多实用算法,一般可进行并行处理,大大加快了图像处理的速度,为实时识别和处理图像奠定了基础。但如何实现灰度形态学、软数学形态学、模糊软数学形态学等的快速算法,优化结构元素的选取,如何改善形态运算的通用性,增强形态运算的适应性,并结合数学形态学的最新应用进展,将其应用到图像处理领域,丰富和发展利用数学形态学的图像处理与分析方法,成为数学形态学今后的发展方向。

7.6   思 考 题

(1)简述形态学滤波的四种运算及其相互关系。

(2)列出形态学滤波中常用的结构元素。实际使用中选取结构元素应注意的因素有哪些?

(3)请使用图 7 - 27 中左侧算子对右图进行闭运算,写出运算过程及结果。

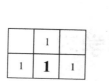

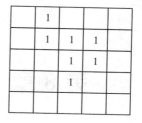

图 7-27   题(3)图

（4）如何去除图 7-28 物体中的细小空洞但又不明显改变其面积？

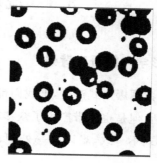

图 7-28   题(4)图

（5）列举至少一种形态学滤波的应用案例,详细说明其技术思路及特点。

第8章　流形学习

8.1　流形学习概述

8.1.1　流形学习的研究背景

互联网时代,数据爆炸式产生,把我们带进了一个崭新的信息时代。海量信息资源极大方便了人们的生活,但是也附带产生了众多难题,比如,信息过量,难以消化;信息繁杂,真假难以辨识;信息形式不一致,难以统一处理;有价值的信息被淹没在海量的数据中,难以取舍等。

当前,数据库技术的迅速发展和广泛应用,使人们积累的数据越来越多。腾讯、阿里巴巴、空客、波音等大型企业每时每刻都需要分析处理海量数据,但是由于分析手段和设备计算能力的限制,人们无法有效挖掘数据中潜在的关系和规则,也无法根据现有的数据预测未来的发展趋势。由于缺乏挖掘隐藏在数据背后知识的手段导致"数据爆炸但知识贫乏"。

在很多实际应用中,如无损检测、机械设备故障诊断、图像分类、医学数据检测、人脸识别、基于基因的疾病诊断、语音识别等,所采集到的数据通常是繁杂的、高维的以及非结构化的,数据这种高维性往往遮盖了其本质特征。

数据特征降维(feature dimension reduction)是一个从初始高维特征集合中选出低维特征集合,以便根据一定的评估准则最优化缩小特征空间的过程,可以通常是机器学习的预处理步骤。当面临高维数据时,特征降维对于机器学习任务非常必要,通过降维有效地消除无关和冗余特征,提高挖掘任务的效率,改善预测精确性等学习性能,增强学习结果的易理解性。

面对现实世界纷繁复杂、难以被理解的高维数据,人们希望有一双"慧眼",能够帮助理解和揭露隐藏在高维数据下的内在结构与规律。高维数据的降维理论方法正是这样一双人类可以看清楚高维数据"真面目"的"慧眼"。2008 年图灵奖获得者约翰·霍普克洛夫特(John Hopcroft)在算法前沿国际联合会议的特邀报告上指出高维数据的降维理论是支撑未来计算机科学发展的主要理论之一。

数据降维是人工智能、信息恢复和数据挖掘等领域最基本的问题之一。数据特征是指通过直接观测或间接计算而获得的用以描述数据的可测特性的不变量,描述数据的特征个数称为数据的维数。数据降维的根本任务是将数据从高维表示空间通过线性或非线性方法映射到低维本质特征空间,从而得到高维数据的本质低维表示。数据降维可分为线性降维与非线性降维两大类,如图 8-1 所示。

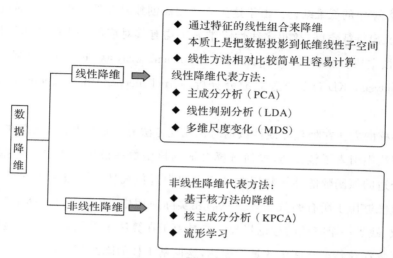

图 8-1 数据降维方法分类

线性降维方法主要是通过寻找原始数据的一个线性映射,将高维数据映射到一个低维的子空间,从而实现降维。假设给定具有 n 个样本的数据集 $X = \{x_i\}_{i=1}^n$,其中每个样本点 $x_i \in R^D$,降维后得到维数为 d 的低维数据点为 $y_i, i = 1, 2, \cdots, n$,则一般的降维过程可以描述为:寻找一个线性映射函数 f,使得降维后数据点 y_i 满足:$y_i = f(x_i), i = 1, 2, \cdots, n$。

线性降维方法主要包括主成分分析(principal component analysis, PCA)、线性判别分析(linear discriminant analysis, LDA)、多维尺度变换(multi dimensional scaling, MDS)等。主成分分析法利用方差刻画数据的信息量,并通过投影的方法,使所得低维数据尽可能保持原始高维数据的方差。线性判别分析法是一种有监督的学习算法,它基于 Fisher 准则,通过选择使类内散度最小而类间散度最大的变化矩阵来实现降维。多维尺度变换法则基于数据点间的某种距离或相似性度量,通过使低维数据间的距离与原高维数据点间的某种距离或相似性尽可能保持不变来实现降维。PCA 与 LDA 的降维示例如图 8-2 所示。

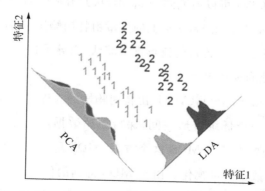

图 8-2 PCA 与 LDA 的降维示例(彩图扫描前言二维码)

基于核的降维方法主要利用核函数将原始空间不可分数据映射到更高维的特征空间,并期望在原始空间中的非线性不可分数据在核空间中呈现线性结构,从而可以利用线性降维方法发现蕴含在数据中的低维结构。由于这类方法无需创建复杂的假设空间,通过定义核函数即可隐形地定义出特征空间,故很多线性降维方法均有其对应的基于核的非线性降维方法。代表性方法有核主成分分析(kernel principal component analysis,KPCA)、核判别分析(kernel discriminant analysis,KDA)及核独立成分分析(kernel independent component analysis,KI-CA)等。

虽然基于核的方法在处理非线性数据时比线性方法有一定优势,但也存在一些局限性。一是由于在算法中引入了核技巧,如何选择合适的核函数并设置函数中的参数就成为一个难点。一个合适的核函数能够使数据在特征空间中近似线性可分或者线性可分,但并不存在某个核函数能够用于所有的数据集。目前在实际应用中,核函数的选择主要依靠经验或专业知识获取,缺乏一个有效的理论指导。二是由于在算法中采用的核映射是隐性的,人们并不知道数据集在核特征空间中的具体表达,这使基于核的降维算法缺乏几何直观性,也不具有很好的解释性。

8.1.2　流形学习的发展史

流形学习是一门源远流长、充满悠久历史的学科,其理论和应用领域的不断演进形成了今天多样化的流形学习算法。

数学家黎曼在 1854 年首次提出了流形的概念,德文中称之为"Mannigfaltigkeit",用以描述不同维度的空间结构。然而,现代流形学习的定义和理论框架则是由赫尔曼·外尔(Hermann Weyl)在 1913 年进一步完善和明确。外尔为流形学习奠定了理论基础,使其在后来得以不断发展和应用。同时,对流形这一概念的汉语翻译得益于江泽涵先生,他用文天祥的《正气歌》中"天地有正气,杂然赋流形"这一诗句来传达流形的本质,即多样性和复杂性中存在着秩序和结构。

流形学习的早期奠基工作可以追溯到 2000 年,从此流形学习被认为属于非线性降维的一个分支。在这一年,两篇发表在 Science 上的文章由特南鲍姆(J. B. Tenenbaum)等人和罗迈斯(S. Roweis)等人分别提出了各自的流形学习算法,引导了这一领域迅速发展,这两篇文章也标志着流形学习领域的现代起点。

等距映射(isometric map,ISOMAP)是由特南鲍姆等人提出的算法,基于图论和测地距离的思想,将数据映射到一个低维流形空间,保持原始数据点之间的测地距离。在具体讲ISOMAP 方法之前,有必要先了解 MDS 这个方法,MDS 是理论上保持欧式距离的一个经典方法,最早主要用于做数据的可视化。由于 MDS 得到的低维表示中心在原点,所以又可以说保持内积。也就是说,用低维空间中的内积近似高维空间中的距离。ISOMAP 是一种

"借窝生蛋"的方法,其理论基础就是 MDS,但是放在了流形的框架内进行讨论,将原始的距离换成了流形上的测地线(geodesic)距离。所谓测地线,就是流形上加速度为零的曲线,等同于欧式空间中的直线。ISOMAP 就是把任意两点的测地线距离作为流形的几何描述,用 MDS 的理论保持点与点之间的最短距离。在 ISOMAP 算法中,测地线距离是通过图上两点之间的最短路径来近似的。这种计算最短路径的方法是基于图论中的经典算法,在计算机系统中广泛应用。另外比较有趣的是,特南鲍姆根本不是做数据处理算法相关工作的研究者,而是研究计算认知科学的,ISOMAP 只是他在研究视觉感知的过程中找到的一个方法,之后他继续坚持了自己之前计算认知科学的研究方向,然而由他引导起来的流形学习方法却快速发展成了一个新的热点。

局部线性嵌入(locally linear embedding,LLE)是罗迈斯等人提出的算法,尝试通过保持数据点与其邻居之间的线性关系来实现流形的降维和表示。机器学习领域的李宏毅老师形象地用诗人白居易在《长恨歌》中的两句经典名句"在天愿作比翼鸟,在地愿结连理枝"来阐明 LLE 的降维思想。其中"天"和"地"所指的便是"高维"和"低维"两个空间,而"比翼鸟"和"连理枝"是高低维空间中某个样本点与邻近点之间的线性组合的系数向量。LLE 的任务就是重构出一批低维数据,使得这批低维数据之间的关系可以用高维空间中的系数向量来刻画。索尔(Saul)在机器学习研究期刊 $Journal\ of\ Machine\ learning\ research$ 上的一篇文章对 LLE 的原理进行了更加细致、直观的阐释,值得认真学习。

流形学习的发展历程丰富多彩,从理论基础的奠定到不断涌现的新方法,都为高维数据的分析和建模提供了强有力的工具和思路。这个领域的未来充满了无限的可能性,将继续推动科学研究和实际应用的进展。

8.1.3　流形学习的基本思想

流形学习的严格数学描述如下:给定采样于或近似采样于 D 维空间中某一 $d(d \ll D)$ 维流形 M 的数据集 $X = \{x_i\}_{i=1}^n \in R^D$,其中 x_i 为列向量代表每个采样样本。流形学习就是在一定的约束条件下寻找 X 的低维流形坐标表示 $y_i = f(x_i) \in R^d$,其中 $y_i = f(x_i)$ 为对应采样样本的低维坐标(低维嵌入)。更进一步,在有些应用中我们还期望获得嵌入映射 f。

从图 8-3 以及流形学习的定义可以看出流形学习包含下面几个基本要素:

(1)原始高维观测空间 R^D 中的观测数据 $X = \{x_i\}_{i=1}^n$。

(2)低维嵌入空间 R^d 中的低维嵌入坐标 $y_i = f(x_i)$。

(3)从生成模型的角度来讲,由内在低维参数生成高维观测数据的生成映射 $F:R^d \rightarrow R^D$,使得 $x_i = F(y_i)$。

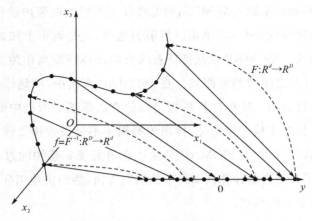

图 8 - 3 　流形学习示意图

（4）嵌入映射 $f:R^D \rightarrow R^d$ ，使得 $y_i = f(x_i)$ 。早期流形学习研究注重挖掘数据内在非线性几何结构和对高维数据进行可视化，因为忽略了对非线性映射 f 的求解。另一方面，与线性降维方法对映射强加线性约束不同，由于缺乏对 f 的约束，求解 f 是一个病态问题。然而在很多实际应用问题中，我们需要获取嵌入映射 f ，以便处理新来的数据，这对分类和识别问题显得尤为重要。

（5）一定的约束条件。约束条件通常包括：①尽量保持原始数据的某个或某些性质；②加入期望得到的流形的先验信息。纵观目前的流形学习算法，包括线性降维方法，其本质区别可以归结为采用不同的约束条件。如流形学习中的 ISOMAP 算法要求尽量保持测地距离，LLE 算法保持每个点的邻域重构权值等。

8.1.4　流形学习的数学基础

流形学习是建立在数据分布于高维空间的一个低维流形的假设基础之上的。流形是现代数学中的概念，它涉及拓扑、几何、代数等相关领域。

（1）拓扑：一个拓扑空间就是一个集对 (X,τ) ，其中集合 X 为一非空集合，拓扑 τ 是 X 的满足这些性质的子集族：① τ 关于属于它的任意多元素的并运算是封闭的；② τ 关于属于它的有限多元素的交运算是封闭的；③ τ 含有空集和 X 本身作为其元素。

（2）Hausdorff 空间：如果对 X 中任意两个不同点 x,y ，都存在 x 的邻域 U 以及 y 的邻域 V 使得 $V \cap U = \varnothing$ 。此时，称 (X,τ) 为 hausdorff 空间。

（3）同胚：设 X 和 Y 是拓扑空间。如果 $f:X \rightarrow Y$ 是一一映射，并且 f 及其逆 $g:Y \rightarrow X$ 都是连续的，则称 f 是一个同胚映射（简称同胚）或拓扑变换。

（4）流形：设 M 是一个 Hausdorff 拓扑空间，若对每一点 $p \in M$ ，都有 p 的一个开邻域 U ，它与 R^d 某个开子集同胚，则称 M 为 d 维拓扑流形，简称为 d 维流形。

（5）测地距离： p 、 q 两点的测地距离为流形中 p 、 q 的所有分段光滑曲线的弧长的下确界。

8.2　算法介绍

8.2.1　流形学习算法概述

前面已经介绍,流形学习的主要目的是为了实现数据降维。数据降维方法可以依据数据结构分为线性降维和非线性降维两大类。常见的线性降维方法有 PCA、LDA、MDS 等;非线性降维方法又可以基于局部和全局特征分为保留局部特征和保留全局特征两类。其中常见的保留局部特征的数据降维方法有基于重建权值的 LLE、基于邻接图的 LE(laplacian eigenmaps,拉普拉斯特征映射)、基于切空间的 Hessian LLE(简写为 HLLE)和 LTSA(local tangent space alignment,部分切空间排列)等;常见的保留全局特征的数据降维方法有基于距离保持的 ISOMAP(基于测地线距离)、Diffusion Map(基于分散距离)、基于核的 KPCA(核主成分分析)、基于神经网络的多层自动编码等。具体的常见数据降维方法如图 8-4 所示。

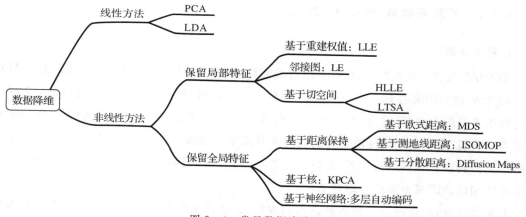

图 8-4　常见数据降维方法

前面已经介绍过,流形学习的主要目的就是实现数据降维。常见的流形学习算法可分为全局特性保持方法和局部特性保持方法。其中常见的全局特性保持方法有基于保持所有数据点之间测地线距离不变的 ISOMAP(等距离特征映射)和基于保持局部近邻点欧氏距离不变,远离的点展开后尽可能远的 MVU(maximum variance unfolding,最大方差展开降维算法)等;常见的局部特性保持方法有基于保持局部近邻重构权值不变的 LLE、使高维观测空间的近邻点映射到低维空间仍为近邻点的 LE、保持局部径向测地线距离不变的 RML(riemannian manifold learning,黎曼流形学习)、逼近每一个样本点局部切空间的 LTSA、HLLE、LSE 等。流形学习典型算法如图 8-5 所示。

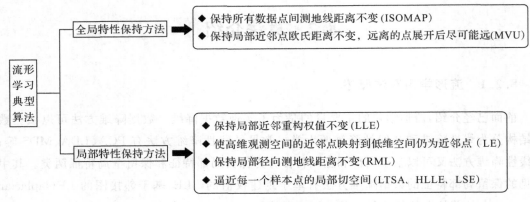

图 8-5 流形学习典型算法

在上述的流形学习算法中，以 ISOMAP 为代表的全局特性保持方法和以 LLE、MDS 为代表的局部特性方法提出的时间较早，对流形学习发展贡献极大，并且其背后所体现的降维思想非常典型和精妙，至今仍在广泛使用，下面详细介绍这三种算法。

8.2.2 等距离映射 ISOMAP 算法

1. 基本介绍

ISOMAP 又称等距离映射，也称等距离特征映射，是一种代表性的全局的、非线性降维算法，是由麻省理工学院的 Josh Tenenbaum（约什·特内波姆）教授于 2000 年在 *Science* 上提出的。等距离映射中的"等距离"是指降维前后数据点间距离不改变，这里的距离指的是测地线距离；"映射"是指用非线性映射方法将样本从高维空间映射到低维空间，从而获得高维数据的一个代表性低维表示的过程，即数据降维。因此，ISOMAP 是一种基于数据处理前后各数据点间测地线距离不变的降维算法。

前面介绍过，当低维流形嵌入到高维空间后，直接在高维空间中计算直线距离具有误导性，是不恰当的，即高维空间中的直线在低维嵌入流形上是不可达的，流形中测地线距离才是本真距离。

ISOMAP 算法其实是建立在线性降维 MDS 算法的基础之上，将 MDS 中的原始距离换成了流形上的测地线距离，再用 MDS 完成其他的工作，这其实是一种"借窝下蛋"的思想。

2. 测地线距离的计算

测地线距离的计算可以分为两种情况：对于相邻的两点，依据流形"局部同胚"于欧式空间的性质，用欧式距离来近似地表示测地线距离；对于不相邻的两点（距离较远的两点），用两点间所有经过的一系列相邻点连接起来的欧式距离的叠加中取最小值（最短路径问题）来近似地估计（逼近）测地线距离，在得到任意两点的距离之后，就可以通过 MDS 方法来获得样本点在低维空间中的坐标。如图 8-6 中所示，图(a)为测地线距离（红线）与高维直线距离（黑色），其中测地线距离才是该流形上两点之间的本真距离，图(b)为测地线距离（红虚线)与近邻距离(黑色折线)。

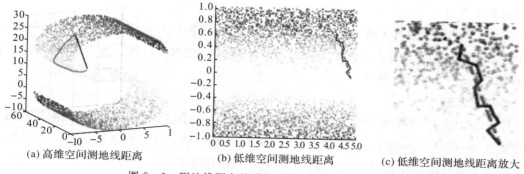

(a) 高维空间测地线距离　　　(b) 低维空间测地线距离　　　(c) 低维空间测地线距离放大

图 8-6　测地线距离的计算(彩图扫描前言二维码)

3. 算法思路

根据以上所述,可将该算法思路整理如下:

(1)为每个数据点确定近邻,并将其连接起来得到邻域图 G(KNN 算法)。

(2)计算任意两点间最短路径距离 $DG(i,j)$ 作为对测地线距离的估计,得到最短路径距离矩阵 DG(Floyd 算法)。

(3)将最短路径距离矩阵 DG 作为 MDS 算法的输入,得到低维空间中最好的保留流形本质结构的数据表示(MDS 算法)。

因此可见,ISOMAP 算法整体上可由三个子算法组成,分别为 KNN 算法(构造邻域图)、Floyd 算法(求最短路径矩阵)、MDS 算法(将高维空间数据映射到低维空间)。ISOMAP 算法步骤如图 8-7 所示。

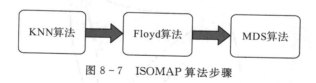

图 8-7　ISOMAP 算法步骤

因此,下面我们对上述三个子算法进行详细介绍。

4. KNN 算法

KNN 算法又称 K 近邻算法,于 1968 年由科弗(Cover)和哈特(Hart)提出。其本质上可以理解为一种分类器,并且也是代表性的一种监督学习和懒惰学习算法。在 ISOMAP 算法中,只使用 K 近邻的概念构造邻域图,而不涉及后续的学习与分类。因此在这里不对 KNN 的具体算法展开介绍。

在 ISOMAP 中,使用 KNN 以测试样本为中心,基于距离度量寻找与其距离最近的 K 个点。如果点是彼此的邻居,则构建邻域图,其中点相互连接。不是邻居的数据点保持未连接状态。

5. Floyd 算法

1）基本介绍

Floyd 算法由罗伯特·弗洛伊德（Robert W. Floyd）于 1962 年发表在 *Communications of the ACM* 上，同年史蒂芬·沃舍尔（Stephen Warshall）也独立发表了这个算法，因此该算法也称 Floyd-Warshall 算法。

2）指导思想

Floyd 算法运用动态规划的思想，用来求多源最短路径问题。解决最短路径问题有几个出名的算法，其中 Dijkstra（迪杰斯特拉）算法是最经典的单源最短路径算法；Floyd 算法是经典的多源最短路径算法，其核心代码如下（包括三层循环共四行代码）：

```
for (int k=0; k<n; ++k)
    for (int i=0; i<n; ++i)
        for (int j=0; j<n; ++j)
            dist[i][j]=min(dist[i][j], dist[i][k]+dist[k][j])
```

3）算法步骤

Floyd 算法是用来求解多源最短路径问题的，其核心思想是引入中转点，因为通过每个顶点中转都有可能使另外两个顶点之间的最短路程变短。下面通过一个例子将该算法求解过程一般化。如图 8-8 所示，共有 1、2、3、4 四个城市，四个城市间共有 8 条公路，数字表示公路长短，单向箭头说明这些公路是单向的。现在需要求任意两城市间最短路程，该问题也被称为"多源最短路径"问题。

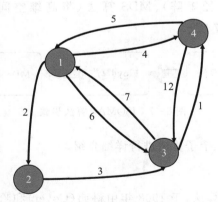

图 8-8　4 个城市间的路线图

（1）初始化。令两未直接相连的城市间的距离为 ∞，如 $D_{21}=\infty$，城市自身之间的距离为 0，如 $D_{11}=0$。因此可以得到任意两城市之间距离的初始矩阵，如图 8-9 所示。

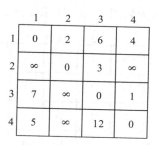

图 8-9　路程矩阵 1

（2）不允许通过中转点情况下的任意两点间最短距离矩阵。此时任意两城市间的最短路径矩阵即为初始矩阵。

（3）只允许通过中转点 1 时的任意两点间最短路径矩阵。此时只需在图 8-9 矩阵 1 的基础之上判断 $D_{i1}+D_{1j}$ 是否比 D_{ij} 要小即可，因此在只允许经过 1 点的情况下任意两点间最短路程矩阵更新为如图 8-10 所示矩阵。

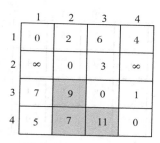

图 8-10　路程矩阵 2

（4）允许通过中转点 1、2 时的任意两点间最短路径矩阵。此时只需在只允许经过 1 点时任意两点最短路程的结果下（即在图 8-10 矩阵 2 的基础上），再判断如果经过 2 是否可使 i 到 j 间的路程变得更短，即判断 $D_{i2}+D_{2j}$ 是否比 D_{ij} 要小。因此在允许通过中转点 1、2 时任意两点间最短路程更新为如图 8-11 所示矩阵。

	1	2	3	4
1	0	2	5	4
2	∞	0	3	∞
3	7	9	0	1
4	5	7	10	0

图 8-11　路程矩阵 3

（5）允许通过中转点 1、2、3 时的任意两点间最短路径矩阵。此时只需在只允许经过 1、2 点时任意两点最短路程的结果下（即在图 8-11 矩阵 3 的基础上），再判断如果经过 3 是否可使 i 到 j 间的路程变得更短，即判断 $D_{i3}+D_{3j}$ 是否比 D_{ij} 要小。因此在允许通过中转点 1、

2、3 时任意两点之间最短路程更新为如图 8-12 所示矩阵。

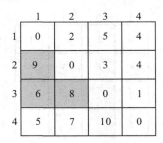

	1	2	3	4
1	0	2	5	4
2	10	0	3	4
3	7	9	0	1
4	5	7	10	0

图 8-12　路程矩阵 4

(6)允许通过所有中转点的任意两点间最短路径矩阵:此时只需在只允许经过 1、2、3 点时任意两点最短路程的结果下(即在图 8-12 矩阵 4 的基础上),再判断如果经过 4 是否可使 i 到 j 间的路程变得更短,即判断 $D_{i4} + D_{4j}$ 是否比 D_{ij} 要小。因此在允许通过中转点 1、2、3、4 时任意两点之间最短路程更新为如图 8-13 所示矩阵。

	1	2	3	4
1	0	2	5	4
2	9	0	3	4
3	6	8	0	1
4	5	7	10	0

图 8-13　路程矩阵 5

4)算法总结

根据以上的算法步骤,任意两点之间的最短路径矩阵由初始矩阵更新为最后的矩阵,此过程看似烦琐,但其代码却很简单。该算法的基本思想就是最开始只允许经过 1 号顶点进行中转,接下来只允许经过 1 和 2 号顶点进行中转……直到允许经过 1～n 号所有顶点进行中转,来求任意两点之间的最短路程。简单来说,该算法就是计算从 i 号顶点到 j 号顶点只经过前 k 号点的最短路程,其实这是一种"动态规划"的思想。

Floyd 算法的时间复杂度为 $O(N^3)$,因此当数据点个数比较多时,其时间的复杂度会很大、计算时间会很长、效率也不高,相比较来说用 Dijkstra 算法更快。但在实际解决问题时,如果时间复杂度要求不高,使用 Floyd 算法是可行的。

同时需要说明的是,Floyd 算法不能解决"负权回路"的问题。因为带有"负权回路"的图没有最短路,如图 8-14 中就不存在 1 到 3 的最短路径,因为每走一圈,距离总会减少 1,永远也找不到最短的路径。

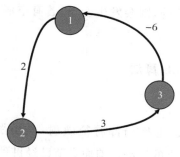

图 8 - 14　负权回路图

6. MDS 算法

1）基本介绍

在降维的算法中，有两种常见的降维方式。一种方式是提供点的坐标进行降维，如 PCA；另一种方式是提供点之间的距离矩阵，如 MDS。让原始空间中样本之间的距离在低维空间中也能够得以保持，由此即得到"多维缩放"这一非常经典的降维方法。

2）算法思想

MDS 算法就是通过对点（数据）做平移、旋转、翻转等操作，使原始空间中样本之间的距离在低维空间中也可以得到保持。

3）算法介绍

（1）输入：令 d 维的 m 个样本在高维空间距离矩阵为 $D \in R^{m \times m}$，其中 D 的第 i 行 j 列的元素即为样本 x_i 和 x_j 间的距离，记为 $\mathrm{dis}\, t_{ij}$。

（2）输出：设降维后的样本为 z_i，样本在 d' 维空间的表示 $Z \in R^{d' \times m}$，其中 $d' \leqslant d$，$Z = (z_1, z_2, z_3, \cdots, z_m)$。

（3）依据：任意两个样本在 d' 维空间中的距离等于高维 d 空间中的距离，即：$\|z_i - z_j\| = \mathrm{dis}\, t_{ij}$。因此有高维空间距离 $\mathrm{dis}\, t_{ij}^2 = \|z_i\|^2 + \|z_j\|^2 - 2z_i^T z_j$ 低维空间距离

4）算法流程

输入：距离矩阵 $D \in R^{m \times m}$，其元素 $\mathrm{dis}\, t_{ij}$ 为样本 x_i 和 x_j 间的距离；低维空间维数 d'。

过程：

（1）计算 $\mathrm{dis}\, t_{i\cdot}^2$，$\mathrm{dis}\, t_{\cdot j}^2$，$\mathrm{dis}\, t_{\cdot\cdot}^2$；

（2）将第一步计算的值代入计算矩阵 B；

（3）对矩阵 B 做特征值分解；

（4）取 $\tilde{\Lambda}$ 为 d' 个最大特征值构成的对角矩阵，$\tilde{V}$ 为相应特征向量矩阵。

输出：矩阵 $\tilde{V} \tilde{\Lambda}^{1/2} \in R^{m \times d'}$，每行是一个样本的低维坐标。

7. ISOMAP 算法优缺点

ISOMAP 的优点是利用了流形上的测地线距离来代替欧氏距离，可以较好地保留数据的空间结构；缺点是具有拓扑不稳定性，若产生短环路则会严重影响执行，并且对流形具有

一定的限制要求。若流形不是凸的,则会发生变形;若有空洞出现在流形上,该算法也不能解决这个问题。

8.2.3　局部线性嵌入 LLE 算法

1. 基本介绍

LLE 算法即局部线性嵌入,也称局部特征映射,是由罗伊(ST Roweis)和索尔(LK Saul)于 2000 年发表在 *Science* 上的算法。前面章节已经讲到,ISOMAP 算法需寻找所有样本全局的最优解。相比之下,LLE 放弃寻找全局最优解,只保证局部最优来进行降维。局部线性嵌入算法是基于"局部"和"线性",其假设数据在较小的局部是线性的,即某一样本可由它最近邻的几个样本线性表示,离该样本远的样本对局部的线性关系没有影响。

2. 基本思路

高维空间中样本重构关系在低维空间中得以保持。如图 8-15 所示,数据点 x_i、x_j、x_k、x_l 在高维嵌入空间中满足局部线性关系,因此点 x_i 可以用点 x_j、x_k、x_l 进行线性表示,即

$$x_i = w_{ij}x_j + w_{ik}x_k + w_{il}x_l \tag{8-1}$$

在图 8-15 所示的低维空间中,我们仍然希望该样本重构关系可以得到保持,即保持线性重构权值 w_{ij}、w_{ik}、w_{il} 不变,即由高维空间映射到低维空间的数据 y_i、y_j、y_k、y_l 需要满足如下关系

$$y_i \approx w_{ij}y_j + w_{ik}y_k + w_{il}y_l \tag{8-2}$$

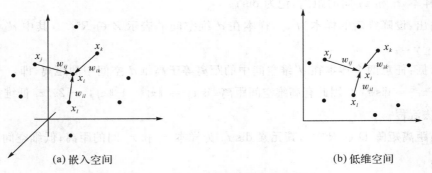

(a) 嵌入空间　　　　　　　　　　　　(b) 低维空间

图 8-15　嵌入空间与低维空间示意图

3. 算法步骤

在这里,我们主要关注 LLE 算法的实现思路。最优化目标函数的具体求解过程可以参考拉格朗日乘子法或奇异值分解方法。

1)求权重系数矩阵

(1)以图 8-15 为例,首先要确定邻域大小,即需要多少邻域样本来线性表示某样本,这里 $k=3$。即为每个样本 x_i 找到其近邻下标集合 $Q_i = \{x_j, x_k, x_l\}$。

(2)找到 x_i 和这 3 个最近邻间的线性关系,即找到线性关系的权重系数,该问题也是一

个回归问题。我们希望下式的关系在低维空间中也可以得到保持。

$$x_i = w_{ij}x_j + w_{ik}x_k + w_{il}x_l \tag{8-3}$$

（3）计算基于 Q_i 中的样本点对 x_i 进行线性重构的系数 w_i。

$$\min_{w_1,w_2,\cdots,w_m} \sum_{i=1}^m \left\| x_i - \sum_{j\in Q_i} w_{ij}x_j \right\|_2^2, s.t. \sum_{j\in Q_i} w_{ij} = 1 \tag{8-4}$$

（4）令 $C_{jk} = (x_i - x_j)^T(x_i - x_k)$，$w_{ij}$ 有闭式解

$$w_{ij} = \frac{\sum_{k\in Q_i} C_{jk}^{-1}}{\sum_{l,s\in Q_i} C_{ls}^{-1}} \tag{8-5}$$

2）求降维后的坐标 Z

（1）根据 LLE 在低维空间中保持 w_i 不变，于是 x_i 对应的低维空间坐标 z_i 可通过下式进行求解：

$$\min_{z_1,z_2,\cdots,z_m} \sum_{i=1}^m \left\| z_i - \sum_{j\in Q_i} w_{ij}z_j \right\|_2^2 \tag{8-6}$$

式 8-4 和式 8-6 的优化目标同行，唯一的区别是式 8-4 中需要确定的是 w_i，而式 8-6 中需确定的是 x_i 对应低维空间中的坐标 z_i。

（2）令 $Z = \{z_1, z_2, z_3, \cdots, z_m\} \in R^{d'\times m}$，$(W)_{ij} = w_{ij}$，则有

$$M = (I - W)^T(I - W) \tag{8-7}$$

$$\min_Z tr(ZMZ^T), s.t. ZZ^T = I \tag{8-8}$$

（3）对 M 矩阵特征值分解求解：M 最小的 d' 个特征值对应的特征向量组成的矩阵即为 Z^T。

4. LLE 算法优缺点

LLE 是广泛使用的图形图像降维方法，它实现简单但是对数据的流形分布特征有严格的要求。比如，不能是闭合流形，不能是稀疏的数据集，不能是分布不均匀的数据集等，这限制了它的应用。下面总结下 LLE 算法的优缺点。

（1）优点：可以学习任意维的局部线性的低维流形；算法归结为稀疏矩阵特征分解，计算复杂度相对较小，实现容易。

（2）缺点：算法所学习的流形只能是不闭合的，且样本集是稠密均匀的；算法对最近邻样本数的选择敏感，不同的最近邻数对最后的降维结果有很大影响。

8.3　编程实现

8.3.1　ISOMAP 算法的编程流程

ISOMAP 算法一般可分为以下三个步骤：确定 K 近邻点构造邻域图、调用 Floyd 算法计算测地线距离，将测地线距离作为输入通过 MDS 算法得到降维数据。

实现 ISOMAP 算法的流程如下：

输入：样本集 $D = \{x_1, x_2, \cdots, x_m\}$；近邻参数 K；低维空间维数 d'。

过程：

(1)for $i = 1, 2, 3, \cdots, m$ do；

(2)确定样本 x_i 的 K 近邻；

(3)x_i 与 K 近邻点间距离设置为欧氏距离，与其他点距离设置为无穷大；

(4)end for；

(5)调用 Floyd 算法计算任意两样本点之间的距离 $\mathrm{dist}(x_i, x_j)$ 并构成最短路径矩阵 D；

(6)将 D 作为 MDS 算法的输入；

(7)返回 MDS 算法的输出。

输出：样本集 D 在低维空间的投影 $Z = \{z_1, z_2, \cdots, z_m\}$。

K 近邻点的确定，可以计算样本点之间的欧式距离，通过排序，选择距离最小的 K 个点作为近邻点。Floyd 算法可以参考图 8 - 8 中的核心代码进行编写。MDS 算法可以在MATLAB 中调用 mdscale 函数进行计算。

8.3.2 LLE 算法流程

实现 LLE 算法流程图如图 8 - 16 所示。

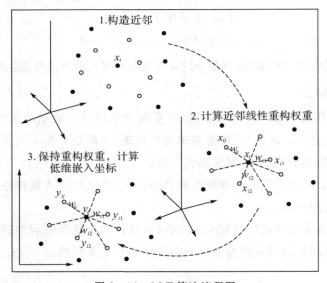

图 8 - 16　LLE 算法流程图

输入：样本集 $D = \{x_1, x_2, \cdots, x_m\}$；近邻参数 k；低维空间维数 d'。

过程：

(1)for $i = 1, 2, \cdots, m$ do；

(2)按欧式距离度量，确定 x_i 的 k 近邻 $x_{i1}, x_{i2}, x_{i3}, \cdots, x_{ik}$；

(3)从式 8 - 5 中求得权重系数向量 w_{ij}，$j \in Q_i$；对于 $j \notin Q_i$，令 $w_{ij} = 0$；

(4)end for；

（5）从式 $8-7$ 的 $M = (I-W)^{\mathrm{T}}(I-W)$ 中得到 M；

（6）对 M 进行特征值分解；

（7）return M 的最小 d' 个特征值对应的特征向量。

输出：样本集 D 在低维空间的投影 $Z = \{z_1, z_2, z_3, \cdots, z_m\} \in R^{d' \times m}$。

8.4　应用案例

8.4.1　不同降维方法结果分析对比

本章节进行降维效果对比分析的研究基于表 $8-1$ 中的实验平台配置。

表 8-1　实验平台配置

处理器	内存	操作系统	实验环境	数据集
英特尔酷睿 i5-4200U 双核 1.6 GHz	4GB DDR3	Microsoft Win8.1	MATLAB R2016a	如图 8-17 所示

如图 $8-17$ 所示的 9 种数据集分别为：（a）Swiss roll；（b）Swiss hole；（c）Corner planes；（d）Punctured Sphere；（e）Twin peaks；（f）3D clusters；（g）Toroidal helix；（h）Gaussian；（i）Occluded disks。

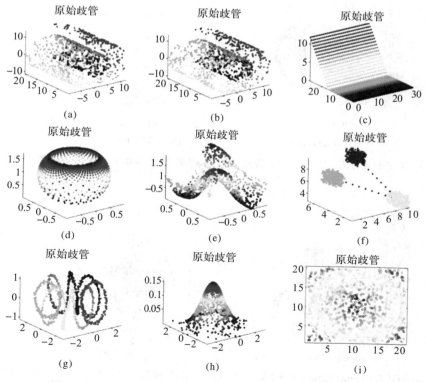

图 $8-17$　本实验所使用的 9 种数据集（彩图扫描前言二维码）

1. 不同因素对于 ISOMAP 降维效果的影响

1)不同数据集对 ISOMAP 降维效果的影响

固定数据点数 $N=1000$，近邻数 $K=7$ 不变，分别选用 Swiss roll、Toroidal Helix、Gaussian Randomly Sampled、Corner Plane、Gaussian with Hole 五种数据集进行实验，实验结果如图 8-18 至图 8-22 所示。从结果中发现，除了 Gaussian with Hole 之外，其余四种数据集最终的降维效果都不错。由此可见，ISOMAP 对于类似 Gaussian with Hole 这种带有空洞的流形结构降维效果不好，会出现一定的畸变。

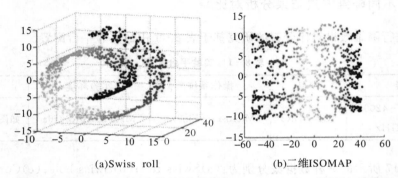

(a)Swiss roll (b)二维ISOMAP

图 8-18 Swiss roll 及 ISOMAP 降维效果：数据集 $N=1000$，$K=7$（彩图扫描前言二维码）

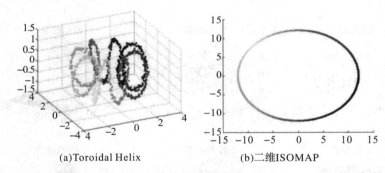

(a)Toroidal Helix (b)二维ISOMAP

图 8-19 Toroidal Helix 及 ISOMAP 降维效果：数据集 $N=1000$，$K=7$（彩图扫描前言二维码）

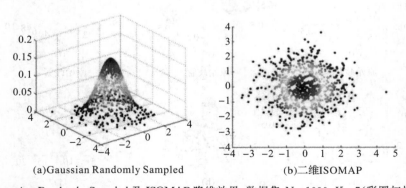

(a)Gaussian Randomly Sampled (b)二维ISOMAP

图 8-20 Gaussian Randomly Sampled 及 ISOMAP 降维效果：数据集 $N=1000$，$K=7$（彩图扫描前言二维码）

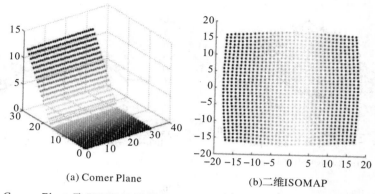

(a) Comer Plane
(b)二维ISOMAP

图 8-21　Corner Plane 及 ISOMAP 降维效果：数据集 $N=1000, K=7$（彩图扫描前言二维码）

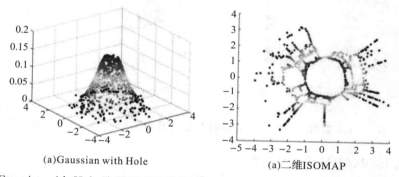

(a)Gaussian with Hole
(a)二维ISOMAP

图 8-22　Gaussian with Hole 及 ISOMAP 降维效果：数据集 $N=1000, K=7$（彩图扫描前言二维码）

2)参数 K 的选取对 ISOMAP 降维效果的影响

这里我们选取 Swiss roll 数据集,数据点数 $N=1000, K$ 值分别取 3、7、20,所得实验结果如图 8-23 所示。从结果中可见,当 $K=7$ 时,降维效果最好;当 $K=3$、$K=20$ 时,降维效果出现较大的畸变。由此可见,K 值的选取对于 ISOMAP 的降维效果影响较大。

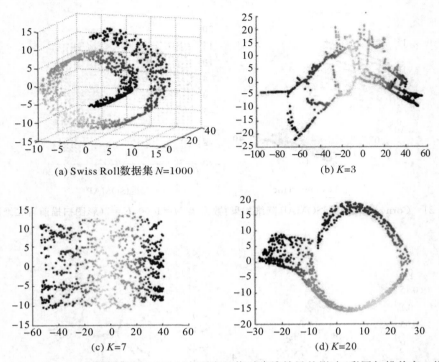

(a) Swiss Roll 数据集 N=1000

(b) K=3

(c) K=7

(d) K=20

图 8 - 23　Swiss roll 数据集 N=1000 时不同 K 值对降维效果的影响(彩图扫描前言二维码)

3)噪声对 ISOMAP 降维效果的影响

这里我们选取 Swiss roll 数据集,数据点数 N=1000,K=7,噪声分别设置为无噪声、方差 0.3 的白噪声以及方差 0.5 的白噪声,所得实验结果如图 8 - 24 所示。从结果中可见,当没有噪声加入的时候降维效果最好,并且降维效果随着噪声方差的加大畸变越来越大。由此可见,噪声对于 ISOMAP 降维效果影响很大。

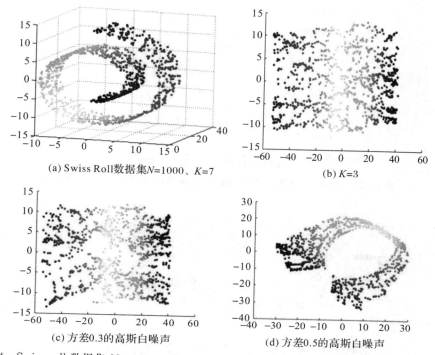

(a) Swiss Roll数据集N=1000、K=7

(b) K=3

(c) 方差0.3的高斯白噪声

(d) 方差0.5的高斯白噪声

图 8 - 24　Swiss roll 数据集 N=1000、K=7 时不同噪声对降维效果的影响(彩图扫描前言二维码)

2. ISOMAP 和 LLE 降维对比研究

ISOMAP 和 LLE 在一定程度上反映了全局方法与局部方法的特点,通过对比以下三个环节,可以为不同应用提供参考。

1)两种学习算法在参数 K 变化时的性能变化

两种算法第一步都要先构造一个邻接图,邻接图的选取对于算法的成功至关重要。对每一个数据点都要按一定的规则选择它的相邻点,事实上相邻点的选择可以是相当复杂的。在实践中一般采用 K 近邻法,即对每一个数据点都选择与它距离最近的 K 个点作为它的相邻点。

数据集选用 1000 个采样点(N=1000)的 Swiss roll 三维数据集,该数据集采样于一个二维流形上,一个好的降维算法能按图 8 - 25 所示将数据集展开。实际中,当分别将 K 值设定为 4、6、8、10、12、14、16、18 时,使用 ISOMAP 和 LLE 两种算法时,降维效果分别如图 8 - 26 和图 8 - 27 所示。从图中可以发现,相较于 LLE,ISOMAP 对不同的参数 K 有更好的稳定性,直观上理解为由于 LLE 只考虑保持局部特征,而不计算任意两点的测地线距离,因此反映局部特征的 K 值对 LLE 影响更为显著。

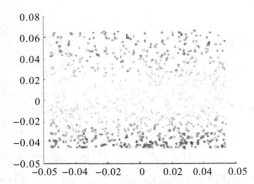

图 8 - 25 Swiss roll 数据集理想的降维效果(彩图扫描前言二维码)

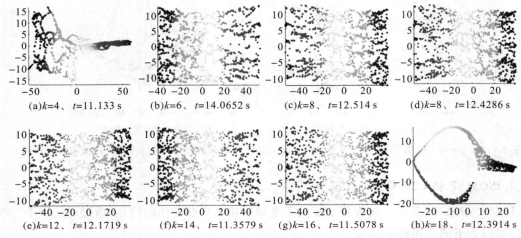

(a)$k=4$、$t=11.133$ s (b)$k=6$、$t=14.0652$ s (c)$k=8$、$t=12.514$ s (d)$k=8$、$t=12.4286$ s

(e)$k=12$、$t=12.1719$ s (f)$k=14$、$t=11.3579$ s (g)$k=16$、$t=11.5078$ s (h)$k=18$、$t=12.3914$ s

图 8 - 26 使用 ISOMAP 时的降维效果(彩图扫描前言二维码)

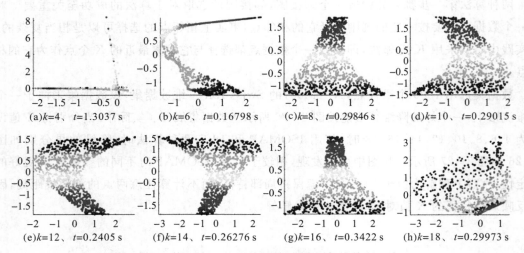

(a)$k=4$、$t=1.3037$ s (b)$k=6$、$t=0.16798$ s (c)$k=8$、$t=0.29846$ s (d)$k=10$、$t=0.29015$ s

(e)$k=12$、$t=0.2405$ s (f)$k=14$、$t=0.26276$ s (g)$k=16$、$t=0.3422$ s (h)$k=18$、$t=0.29973$ s

图 8 - 27 使用 LLE 时的降维效果(彩图扫描前言二维码)

2)执行效率

算法最终执行时间受多种因素影响,上述结果只能对两种算法的执行效率作出粗略的直观反映。实验结果表明:在计算效率上,由于 ISOMAP 需要计算所有数据点之间的测地线,因此对计算强度要求相对较高;LLE 算法则把计算量限制在局部范围,不需要迭代,因此计算复杂度相对较小。

由以上实验可得如下的 ISOMAP 和 LLE 对比研究结论:

(1)ISOMAP 通过流形上所有采样点的测地线(或其他方法)的近似逼近来对流形几何结构进行重建,因此该类算法能较好地反映流形的整体拓扑结构。

(2)LLE 从流形的局部结构入手,通过合理地假设流形局部具有线性结构,通过局部线性重建和相邻点之间的嵌套的办法来最终重建流形的整体结构,因此 LLE 可以学习具有局部线性的任意维数的低维流形。

(3)两个算法在参数选择上还需要进行进一步的研究,特别是最近邻点数 K 的取值还没有理论上最优的解决办法。

(4)最后两个算法都要求较好的采样,对输入噪声十分敏感,这也是目前所有流形学习算法普遍存在的缺点。

3. ISOMAP、LLE 和其他降维方法对比

1)Swiss roll($N=1000$、$k=7$)

前面已经提到过,理想的降维效果是能将瑞士卷完全铺开,实际上不同算法对 Swiss roll 的降维效果如图 8-28 所示。由图中可见,从速度上看 Hessian LLE 较慢、MDS 很慢、ISOMAP 特别慢。从降维效果来说,MDS、PCA 不能很好地铺开瑞士卷,LLE、Laplacian、Diffusion Map 完全无法铺开瑞士卷。

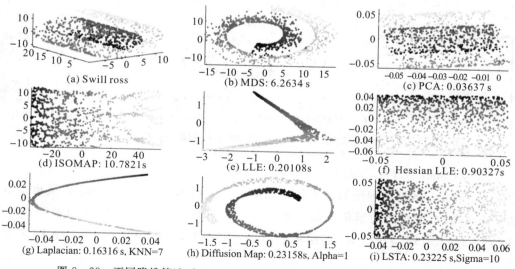

图 8-28 不同降维算法对 Swiss roll 的降维效果对比(彩图扫描前言二维码)

2）Swiss hole（$N=1000$、$k=7$）

Swiss hole 数据集理想的降维效果如图 8-29 所示。Swiss hole 数据集属于非凸性流形结构，Hessian LLE 可以解决非凸性流形结构，而 ISOMAP、LLE、Laplacian 可以找到空洞但是已经畸变。不同降维算法对 Swiss hole 的降维效果对比如图 8-30 所示。

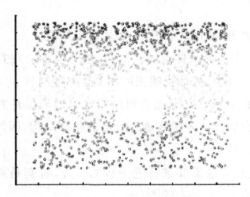

图 8-29　Swiss hole 数据集理想降维效果（彩图扫描前言二维码）

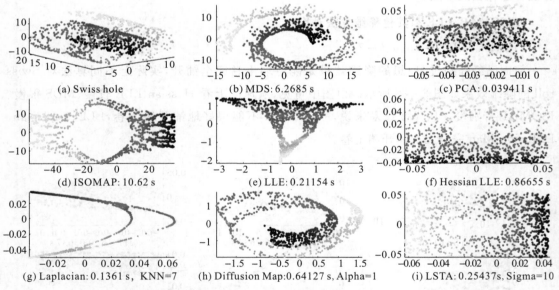

(a) Swiss hole
(b) MDS: 6.2685 s
(c) PCA: 0.039411 s
(d) ISOMAP: 10.62 s
(e) LLE: 0.21154 s
(f) Hessian LLE: 0.86655 s
(g) Laplacian: 0.1361 s, KNN=7
(h) Diffusion Map:0.64127 s, Alpha=1
(i) LSTA: 0.25437s, Sigma=10

图 8-30　不同降维算法对 Swiss hole 的降维效果对比（彩图扫描前言二维码）

3）Corner planes（$N=1000$、$k=7$）

Corner planes 数据集理想的降维效果如图 8-31 所示。Corner planes 数据集当取不同的平面夹角时，数据集的形状不同。如图 8-32 和图 8-33 所示，当拐角平面 $A=75°$ 时，PCA、Laplacian 畸变比较大；当拐角平面 $A=135°$ 时，MDS、PCA、Hessian LLE 表现不佳。

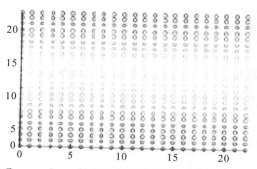

图 8 - 31　Corner planes 数据集理想降维效果(彩图扫描前言二维码)

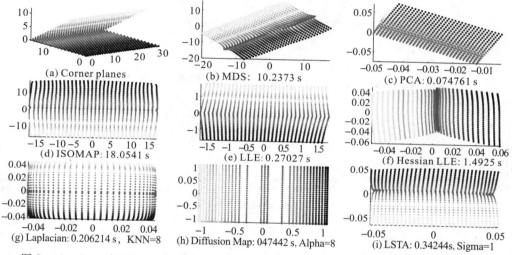

图 8 - 32　$A=75°$时不同降维算法对 Corner planes 的降维效果对比(彩图扫描前言二维码)

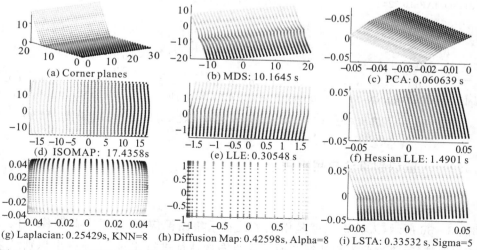

图 8 - 33　$A=135°$时不同降维算法对 Corner planes 的降维效果对比(彩图扫描前言二维码)

4）Punctured sphere（$N=1000$、$k=7$）

Punctured sphere 数据集理想的降维效果如图 8-34 所示。穿孔球（Punctured sphere）的结构特征是下部稀疏、上部密集。不同降维算法对 Punctured sphere 的降维效果对比如图 8-35 所示。只有 LLE 和 Laplacian 的效果相对比较好，MDS inside-out、Hessian LLE 和 Diffusion、LTSA 形状正确但是过多强调穿孔球底部的稀疏数据。

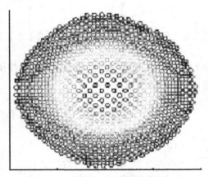

图 8-34　Punctured sphere 数据集理想降维效果（彩图扫描前言二维码）

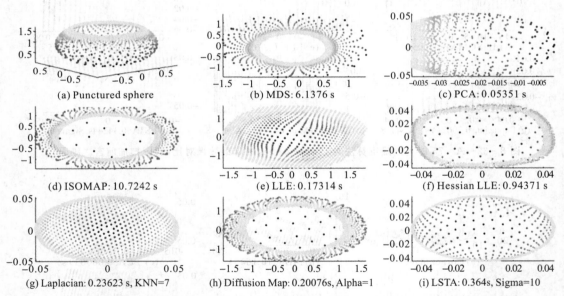

图 8-35　不同降维算法对 Punctured sphere 的降维效果对比（彩图扫描前言二维码）

8.4.2　人脸识别算法应用案例

1. 人脸识别背景介绍

如图 8-36 所示，人脸识别就是用电子设备采集图像信息，然后在此图像中检测出人脸，最后提取特征，将这些人脸特征与原始人脸图像特征进行比对，从而得出识别结果。人脸特征的提取就是按照一定的规则，从图像中提取出能够鉴别不同类个体的信息。同一个体特征基本相似,而异类个体的特征具有较大的差异性。人脸识别是将提取出的这些特征与人脸库中人脸的特征进行匹配,然后判断人脸属于哪一类。在这些过程中,人脸特征抽取非常重要,人脸特征提取算法会直接影响识别效果。

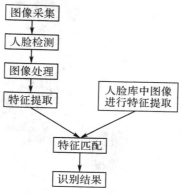

图 8 - 36　人脸识别流程

　　人脸图像采集的过程中易受到光照、姿态、角度以及采集设备等因素的影响,现实生活中获取的人脸图像数据往往具有复杂的高维非线性特性。因此,为了有效提高人脸识别性能,剔除人脸图像数据中的冗余信息,需要在不破坏人脸图像数据内在结构的同时降低人脸图像数据的维度,使降维后的人脸数据可以被更加方便的存储和更加有效的识别。

2. 基于 ISOMAP 的人脸识别算法

　　如图 8 - 37 所示,本节人脸识别是通过 ISOMAP 算法进行降维,计算待测数据与训练集中数据之间的距离,距离最近的数据可视为人脸识别结果。如图 8 - 38 所示为 ISOMAP 算法降维后的训练集可视化效果。可以看出,ISOMAP 有效逼近表征人脸的流形,从而使得流形上不同的区域的差别在特征空间中得到体现。不同的人脸聚类在了一起,证实了该识别算法的可行性。

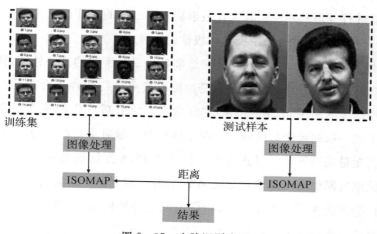

图 8 - 37　人脸识别流程

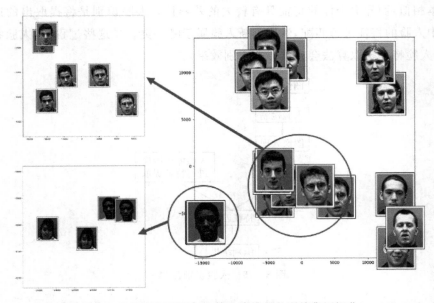

图 8-38　经过 ISOMAP 算法降维后的训练集可视化

3. 基于主成分分析和线性判别分析的人脸识别算法

本章 8.1.1 节中已简要介绍过作为线性降维代表方法之一的主成分分析（PCA）法，它是一种统计分析方法，关注事物主要矛盾，并将多元事物中的主影响因子解析出，起到揭示本质、简化问题的目的。计算主成分的目的是将高维数据投影到较低维空间。给定 n 个变量的 m 个观察值，形成一个 $n \times m$ 的数据矩阵（n 通常比较大）。人们难以认识这样的一个多变量描述的复杂事物，因此，如何抓住事物主要方面重点分析成为了一个研究的热点。

研究人员比较希望事物的主要方面只表现在几个主要变量上，从而可以通过分离这些变量并详细分析来抓住事物的特征。但一般情况下，并不容易找到这样的关键变量，这时，如何将原有变量进行一定的线性组合来代表事物主要方面的特征就成为了一类重要的研究方法，而主成分分析就是这类方法中极具代表性的一种。

PCA 法具体实施是寻找 $r(r < n)$ 个新变量来表征目标事物的主要特征，同时压缩数据，形成较小数据矩阵的规模。这 r 个新变量是由原有变量进行线性组合得到，是由该多个原有变量综合作用产生的结果，具有一定的实际含义。组合后产生的这些新变量称为"主成分"，很大程度上这一系列新变量可以代表原来的所有变量对事物的影响，并且可以证明：前面得到的这些新变量是互不相关且正交的。传统的 PCA 方法就是通过这样的思想来压缩数据空间并在低维空间里直观地表示多元数据的特征的方法。通常的 PCA 算法具体步骤为：①计算均值；②求出相应协方差矩阵，特征值以及特征向量；③求出协方差矩阵中，特征值大于阈值的对应元素的个数；④降序排列得到的特征值；⑤去掉得到的特征值中的较小值；⑥合并选择这些特征值；⑦选择相应的特征值和特征向量；⑧计算白化矩阵；⑨提取主

分量。

　　Eigenface(特征脸)方法是一种基于主成分分析发展起来的人脸识别描述技术的算法。它将整个样本图像看作随机向量而进行 K-L 变换(Karhunen-Loeve Transform)。K-L 变换后可以获得一系列基底,其中特征值较大的基底与目标人脸形状相似,故称特征脸。将这些基底按照一定的算法组合可以无限接近待识别的人脸目标图像,从而达到识别的目的。

　　具体识别过程是:先获取目标特征脸元素,通过 K-L 变化得到基底,再由这些基底构成子空间,最后将人脸图像映射到这些子空间上,比较其与已知人脸在特征空间中的位置(见图 8-39)。具体步骤如下:

　　(1)样本采集或者从数据库提取实验所需人脸图像样本,训练并算出其 Eigenface 值,将其定义为人脸空间;

　　(2)输入待识别的目标图像,采样并映射到前面所得到的空间中,得出一组关于目标的特征数据;

　　(3)检查目标人脸与空间的距离作为判断该目标是否可能是人脸的判据;

　　(4)若判断出是人脸,则利用其权值进一步判断其是否属于已有样本集,并找出样本集中与其相似度最高的人脸图像。

图 8-39　人脸定位过程

　　在具体实现前,需要对原始图片进行预处理。首先,将已有的图片库中的所有图片读取到 MATLAB 中,用 rgb2gray 获得图片的灰度信息并截取图中人脸部分。其次,通过 reshape 函数将所有图片从 $M \times N$ 的 2D 矩阵压缩为一维列向量,其长度为 $M \times N$。最后,将代表所有图片(共计 P 张)的一维向量组成一个 2D 矩阵 T,其大小为 $M \times N \times P$,每一列均代表了图片库里的一张原图像。

　　经过以上处理了以后,下面进行基于特征脸的人脸识别:

(1)获取总样本矩阵 T 的均值 $m = \text{mean}(T,2)$；

(2)计算代表每张原图片向量与样本均值 m 的背离程度 $\text{double}(T(:,i)) - m$；

(3)将上述 P 个背离程度向量组成矩阵 A，然后利用 A 构造协方差矩阵 $L = A^{\mathrm{T}} + A$；

(4)求取上述协方差矩阵 L 的特征值和特征向量 $[V\ D] = \text{eig}(L)$；

(5)在上一步求出来的特征向量中选择大于既定阈值的向量组成筛选后的特征向量 L_eig_vec；

(6)将背离程度与特征向量结合求得最终的特征脸向量 $\text{Eigenfaces} = A \times \text{L\_eig\_vec}$。

到这里，我们便获得了训练图片库里面的所有图片的特征脸向量，下面再利用欧式距离对其进行甄选，以获得识别结果。首先，将待测图片压缩成同样的一维列向量，与样本均值做差，得到背离程度。其次，通过背离程度与特征脸向量相乘得到待测图片的投影。最后，利用原待测图像的投影与图片库里每张已有图片求得欧氏距离，找出距离最小的一幅图，即为识别结果。

基于线性判别分析(LDA)的人脸识别方法是在 PCA 的启发下被创造出来的，具体的 LDA 人脸识别流程如图 8-40 所示。

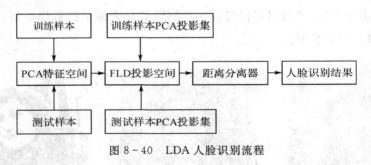

图 8-40　LDA 人脸识别流程

依据"找到与你最相似的脸"这一应用目标，编制了人脸相似度识别程序，采用 PCA、LDA 及 ISOMAP 三种方法进行人脸识别，测试结果如图 8-41 所示。从实验结果可知，程序可以针对测试样本匹配出相似程度更高的脸，但由于 PCA、LDA 及 ISOMAP 三种方法的原理存在差别，且测试图片不在训练样本中，故匹配的结果会不同。

(a) 训练集

(b) 测试样本　　(c) PCA识别结果　　(d) ISOMAP
　　　　　　　　和LDA识别结果　　　识别结果

图 8 - 41　训练集、测试样本和识别结果对比

8.5　存在问题与发展

自 2000 年被提出以来,流形学习的研究取得了很大进展,流形学习算法经历了从 ISOMAP 到 LLE、LE(拉普拉斯特征映射算法)、LTSA(局部切空间对齐算法)等,再到近几年的 t - SNE(t 分布随机邻域嵌入)算法的发展过程。流形学习逐步应用于模式识别、图像处理、计算机视觉和信息检索等领域。由于实际应用问题的复杂性,采样数据往往包含噪声,使得严格的流形假设并不总是成立,从而影响现有流形学习算法的性能。另一方面,现有流形学习算法都涉及到邻域大小这一需要手动指定的参数,且算法性能对参数比较敏感。在实际应用中,数据经常具有缺失属性,而传统的流形学习没有相应的处理缺失属性的机制,因此现有流形学习算法对此类数据也无能为力。尽管流形学习的算法和应用在过去几年中已经取得了丰硕的成果,但是由于其数学理论基础较为深厚复杂,以及多个学科之间交叉融合,所以仍有以下亟需研究和解决的问题:

(1) 缺少理论支撑。目前已有很多流形学习算法,但这些流形学习算法中有很多只是建立在实验的基础之上,并没有充分理论基础支持,所以我们要进一步探索能够有效学习到流形局部几何和拓扑结构的算法,提高流形投影算法的性能,还要不断完善理论基础。

（2）参数选择困难。目前大多数流形学习算法都涉及到近邻数和本征维数等参数的选择问题。流形学习探测低维流形结构成功与否在很大程度上取决于近邻数的选择，然而近邻数的选择受数据分布密度和空间结构等的影响，至今仍缺乏一个很好的理论指导，现实中往往只能通过经验来选择。本征维数估计是流形学习的一个基本问题。它反映了隐藏在高维观测数据中的潜在低维流形的拓扑属性，本征维数估计的准确与否对低维空间的嵌入结果有重要的影响。尽管目前提出了一些方法，如特征映射法和几何学习法等，然而这些方法并不能提供本征维数的可靠估计。因此有必要对近邻数选择和本征维数估计等参数选择问题进行深入研究。

（3）算法性能评估问题。对于一个给定的高维数据集，利用流形学习算法将其嵌入到低维空间后，高维非线性数据的低维嵌入质量如何？或者说低维嵌入在多大程度上揭示了高维非线性数据集的内在规律和拓扑结构？这实际上是涉及到流形学习算法映射结果的性能评估问题。目前，人们常用的方法是将高维数据集映射到二维或者三维可视化空间，通过肉眼观察来评价不同流形学习算法的嵌入性能，但这种方法无法给出客观公正的评价。因此如何对不同流形学习算法在同一数据集上的降维效果进行定性或定量地评估，是一个值得深入研究的方向。

（4）多子流形学习问题。目前大部分流形学习算法都假定高维输入数据位于一个连通的流形中。然而现实中许多高维非线性数据集包含多个子流形，如不同的人脸数据和蛋白质相互作用数据等，现有的流形学习方法无法将数据集中包含的所有子流形都映射到同一个低维空间中并保持各自的流形结构。这是将流形学习应用于模式识别和图像处理等任务时必须要解决的一个问题，因此有必要深入研究不连通流形上的高维数据的维数约简问题。

（5）容易受噪声影响。目前大部分学习算法都是基于局部的，而基于局部算法一个很大缺陷就在于受噪声影响较大，所以要研究减小局部方法对于噪声和离群值的影响，提高学习算法鲁棒性及泛化能力。

（6）"奇异值"问题。在求解流形学习算法的泛化特征方程时，由于输入数据的维数远大于数据的个数，因而常会出现"奇异值"问题，流形学习现在常用的解决方法是采用预处理的方法（如 PCA 或 SVD 方法），但是该方法存在丢失有用信息的缺点，因此，如何解决流形学习中的奇异值问题有待于进一步研究。

（7）应用研究中的问题。目前流形学习的应用对象主要局限于静态的图像数据，如人脸、手写体数据、掌纹数据等。可以从以下两个方面拓宽流形学习的应用领域：一是将其应用到动态、实时和有序的数据流等，如实时通信信号和动态视频流数据等；二是将其应用到更多复杂的非线性数据中，如工医学数据、生物数据和股票数据等。

8.6　思　考　题

（1）请简述 PCA 与 LDA 方法的基本思想。

（2）原始的二维数据分布如图 8-42 所示，当分别采用 PCA 算法和 LDA 算法对以上数据进行降维时，请画出投影轴的大致方向。

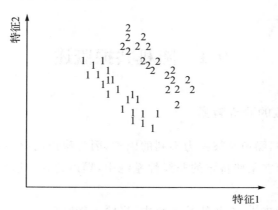

图 8-42　原始的二维数据分布图

（3）请说明局部线性嵌入法的前提假设及基本思想。

（4）请阐述等距映射（ISOMAP）的基本思想并说明算法核心点。

（5）流形学习的应用领域有哪些（请至少列举 3 个）？

第 9 章　随机共振

9.1　随机共振概述

9.1.1　随机共振的研究背景

在信号分析过程中，噪声常被视为不利的因素，因为噪声的存在降低了信噪比，影响了有用信息的提取。然而在某些特定的非线性系统中，噪声的存在能够增强微弱信号的检测能力。

从信号处理的角度来讲，在非线性系统中，当输入带噪信号时，以适宜的物理量来衡量系统特性（如信噪比、驻留时间等），通过调节输入噪声强度或系统参数，使系统特性达到一个最大值，此时，我们称信号、噪声和非线性随机系统产生的协同现象为随机共振（见图 9-1）。

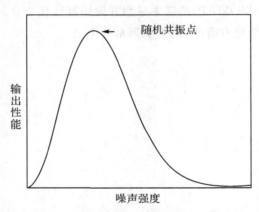

图 9-1　非线性系统输出性能与输入噪声强度关系曲线图

1981 年，人们在研究地球气候变化规律时发现，地球绕太阳转动的偏心率的变化周期约为 10 万年，同时地球的冰川期与暖和期交替变化是周期性的，且这个变化周期也约为 10 万年。两个周期的相似性说明了地球受太阳所施加的周期性变化信号的作用，但此周期信号极其微弱，远不足以使地球气候产生如此大幅度的变化。为了合理解释这一现象，罗伯特·本济（Roberto Benzi）建立了一种特殊气候模型：将地球抽象为一个非线性系统，冰川期和暖气候期为系统两个固定态，太阳对地球施加的小幅周期力在各种随机力的协同作用下，促使地球气候在两种状态间以相同的周期交替出现。这一模型给出了随机共振的基本雏形。

随机共振(stochastic resonance,SR)是一种非线性信号提取方法。在一定范围内增加噪声,不仅不会降低输出信噪比,反而会在"共振点"处大幅度增强输出信噪比,即存在一个最佳的输入噪声强度,使系统产生最大信噪比的输出,从而突出原来被噪声掩盖的信号。随机共振不同于噪声分离的信号处理方法,它将部分噪声能量化为有用信号的能量,具有很强的非周期微弱信号检测能力。同时,随机共振模型对信号的幅值突变和频率波动极为敏感,可以作为一个阈值系统对输入信号进行鉴别。结合视觉诱发电位非线性、低信噪比的信号特征,将随机共振应用于视觉诱发电位(visual evoked potential, VEP)提取,有望大幅提升现有算法的识别效果。

9.1.2　随机共振的发展史

随机共振的研究起源于 1981 年,本济等人研究古代气象冰川问题时首次提出随机共振的概念。依据本济的研究成果,尼古拉斯(Nicolis)建立了适当的微分方程来描述地球古气候变化,首次提出了双稳态气候势概念,进一步丰富和拓展了随机共振理论。

起初,随机共振理论发展缓慢,随着科学家们在振荡电路、电磁学、光学乃至神经系统等诸多领域依次观察到随机共振的存在,这一现象开始引起众多学者的关注,随机共振理论也迎来了"井喷式"的发展,其研究范围也由最初双稳态系统拓展为单稳态系统、多稳态系统、阈值系统等多种非线性系统。

1983 年,法国科学家斯蒂芬·福夫(Stephan Fauve)首次观测到随机共振现象。他在实验中将固定幅值和频率的调制信号及强度可调的噪声加入 Schmitt 触发器电路,并通过计算系统输出信号的信噪比来研究这一现象。大量的实验结果表明,输出信号的信噪比达到最大值时系统输入的噪声强度是一个非零值。此后,绝大多数学者在研究随机共振时均将信噪比作为适应度函数用来评判随机共振效果。

1988 年,美国物理学家高塔姆·维莫非尼(Gautam Vemuri)和布鲁斯·麦克纳马拉(Bruce McNamara)在双稳态激光器实验中再次观测到了随机共振现象,进一步说明噪声强度可以改变输入信号对非线性系统的调制能力。至此,人们开始猜测随机共振现象可能是非线性系统普遍存在的动力学行为,随机共振理论逐渐进入高速发展时期。

1989 年,维森费尔德(Wiesenfeld)在研究双稳态随机共振模型时,建立了适合低频信号的绝热近似理论。他通过功率谱密度的计算获得输出信号信噪比的表达式,从理论上证实随机共振的存在。为了进一步分析系统输出信号在某一势阱内部局部扰动时的动力学行为,德克曼(Dykman)等又在 1990 年提出了著名的线性响应理论,比较完整地对双稳态随机共振系统的连续状态进行了描述。

20 世纪 90 年代,随机共振开始引起国内学者的关注。胡岗教授在之前的基础上首次提出特征函数微扰展开法,对随机共振理论进行拓展的同时又详细分析了随机共振实验结果与理论结果的偏差;1992 年秦光戎教授设计相应的模拟电路求解描述双稳态系统的朗之万方程,用实验展示了随机共振相较于传统检测方法的优势,并大胆设想采取非线性响应理论来研究随机共振。

自随机共振提出后的十几年间,相关学者不约而同地将研究方向锁定在高斯白噪声对周期性微弱信号的增强作用上,实际工程中普遍存在的非周期信号却鲜有人谈及。1995 年美国学者在研究可激励的 Fitz – Hugh – Nagumo(FHN)神经模型时,首次将随机共振理论拓展到非周期信号处理领域,提出了非周期随机共振(aperiodic stochastic resonance,ASR)的基本概念,标志着随机共振技术开始走向实际应用。

经过三十多年的探索,随机共振已经由最初的概念雏形发展成一套较为完整的理论体系。除传统的双稳态随机共振外,还扩展出非周期随机共振、超阈值随机共振、参数调节随机共振、多稳态随机共振、自适应随机共振、混沌随机共振等多种随机共振理论。这些理论相互支持且互为补充,促使随机共振理论不断地丰富和完善。如图 9 – 2 所示给出了随机共振系统的分类。

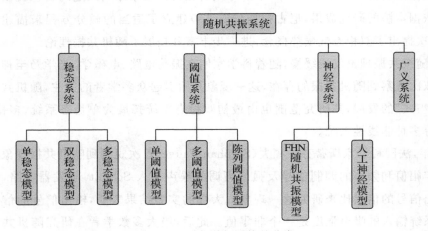

图 9 – 2　随机共振系统的分类

随机共振的提出颠覆了人类对噪声看法,也为苦苦追寻信号与噪声更优解耦方案的学者指明了方向。人们欣喜地发现,噪声不仅会产生消极作用,也会产生积极作用。噪声可以作为有用信息在非线性系统的作用下与有用信号产生协同作用,促使噪声能量向有用信号迁移,从而放大被测信号强度,显著提高微弱检测能力。随机共振在微弱信息提取方面展现的巨大潜力吸引了越来越多科学家的兴趣,他们推测随机共振是非线性系统具有的普遍现象,广泛存在于自然科学的各个领域。

随机共振利用噪声来增强微弱有用信号,这种"化弊为利"的特点使其在工程实际存在的诸多非线性系统中取得了意想不到的应用效果。在生物信号处理领域:1991 年,隆廷(Longtin)等人在《物理评论快报》上发表的文章指出神经元兴奋活动与微弱周期信号随机共振现象具有高度的相似性,猜测神经元的信息活动与随机共振密切相关;1993 年道格拉斯(Douglass)和莫斯(Moss)通过对小龙虾机械感受器细胞的分析得出:生物体内产生随机共振的基本生理单元极有可能是神经元细胞;马林斯(Marins)则发现苍蝇可以利用两耳收到噪声强度的差异来辅助导航和定位。在视觉图像及听觉识别领域:迪青根(Ditzinger)等人利用随机共振效应增强了眼睛对立体图像的识别效果;摩尔斯(Morse)等人充分利用噪声对有用信号的调制能力,将其作为有用信息来增强微弱语音信号,向耳蜗元音中加入噪声后反而放大了耳蜗助听器对输出共振峰值频率的提取能力。在光电信息处理中:贾克梅里(Giacomelli)等人基于已有的研究成果,在垂直空洞表面激光发射装置的设计过程中首次用肉眼观察到非周期随机共振现象。在电磁系统中:果代里埃(Godevier)规划了阈值系统比较电路实验,证实该系统的转移函数未出现滞后;阿尼先科(Anishchenko)等人则发现了过阻尼振子中也存在随机共振现象。随机共振主要应用领域如图 9-3 所示。

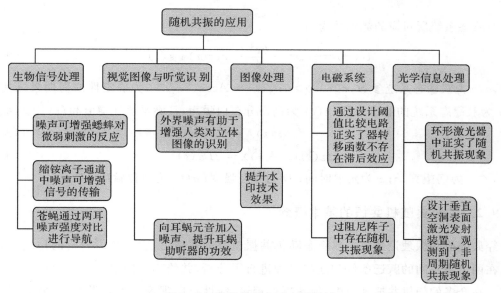

图 9-3 随机共振主要应用领域

综上所述,尽管随机共振的应用研究已经在生物信号处理、视觉图像与听觉识别、图像处理、电磁系统和光学信息处理等领域得到了广泛应用,但在面向视觉诱发脑电的复杂微弱信号特征提取方面,针对当前稳态视觉诱发电位特征频率识别存在的信号特征与提取手段不匹配制约识别精度、单次识别所需数据长度较长,限制脑机接口系统的实时性以及临床瞬态视觉诱发电位波形提取叠加次数过多带来严重的视觉疲劳影响患者治疗舒适度等问题还有待进一步研究。

9.2 基本原理

9.2.1 随机共振的基本思想

随机共振是指将微弱信号和白噪声送入非线性系统中,通过噪声强度及系统参数的调节使非线性系统、噪声及微弱信号三者之间产生协同作用。此时无序噪声的能量向有序微弱信号转移,非线性系统输出信噪比在某一噪声强度范围逐渐增加并达到峰值。当噪声超出适用范围后,随着噪声强度的增加,系统输出信噪比会迅速衰减。不同于传统噪声分离的信号处理方法,随机共振将噪声看作积极因素来增强微弱信号,且将处理方法拓展到非线性体系,避免采用线性方法处理非线性信号带来的不匹配及有用信息受损等问题,为非线性微弱信号提取指出了一条更有效的途径。

双稳态随机共振是研究最早且应用最广的一种随机共振模型,它可以通过在布朗粒子运动微分方程的基础上忽略惯性力的作用得到的朗之万方程进行描述,如下

$$\frac{\mathrm{d}x}{\mathrm{d}t} = ax - bx^3 + s(t) + \varepsilon(t) \tag{9-1}$$

双稳态系统所对应的势函数为

$$U(x) = -ax^2 - \frac{bx^4}{4} - x(s(t) + \varepsilon(t)) \tag{9-2}$$

式中,a、b 为双稳态系统参数,$a > 0$,$b > 0$;$s(t) = A\cos(2\pi ft)$,为确定性的周期激励信号;$x(t)$ 为双稳态系统的输出信号;$\varepsilon(t)$ 为高斯分布白噪声,且满足统计均值和自相关函数

$$\langle \varepsilon(t) \rangle = 0 \tag{9-3}$$

$$\langle \varepsilon(t)\varepsilon(t+\tau) \rangle = 2D\delta(t) \tag{9-4}$$

式中,$\langle . \rangle$ 为期望算子;τ 为延迟时间;D 为噪声强度;$\sigma(t)$ 为单位脉冲函数。

9.2.2 经典随机共振的基本概念

经典随机共振理论建立在双稳态随机共振模型的基础上,它从数值分析的角度对系统输出在两个势阱间的跃迁条件和迁移过程进行了分析,并给出了随机共振现象产生的一般条件。在众多的随机共振理论中,绝热近似理论、线性响应理论认可度最高,已成为当前随机共振研究的主要对象。下面对这两个随机共振理论进行简单的介绍。

绝热近似理论出现于 1989 年,由麦克纳马拉等人建立,是绝大多数随机共振理论研究的基础,离散和连续状态的双稳态随机共振是该理论分析的主要对象。其核心思想是:系统输入信号幅值和噪声强度均很小时,输出在双稳系统某一势阱内进入局部平衡的时间会远小于系统在两个势阱间进入整体平衡的时间,即系统局部平衡可认为在极短的时间内实现。

当双稳态系统的驱动信号及噪声满足幅值 $A < 1$,信号频率 $F_s < 1$,噪声方差 $\alpha^2 < 1$ 时,麦克纳马拉经过公式推导得到输出的信噪比(输出信号功率谱最大值与信号频率附近噪声功率的比值),下面给出双稳系统输出信噪比的详细表达式

$$\mathrm{SNR} = \frac{\sqrt{2}\left(\frac{a}{b}\right)^2 A^2 \exp\left(-\frac{a^2}{4b^2 D}\right)}{4\,D^2} \left[1 - \frac{\left(\frac{a}{b}\right)^3 A^2 \dfrac{\exp\left(-\dfrac{a^2}{2b^2 D}\right)}{(\pi D)^2}}{\dfrac{2\left(\frac{a}{b}\right)^2 \exp\left(-\dfrac{a^2}{2b^2 D}\right)}{\pi^2} + f^2}\right]^{-1} \tag{9-5}$$

在 $A < 1$ 的情况下,上式的第二项可以忽略不计,因此可以化简为

$$\text{SNR} = \frac{\sqrt{2}\left(\frac{a}{b}\right)^2 A^2 \exp\left(-\frac{a^2}{4b^2 D}\right)}{4\,D^2} \tag{9-6}$$

当噪声强度 D 较小时，$\exp\left(\frac{-a^2}{4b^2 D}\right)$ 向 0 靠近的速率远远超过 D^2 趋近于 0 的速率，系统的信噪比则在 0 附近徘徊；而当噪声强度 D 取非常大的数值时，$\exp\left(\frac{-a^2}{4b^2 D}\right)$ 的取值接近于 1，但 $\frac{\sqrt{2}\,A^2}{D^2}$ 的取值趋近于 0，此时系统的输出信噪比仍然十分接近于 0。可以看出，随着噪声强度 D 从 0 不断增加，系统的输出信噪比先增大后减小，故当系统参数和输入信号确定时，噪声强度存在一个最优解使得输出信号具有最大的信噪比。

　　绝热近似理论仅仅针对输出信号如何在双稳态系统两个势阱跃迁给出了合理化的解释，忽略了对输出信号处于跃迁过程及稳态点时的动态分析。为了进一步弄清双稳系统输出在单一势阱内部的动态变化及两个势阱之间的跃迁过程，日本学者库珀建立了线性响应理论。当周期性输入信号 $s(t) = A\cos(2\pi f_s t)$ 驱动时随机共振系统输出信号总体均值 $\langle x(t)\rangle$ 也应该包含表达式为 $a\cos(2\pi f_s t + \psi)$ 的周期项，则系统长时间渐进过程的极限可取以下值

$$\langle x(t)\rangle = \langle x(t)|_{s(t)=0}\rangle = \int_{-\infty}^{t} A\cos(2\pi f_s \tau)\chi(t-\tau)d\tau \tag{9-7}$$

式中，$\langle x(t)|_{s(t)=0}\rangle$ 为忽略周期性输入的前提下，未受扰动随机过程对应的稳态平均值；$\chi(t)$ 为描述系统敏感性的响应函数。把未受干扰自相关函数 $K_{xx}^0(t)$ 及响应函数 $\chi(t)$ 通过微扰展开理论进行连接，可得到如下表达式

$$\chi(t) = -\frac{H(t)}{D}\frac{\mathrm{d}\,K_{xx}^0(t)}{\mathrm{d}t} \tag{9-8}$$

式中，$H(t)$ 为 Heaviside 单位函数。在线性响应理论的框架下，外部周期扰动下的系统输出信号为

$$\langle x(t)\rangle = A\,|\chi(w)|\cos(2\pi f_s t + \psi) \tag{9-9}$$

　　此时输出信号对应的幅值和相位分别为

$$a = A\,|\chi(w)|,\ \psi = -\arctan\frac{\mathrm{Im}\chi(w)}{\mathrm{Re}\chi(w)} \tag{9-10}$$

　　线性响应理论对应的输出信号功率谱密度表达式为

$$G_{xx}(w) = G_{xx}^0(w) + \frac{\pi}{2}A^2\,|\chi(w)|^2\left[\delta(2\pi f - 2\pi f_s) + \delta(2\pi f + 2\pi f_s)\right] \tag{9-11}$$

式中，$G_{xx}^0(w)$ 为不存在微弱周期信号输入时随机共振模型的输出信号功率谱。由上式得到线性响应理论下的输出信号信噪比为

$$\text{SNR}_{\text{线}} = \frac{\pi A^2\,|\chi(2\pi f_s)|^2}{G_{xx}^0(2\pi f_s)} \tag{9-12}$$

　　与绝热近似理论不同，线性响应理论阐述了当驱动频率取值很小时，随机共振现象才会

产生。驱动频率由很小的值逐步增加的过程中,系统输出信号的随机共振效果会随之减弱直至消失。综合两种经典随机共振理论可以发现,给随机共振系统送入由白噪声和微弱周期信号组成的混合输入信号,噪声强度及输入频率的取值是决定随机共振是否产生的关键。

9.2.3 经典随机共振理论的局限性

绝热近似理论和线性响应理论通过对双稳态系统输出在两个势阱间的跃迁条件和迁移过程的数值分析,给出了随机共振现象产生的一般条件,即要求双稳态随机共振的输入信号满足:信号幅值 $A<1$,噪声强度 $D<1$,信号驱动频率 $f<1$ 的约束条件。实际应用中信号幅值及噪声强度都易调整,但信号频率成为随机共振现象产生与否的关键因素。

为了进一步明确驱动频率对系统输出信号的影响。本书构造两组频率分别为 0.01 Hz、0.1 Hz 的标准正弦信号来进行输出效果对比,其主要参数有:采样频率 $f_s=5$ Hz,信号幅值 $A=0.3$,双稳系统参数 $a=b=1$。将两组信号添加相同强度的噪声后送入到同一个双稳态系统中进行随机共振处理来观察输出信号的随机共振效果。

如图 9-4 和图 9-5 所示给出了驱动频率分别为 0.01 Hz、0.1 Hz 时双稳态模型输入输出信号的时域频域图。

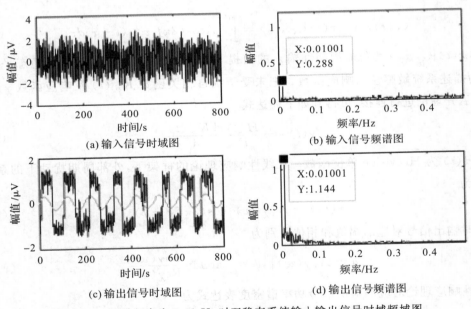

(a) 输入信号时域图

(b) 输入信号频谱图

(c) 输出信号时域图

(d) 输出信号频谱图

图 9-4 驱动频率为 0.01 Hz 时双稳态系统输入输出信号时域频域图

由图 9-4 和图 9-5 可知,驱动频率为 0.01 Hz 时,双稳态系统输入信号变化缓慢,系统输出可以跟随输入在势函数中进行瞬态变化。此时输出信号可以按照驱动频率在两个对称势阱之间规则跃迁,噪声的能量有效转移到周期输入信号使得输出信号的信噪比明显提升。当驱动频率增大到 0.1 Hz 时,输出信号的谱峰会离开噪声能量集中的低频区,驱动信号失去噪声的能量补给后无法在势阱之间跃迁,导致输出信号某一势阱内局部摆动,无法产生随机共振现象。

　　由于视觉诱发脑电信号的频率一般小于 100 Hz,很难满足信号频率 $f<1$ 这一苛刻的条件。因此,若将随机共振应用于视觉诱发电位特征提取,必须要实现大频率信号随机共振。

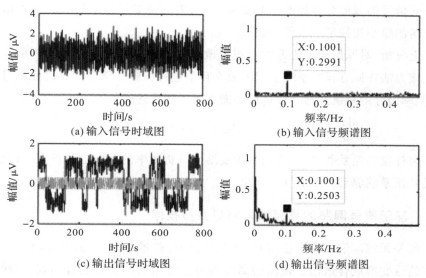

图 9-5　驱动频率为 0.1 Hz 时双稳态系统输入输出信号时域频域图

9.3　大频率信号随机共振的实现

　　传统随机共振理论绝大多数都是建立在绝热近似理论、线性响应理论的基础上,要求输入信号的频率 $f<1$,而实测的视觉诱发电位的频率范围集中在中低频区域(频率远大于 1 Hz),无法满足如此苛刻的条件。为了将随机共振应用于视觉诱发电位的特征提取,首先需要实现大频率信号的随机共振。

　　为了将随机共振应用于视觉诱发脑电信号提取,需要研究大频率信号的随机共振。目前,比较有效的大频率信号随机共振技术有基于积分放大环节的积分补偿技术、基于信号调制的高频信号随机共振技术以及大频率信号变尺度随机共振技术,下面对这三种方案进行分析。

9.3.1　基于积分放大环节的补偿随机共振技术

　　通过对式(9-1)所示的双稳态随机共振模型的一阶微分方程的观察可以发现,双稳态系统周期性的驱动信号直接作用于系统状态方程的导数,它对系统输出信号的影响需要通过一个积分环节发挥作用。此时,输出信号的幅值应为输入信号的幅值除以驱动信号相应的角频率,即

$$A_{\text{out}} = A_{\text{in}}/w = A_{\text{in}}/(2\pi * f) \tag{9-13}$$

式中，A_{out} 为输出信号的幅值；A_{in} 为驱动信号的幅值；f 为当前驱动信号的频率。

当驱动角频率 $w = 2\pi f < 1$ 时，相比于输入信号，输出信号的幅值会呈现数倍乃至数十倍的增加，此时非线性系统对输入信号的放大作用明显，随机共振效果也较为突出。随着驱动频率的不断增加，这一放大效果会逐步减弱。当驱动角频率 $w = 2\pi f > 1$ 时，输出信号幅值相对于输入信号的幅值会开始产生幅度衰减；当驱动频率超过 2 Hz 以后，输出信号的幅值经过几十倍的缩小往往呈现极低的数值。

基于以上分析，对原始的朗之万方程进行改进并提出了基于积分放大环节的补偿随机共振技术。该方法在原方程的基础上引入放大环节进行积分补偿来减小高频信号的幅值衰减，实现大频率信号的随机共振。改进后的朗之万方程表达式如下

$$\frac{dx}{dt} = [ax - bx^3 + A\cos(2\pi * f) + \varepsilon(t)]\text{Gain} \tag{9-14}$$

式中，Gain 为补偿增益系数，实际应用中需要结合分析频率的范围进行设定，其通常的取值范围是随机共振系统驱动频率的 6～10 倍。

9.3.2　基于信号调制的高频信号随机共振技术

信号调制是无线通信系统中应用极为广泛的一种技术手段，其目的是将要传输的模拟信号或数字信号变换成合适通道传输的高频信号。常用的调制方法有调幅、调频、调相、脉冲调宽等。调幅的主要思想是高频载波信号的振幅随被调制信号的幅值的瞬时变换而变换，即通过被调制信号来控制高频信号的幅值，从而将被调制信号的信息包含到高频载波信号中。假设被调制信号的表达式为 $a(t) = A * \cos(2\pi f_i t)$，高频载波信号 $F(t) = A * \cos(2\pi f_c t)$ 也是一个纯净的余弦信号，则根据积化和差公式，调制后的信号的表达式如下

$$y(t) = a(t) \times F(t) = \frac{1}{2}A\cos(2\pi(f_i + f_c)) + \frac{1}{2}A\cos(2\pi(f_i - f_c)) \tag{9-15}$$

由式（9-15）可知，在经过高频载波信号幅值调制处理后，原来信号的频率成分由 f_i 变为 $f_i + f_c$、$f_i - f_c$ 两部分。

基于信号调制的高频信号随机共振技术借鉴了信号幅值调制的思想，将分析信号与载波信号相乘，根据积化和差公式，信号的频率将会出现两种信号的差频、和频成分。当载波频率与被调制频率差值很小，即满足 $f_i - f_c < 1$ 的条件时，根据线性响应理论可知，双稳态系统会通过随机共振效应对极低的频率成分 $f_i - f_c$ 进行明显放大，而对于超出洛伦兹分布区域的高频成分 $f_i + f_c$，其能量会因转移到低频部分而受到抑制。因此，幅值调制后的信号送入到双稳态模型进行随机共振处理时，系统的等效驱动频率为 $f_i - f_c$，满足随机共振的产生条件。

由此得到启发，在处理实际工程信号时，可以根据经验预先估计输入信号的频率范围，然后在此频段内设置合适步长调节载波频率，逐一将被不同载波频率调制后的输入信号加入非线性系统进行随机共振处理。当载波频率与被调制频率极为接近时，系统会产生最佳的随机共振效果，此时输出信号功率谱中最高峰对应的频率即为载波频率与被调制频率的

差频。识别二者的差频后再加上实现最佳随机共振效果对应的载波频率,就可以检测出信号中的高频成分。如图 9 - 6 所示给出了基于信号调制的高频信号随机共振技术流程。

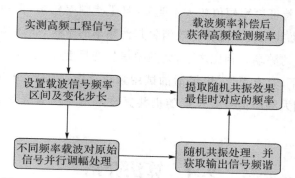

图 9 - 6　基于信号调制的高频信号随机共振技术流程图

9.3.3　大频率信号变尺度随机共振技术

根据小参数随机共振的原理,天津大学的冷永刚教授提出了变尺度随机共振的方法。该方法的核心思想在于选取合适的压缩采样频率来对待处理的高频信号进行二次采样,从而将大频率信号变得缓慢而转换成低频信号来近似满足传统随机共振的小参数条件。值得注意的是,此处的二次采样不是传统概念上用新定义的采样频率对已有数据进行重新采集而改变了原有数据的固有性质。变尺度的实质是指通过调节微分方程数值计算中的步长来实现变量代换,变换后微分方程中驱动信号的频率会按照压缩比成比例地降低,从而实现原始数据中每一个频率成分相对于新的采样频率的归一化处理,以满足小频率参数的随机共振的苛刻条件。

大频率信号变尺度随机共振技术具体过程为:根据分析信号的频率范围确定合适的频率压缩比 R 并计算出压缩采样频率 $f_{sr} = f_s / R$ (f_{sr} 为压缩后采样频率, f_s 是实测信号的原始采样频率);由压缩频率 f_{sr} 可以进一步得到数值计算中所需要的步长 $h = 1/f_{sr}$;根据计算步长对原始信号进行频率压缩来满足小频率参数条件;将压缩后的信号送入非线性随机共振模型进行处理并得到随机共振系统的响应输出;最后将获取的输出信号按照频率压缩比 R 对实测信号进行采集尺度的恢复。大频率信号变尺度随机共振技术的流程如图 9 - 7 所示。

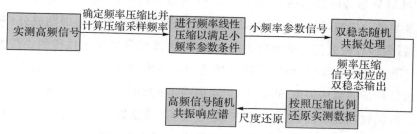

图 9 - 7　大频率变尺度随机共振处理流程

　　上述讨论的三种方法均能解决高频信号随机共振的技术难题,为将随机共振应用于视觉诱发脑电微弱信号的特征提取提供了可能。尽管基于积分放大环节的积分补偿技术保留了一定的高频成分,但特征频率幅值放大不明显,且干扰频率较多,识别精度不高;而基于信号调制的高频信号随机共振技术能够有效消除其他频率的干扰,驱动频率识别率高,但存在计算量大,算法耗时长的弊端。相比之下,大频率信号变尺度随机共振技术在保证较高特征频率识别效果的前提下,具有更广、更灵活的试用频率范围,更加适用于复杂的实测信号处理。因此,本书拟采用大频率信号变尺度随机共振技术作为视觉诱发脑电微弱信号的特征提取的支撑技术。

9.4　算法介绍

9.4.1　基于双稳态随机共振的 SSVEP 瞬态窄带特征提取与快速识别算法

　　基于 SSVEP 的脑机接口(brain - computer interface, BCI)系统具有高精度、无需电极植入、抗噪性强和较大的信息传输率等优点,已经成为当前脑机接口领域普遍采用的作业方式。作为丧失部分或全部肌肉控制功能的病患与外界沟通的新途径,脑机接口需要将受试者的想法实时转换为控制命令,以满足患者与外界环境进行快速交互的需求。因此,系统的实时性成为制约基于 SSVEP 的 BCI 应用效果的关键因素。

　　传统 SSVEP 提取方法大多通过快速傅里叶变换或与标准正弦信号及其谐波的相关系数来实现目标频率识别。这些方法均着眼于信号的全时域过程,当原始信号中包含的 SSVEP 达到稳态并且相较于其他特征频率成分对应的能量在整个时域内占优时,才能够实现目标频率的提取。受被试者注意力不集中、视觉延迟、强背景噪声等因素影响,前 1 s 左右收集的 EEG 中往往不包含稳定的 SSVEP,对于特征频率的识别属于无效数据且会滞后特征频率成分能量占优的时间,降低单次诱发信号的识别时间。因此,虽然以上特征频率提取手段能够有效识别 EEG 信号中的刺激频率成分,并保持较高的识别正确率,但检测过程中所需的数据长度一般较长,难以满足实行性的要求。

　　如图 9-8 所示给出了特征频率为 6 Hz 时原始 EEG 信号以及经过通带范围为 5.8~6.2 Hz 的窄带滤波后信号的波形图。从原始 EEG 的波形图可知,前一秒信号幅值较低、纹波密集且无明显的波动周期,说明这一阶段未诱发出与刺激频率相同的周期成分;随着被试者专注度的提高,大脑对刺激范式的响应也逐步稳定,诱发信号的规整性得到了极大提升。在 1.5~3 s 时间段记录的信号中,用肉眼即可较清晰地观察到 SSVEP 对应的周期。因此,采用基于稳态信号特征的算法提取 SSVEP,记录的前 1 s 数据属于无效数据,当特征频率成分在整个时域上占优时,刺激时间通常已经持续 3~4 s。将原始 EEG 通过以目标频率为中心频率的窄带滤波器可以获取信号中的特征频率成分。可以看到,0~1 s 的数据段内 6 Hz 的幅值极低;当刺激时间达到 1 s 后目标频率的幅值突然上升并不断增强,2 s 以后幅值开始逐步稳定。

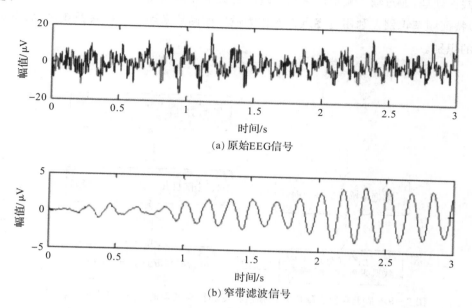

(a) 原始EEG信号

(b) 窄带滤波信号

图 9-8　特征频率为 6 Hz 时原始 EEG 及窄带滤波信号波形图

由图 9-8 可知,随着刺激时间的增加,EEG 中的目标频率成分存在一个由无到有的突变过程,即为 SSVEP 的瞬态信号特征。因此,要想缩短 SSVEP 的识别时间就需要研究一种利用瞬态信号特征来识别特征频率的信号提取技术。为此,本书将窄带滤波和双稳态随机共振应用于 SSVEP 提取,以获取更短的目标频率识别时间。

被试者受到视觉刺激后诱发 EEG 中刺激频率强度会明显高于其他频率成分。通过窄带滤波组后,获取的目标频率幅值也会远远高于其他成分。同时,经过与无关成分的分离,SSVEP 从无到有的瞬态变化过程的时间点也得以显现。因此,本书提出利用信号瞬态特征快速识别 SSVEP 的研究思路,利用双稳态随机共振模型对输入信号的幅值突变及频率波动极为敏感的特性,将双稳态模型作为一个阈值,来对 EEG 中的不同频率成分进行鉴别。

基于以上思路,书中提出了基于双稳态随机共振的 SSVEP 瞬态特征提取与快速识别算法,将采集到的信号并行通过不同频带的窄带滤波器组后送入相同的双稳态模型进行随机共振,以过零点间距方差为评价函数即可利用信号的瞬态特征实现特征频率的快速提取。其流程如图 9-9 所示,具体步骤如下:

(1)无效的数据截断。在实验初期,被试者的注意力往往不能完全集中。在前 0.5 s 收集的数据中通常不包含稳定的 SSVEP,这将影响目标频率的识别,需要移除。

(2)多通道信号降维。为了完全利用每个信道中包含的信息并满足算法对信号通道数的要求,采用多通道信息融合技术来降低信号的维度。

(3)并行窄带滤波。预处理信号通过与刺激图案数目相同的不同通带窄带滤波器组以获得对应于每个刺激目标的频率分量及其二次谐波成分。

(4)随机共振处理。将调制信号和一定强度的噪声送入同一双稳态随机共振模型以进行随机共振处理,通过输入幅值的鉴别实现瞬态突变点的检测。

(5)特征频率识别。利用过零点方差作为适应度函数来评估随机共振效果,从而实现目标频率的识别。

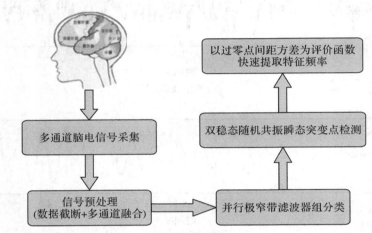

图 9-9　基于双稳态随机共振幅值突变和频率波动的 SSVEP 提取流程图

下面将分别对本方法中用到的多通道信号预处理、窄带 EEG 信号获取中滤波器的选取、基于双稳态随机共振的幅值突变及频率波动检测、随机共振效果评价函数等核心技术进行介绍,并通过离线 EEG 数据验证所提算法的有效性。

1. 多通道信号预处理

被试者在使用基于 SSVEP 的脑机接口进行实验时,常常需要连续注视数十个频率不同的刺激目标。被试结束前一次目标注视再去执行下一次的注视任务时,需要一定的时间来适应刺激目标的频率,才能再次集中注意力。同时,人眼接受视觉刺激与枕叶区做出电位响应之间还会存在一定时间的视觉延迟。因此,脑电采集设备记录的 EEG 中的前 0.5 s 信号通常不含有 SSVEP,这段信号对于特征频率的提取属于无效数据,应当予以截断,以免干扰识别结果。

另一方面,脑电信号的特征表现与被试的生理特性、心理特性乃至健康状况密切相关,单次 SSVEP 的诱发具有一定的随机性。为保证信号稳定,采集过程中一般采用多通道信号并行记录。但是,基于双稳态随机共振的 SSVEP 窄带瞬态特征提取与快速识别算法只需要对一维数据进行处理。如直接选取某一通道信号提取特征频率,无法利用 SSVEP 诱发过程的全部信息,识别正确率得不到保障。因此,为了充分利用多通道信号的信息并满足算法对通道数的要求,需要对多通道脑电信号进行降维处理。

本书采用共同平均参考技术对多通道脑电信号的降维处理,该技术借助了差分的思想,将采集到的各个通道的信号数据进行叠加平均作为虚拟参考电极,然后将其他电极测得的信号与虚拟电极信号相减来消除噪声干扰。对于多通道脑电信号,每个通道均混有相似性极高的伪差信号和干扰噪声,采用共同平均参考技术对其进行预处理,可以在进一步平均每个通道中的特异性成分的同时消除各个通道共同的噪声成分,保持更多有用信息并大幅提升信噪比。相比于其他多通道数据降维方法,基于共同平均参考的 EEG 降维具有较高的稳定性和有效性。因此,本书将共同平均参考技术作为多通道脑电信号降维的实现方式。

2. 窄带 EEG 信号获取中滤波器的选取

图 9 - 10 表明,利用窄带滤波可以从原始 EEG 中表征出 SSVEP 从无到有的突变信息。由于不同滤波器的窄带滤波性能存在很大差别,使得窄带滤波器的选取成为决定瞬态特征明显程度的关键步骤。为了保证滤波过程中最大限度实现仅保留目标频率成分,所选滤波器需要具有极窄的过渡带以及较小的通带纹波。

目前,常用的数字滤波器有巴特沃斯滤波器、椭圆滤波器、切比雪夫Ⅰ型滤波器、切比雪夫Ⅱ型滤波器。为了选取合适的滤波器获取最佳的 SSVEP 瞬态特征,需要对以上滤波器的窄带处理性能进行分析。在保证截止频率、滤波阶次等参数相同的前提下,构造了四种低通滤波器,其幅频特性曲线如图 9 - 10 所示。

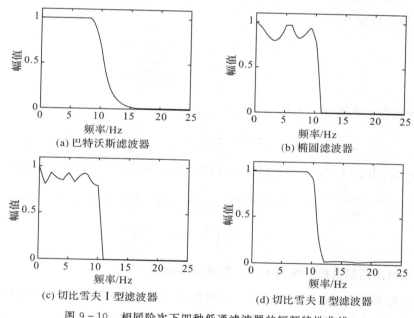

(a) 巴特沃斯滤波器　　　　(b) 椭圆滤波器

(c) 切比雪夫Ⅰ型滤波器　　　(d) 切比雪夫Ⅱ型滤波器

图 9 - 10　相同阶次下四种低通滤波器的幅频特性曲线

从图 9 - 10 可以清晰看到,巴特沃斯滤波器的过渡带最为平缓,使得通带、阻带截止频率的间隔较大,因而不适合 EEG 信号的窄带滤波。椭圆滤波器过渡带最为陡峭,但通带内的幅度波动极大,进行窄带滤波时,无法保证特征频率成分的信号质量。切比雪夫Ⅰ型滤波器与Ⅱ型滤波器的区别是:Ⅱ型滤波器将纹波效应转移到阻带,在兼具较窄过渡带的同时还有效抑制了通带纹波效应,是 EEG 窄带滤波较好的实现方式。因此,本书采用切比雪夫Ⅱ型滤波器对 EEG 信号进行并行窄带滤波处理。下面对切比雪夫滤波器的实现原理进行简单介绍:

Ⅰ型切比雪夫滤波器最为常见。N 阶第一类切比雪夫滤波器的幅度与频率的关系可用

下列公式表示

$$G_n(w) = |H_n(jw)| = \frac{1}{\sqrt{1 + \varepsilon^2 T_n^2\left(\frac{w}{w_0}\right)}} \tag{9-16}$$

式中，$|\varepsilon| < 1$；$|H(w_o)| = \frac{1}{\sqrt{1+\varepsilon^2}}$，为滤波器在截止频率 w_0 的放大率；$T_n\left(\frac{w}{w_0}\right)$ 为 N 阶切比雪夫多项式，其具体的表达式如下

$$T_n\left(\frac{w}{w_0}\right) = \cos\left(n\arccos\frac{w}{w_0}\right), 0 \leqslant w \leqslant w_0$$

$$T_n\left(\frac{w}{w_0}\right) = \cosh\left(n\operatorname{arccosh}\frac{w}{w_0}\right), w > w_0 \tag{9-17}$$

对于切比雪夫 I 型滤波器，其对应的幅度波动为 $20\lg(1+\varepsilon^2)$ dB，当 $\varepsilon = 1$ 时，幅度波动的取值恰好为 3 dB。

不同于 I 型滤波器，切比雪夫 II 型滤波器在通频带内没有纹波，在阻频带内有幅度波动，相应的转移函数如下

$$|H(jw)|^2 = \frac{1}{\sqrt{1 + \dfrac{1}{\varepsilon^2 T_n^2\left(\dfrac{w_0}{w}\right)}}} \tag{9-18}$$

参数 ε 与阻带的衰减度 γ 满足如下关系

$$\varepsilon = \frac{1}{\sqrt{10^{0.1\gamma} - 1}} \tag{9-19}$$

由上式可知，当 $\varepsilon = 0.6801$ 时衰减度为 5 dB，当 $\varepsilon = 0.3333$ 时衰减度为 10 dB。滤波器的截止频率为 $f_c = \frac{wx}{2\pi}$，-3 dB 对应的频率点 f_H 与截止频率的对应关系为

$$f_H = f_c \cos\left(\frac{1}{n}\cosh^{-1}\frac{1}{\varepsilon}\right) \tag{9-20}$$

3. 基于双稳态随机共振的幅值突变及频率波动检测

双稳态随机共振主要描述了混有噪声的周期信号在双稳态势函数中的转移过程。周期性输入信号借助噪声的能量在幅值最大处越过势垒，完成从一个势阱到另外一个势阱转移。此时，系统输出信号与输入信号的频率相同但幅值变大，实现了噪声能量向有用信号的转移。因此，输入信号的幅值及频率会对双稳态随机共振模型的输出产生重要影响。

由式（9-2）双稳态随机共振的势函数可知，当输入信号幅值及噪声强度均为零时，双稳态系统对应的势函数如图 9-11 所示，存在两个对称的势阱 $\left(x = \pm\sqrt{\dfrac{a}{b}}\right)$ 和一个势垒 $(x = 0)$，势垒高度 $\Delta U = \dfrac{a^2}{4b}$；当系统的输入不为零时，势函数随之发生倾斜，两个势阱深度也随着输入信号的强度不断地发生变化。变化过程如图 9-12 所示，输入幅值为正时，左势阱升高，右势阱降低，促使系统输出向右势阱转移；反之，输入幅值为负时，右势阱升高，左势

阱降低,促使系统输出向左势阱转移。

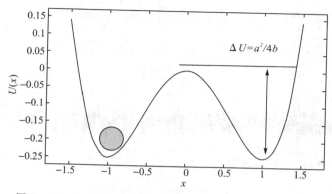

图 9-11　$A=0,D=0$ 时朗之万方程对应的双稳态势函数

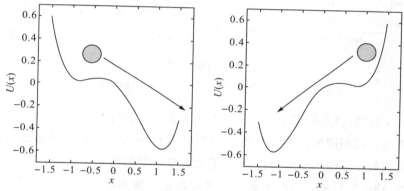

图 9-12　系统输入幅值为正、负时双稳态势函数变化示意图

在已知系统参数 a,b 的情况下,双稳态随机共振系统对应的静态触发阈值 $A_{co}=\sqrt{\dfrac{4a^3}{27b}}$ 也随之确定。当只有外加周期信号驱动即 $D=0$ 时,输入信号的幅值 $A>A_{co}$,系统势函数退化为单势阱,促使输出状态向唯一的势阱跃迁,进而使输出信号的幅值产生大幅跳变;输入信号的幅值 $A<A_{co}$,传递的能量不足以克服势垒的高度,输出状态则表现为在某一势阱周围进行局部摆动,输出信号的幅值也被迫在较小的范围内波动。

为了进一步研究输入幅值对系统参数固定的双稳态随机共振模型输出信号的影响,本书构造了两组表达式为 $x(t)=A\sin(2\pi f_1 t)+A(2\pi f_2 t)+A(2\pi f_3 t)+A(2\pi f_4 t)$ 的仿真信号。为达到控制变量的目的,两组信号的幅值不同而其他参数相同,具体参数包括:输入信号幅值 $A_1=0.4$,$A_2=0.8$;采样频率 $F_s=1.2$ kHz;采样时间 0.21 s;信号组成频率 $f_1=100$ Hz,$f_2=200$ Hz,$f_3=300$ Hz,$f_4=400$ Hz。将两组信号混入噪声强度 $D=0.8$ 的白噪声后送入参数 $a=2.5$,$b=1$ 的双稳态模型进行随机共振处理,得到的输出信号如图 9-13 所示。

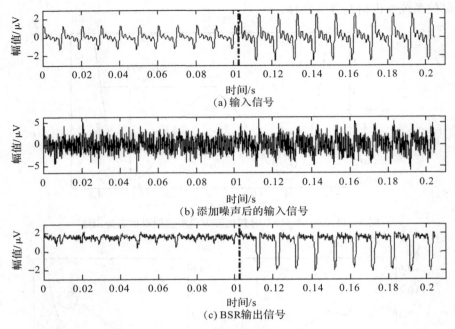

(a) 输入信号

(b) 添加噪声后的输入信号

(c) BSR输出信号

图 9-13 不同输入幅值的双稳系统输出响应

由图 9-13 可知,势垒的高度可以通过系统参数 a、b 进行调节,其作用相当于决定系统输出状态的阈值。将不同幅值的信号输入到同一双稳态系统得到的输出信号曲线差别很大。当输入幅值低于系统阈值时,输出信号将会在某一势阱内局部摆动;当输入信号幅值越过系统阈值时,输出信号则会在两个势阱间大幅跃迁。输出的差异性使得随机共振系统对输入信号的幅值极度敏感,可以用于输入信号的幅值检测。

高斯白噪声输入到双稳态随机共振系统得到的输出信号的频谱如图 9-14 所示。通过观察可以发现,双稳系统的非线性作用会将白噪声高频部分的能量转移到低频区域,使信号能量分布由原来的均匀分布转变为能量集中在低频区域的洛伦兹分布。输入频率较低时,系统的输出可以在输入信号的驱动下在两个势阱内规则跃迁。随着驱动频率增大使得输入信号的变化趋势加快,输出状态在势阱间的转换速率也随之加快。驱动频率超出洛伦兹分布适用的低频范围,输出信号失去了对驱动信号的同步跟踪能力,随机共振现象随之消失。因此,当信号的幅值可以越过势垒时,输入频率也会影响输出信号的表现形式。

为了进一步研究输入频率对系统参数固定的双稳态随机共振模型输出信号的影响,我们又构造了三组表达式为 $x(t) = A\sin(2\pi ft)$ 的标准正弦信号。为控制变量,应保证信号幅值不同而其他参数相同,具体参数包括:输入信号幅值 $A_1 = A_2 = A_3 = 1$;采样频率 $F_s = 10.24$ kHz;信号频率分别为 $f_1 = 10$ Hz,$f_2 = 30$ Hz,$f_3 = 40$ Hz;将三组信号用频率 $f_m = 5$ Hz 的载波信号进行调制处理再混入噪声强度 $D = 0.4$ 的白噪声,并送入参数 $a = 1.5, b = 1$ 的双稳态模型进行随机共振处理,得到的输出信号如图 9-15 所示。

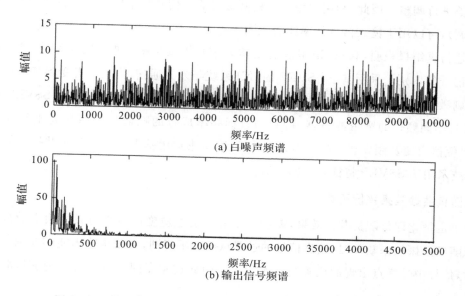

(a) 白噪声频谱

(b) 输出信号频谱

图 9-14　输入信号为白噪声时双稳态系统输入输出信号的频谱图

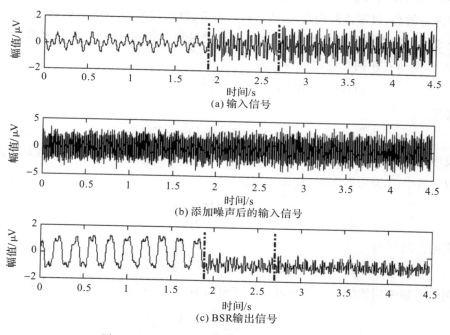

(a) 输入信号

(b) 添加噪声后的输入信号

(c) BSR输出信号

图 9-15　不同输入频率的双稳系统输出响应

　　由图 9-14 可知,在输入幅值相同的情况下,频率为 10 Hz 时可以产生良好的随机共振效果,而频率为 30 Hz、40 Hz 时输出信号只能在某一势阱局部摆动。双稳态随机共振模型可以保留信号的低频成分并对高频成分进行抑制,其等效滤波效果类似于一组非线性低通滤波器。同时,大参数变尺度随机共振技术又使得双稳系统的适用频率范围可以通过数值计算步长进行调整。因此,利用双稳态随机共振对输入信号频率极为敏感的特性(且其通带范围可调),可以用于输入信号频率波动检测。

上述仿真结果表明,双稳态随机共振对输入信号幅值及频率波动极为敏感,可以用于不同输入信号的鉴别。采用基于 SSVEP 的 BCI 系统与外界通信,当被试者受到某一特定频率的视觉刺激,诱发出的脑电信号中刺激频率的强度将会大幅提升。将包含 SSVEP 的原始 EEG 通过不同频带的窄带滤波器,得到的目标频率成分的幅值将会明显高于其他频率成分,满足幅值突变及频率波动的基本条件。因此,本书选用基于双稳态随机共振的幅值及频率波动技术用于 SSVEP 特征频率的提取。

4. 随机共振效果评价函数

为了定量化评价随机共振效果,需要一个有效的适应度函数来对系统输出效果进行评价。当随机共振效果较差时,输出信号的过零点出现不规则;当系统输出能够在两个势阱间跃迁时,信号中过零点出现的位置则基本固定。因此过零点间距方差可作为随机共振效果的评价函数。

过零点间距方差用于表示信号与横轴相交点的间距的方差。根据方差的数学意义,过零点间距方差越小,过零点间距越趋向于某一确定数值,信号的周期性也就越强。因此,过零点间距方差可以有效评价输出信号的随机共振效果。设输出信号的序列为 $\{x(k), k = 1, 2, \cdots, N\}$,则所有序列对应的过零点为

$$H(i) = \{x(n_i), x(n_i + 1)\} 1 \leqslant n_i \leqslant N - 1 \qquad (9-21)$$

即满足

$$x(n_i) \times x(n_i + 1) < 0 \qquad (9-22)$$

假设序列的过零点共有 m 对,对每对过零点采用线性插值,得到的过零点对应的时间为 $t_{zi} = n_{zi} T$,其中 T 为采样周期,且 n_{zi} 满足

$$n_{zi} = n_i + \frac{x(n_i + 1)}{x(n_i) - x(n_i + 1)} \qquad (9-23)$$

对应的点间距为

$$P_0(i) = t_{z(i+1)} - t_{zi}, i = 1, 2, \cdots, m - 1 \qquad (9-24)$$

选用目标频率倒数的一半作为过零点间距的期望值,则过零点间距方差如下

$$V_0 = \frac{1}{m-1} \sum_{i=1}^{m-1} \left[P_0(i) - \frac{1}{2f} \right]^2 \qquad (9-25)$$

另外,受噪声的随机性影响,当参数设置不合适时,系统的输出信号也可能出现仅有一次或两次过零点的情况,此时显然未达到较好的随机共振效果,因此需要将这种情况作为异常处理,相应的过零点间距方差设为 0。

5. 窄带滤波器带宽参数优化

切比雪夫 II 型滤波器兼具较窄过渡带的同时还有效抑制了通带纹波,是 EEG 窄带滤波

较好的实现方式。为保证获取最优的窄带滤波效果,需要对滤波器的参数进行优化,利用窄带滤波获取 EEG 中包含的目标频率成分,滤波器通带范围是一个重要的参数。通带范围过窄,会使数值计算过程不收敛,从而引发波形失真;通带范围过宽,会将周围频率的能量引入到目标频率成分中,对识别结果造成干扰。同时,通带范围的拓宽势必带来算法频率分辨率的降低。在 SSVEP 适用频率范围较窄的情况下,算法频率分辨率低则意味着刺激目标数目较少,极大限制基于 SSVEP 的 BCI 系统的应用场景。

图 9-16 给出了特征频率为 8.8 Hz 的 EEG 信号时域、频域图,在特征频率附近的 8.4 Hz 处存在一个幅值较大的干扰峰。为了明确所提算法的最佳通带范围,分别选取通带截止频率间距为 0.1 Hz、0.2 Hz、0.4 Hz、0.6 Hz 的Ⅱ型切比雪夫带通滤波器对该 EEG 信号进行窄带滤波,得到的窄带滤波效果如图 9-17 所示。

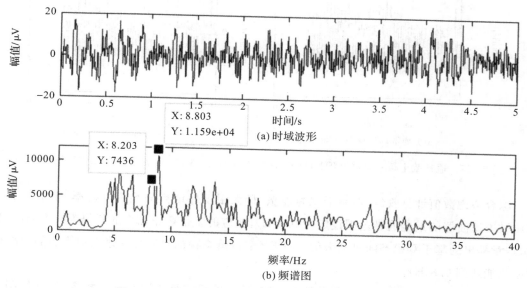

图 9-16　特征频率为 8.8 Hz 的 EEG 信号时域、频域图

由图 9-17 可知,通带截止频率间距为 0.1 Hz 时,获取成分幅值仅为原始信号幅值的百分之一,说明 8.8 Hz 对应的大多数能量都被滤除,目标频率成分没有被很好保留。同时,信号的波动趋势呈不断增大的"喇叭状",表明计算过程不收敛引发了滤波失真。间距增大到 0.2 Hz,滤得信号的幅值增加明显,但计算不收敛的问题并未得到有效改善。当通带截止频率间距为 0.4 Hz 时,滤波后的信号周期明显且幅值稳定,很好地保留了目标频率成分。进一步扩展间距为 0.6 Hz,信号的幅值并无太大变化,但其时域波形中却出现明显的调制现象,意味着干扰频率 8.4 Hz 的部分能量已被保留。

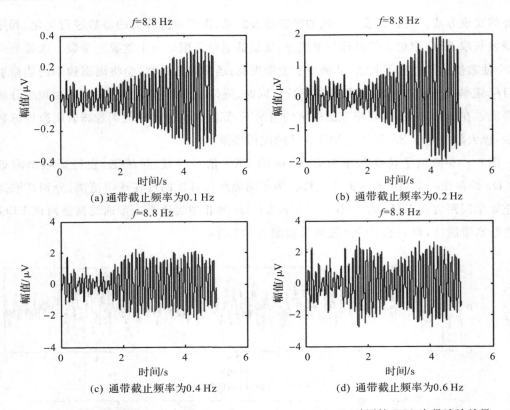

图 9-17 通带截止频率间距为 0.1 Hz、0.2 Hz、0.4 Hz、0.6 Hz 时原始 EEG 窄带滤波效果

综合考虑数值计算收敛、抑制干扰峰能量、最大限度保证算法频率分辨率,本书将 Ⅱ 型切比雪夫滤波器的最佳通带范围设定为 0.4 Hz,相应的阻带截止频率的间隔为 0.8 Hz。为此,本章提出的基于双稳态随机共振的 SSVEP 窄带瞬态特征提取与快速识别算法的频率分辨率只能达到 0.8 Hz。

在实际应用中,SSVEP 最佳刺激频率带宽较窄,采用该算法识别特征频率时,其控制目标为十个左右时识别效果最佳。因此,该算法适用于左转、右转、加速、停止、后退五个控制命令的脑控智能轮椅系统。

9.4.2 基于欠阻尼二阶随机共振的 SSVEP 多尺度噪声抑制及特征频率提取算法

目前,绝大多数 SSVEP 提取方法均建立在线性框架下,将噪声视为有害信息,通过抑制噪声来突出信噪比,提高微弱信号的检测能力。虽然这些方法均能在低信噪比状况下不同程度地提取出原始 EEG 中包含的信息,体现出一定的 SSVEP 检测能力,却都不能避免以下问题:①为了消除 EEG 中包含的多尺度噪声,需要选择合适的带通滤波器,而滤波器的边缘效应会减少有效数据长度,并增加检测时间,此外,还需要考虑滤波器的通带范围与信号特征频率的自适应匹配。②使用线性方法来提取具有明显非线性和非平稳特征的SSVEP,有用信号在噪声被抑制的同时也会衰减或丢失。当诱发信号的稳定性不足时,对有用信号的抑制程度甚至会远远超过抑制噪声。因此,原始 EEG 中包含的信息无法被完全利用,影响检测灵敏度和识别精度。

图 9-18 给出了一组原始 EEG、高通滤波降噪以及随机共振处理后的信号时域、频域图,其对应的特征频率为 9.2 Hz。采集的 EEG 的时域信号中,低频趋势项主导了信号的变化过程;在原始信号的频谱中存在众多大幅值的干扰峰且主要分布在低频区域,使得特征频率几乎淹没在噪声中而无法被识别。将原始信号通过截止频率为 4 Hz 的巴特沃斯高通滤波器进行低频噪声抑制。滤波后的信号因去除了低频趋势项而变得规整,在滤波信号的频谱中低频噪声也得到了较好的抑制。但是,9.2 Hz 周围还存在两个幅值极高的干扰峰,使得目标频率无法成为整个频谱的最高峰。将采集的 EEG 送入随机共振模型进行非线性随机共振处理。噪声加强后的时域信号周期性得到进一步凸显,频谱中干扰峰被抑制、目标频率幅值被放大,特征频率得以正确识别。

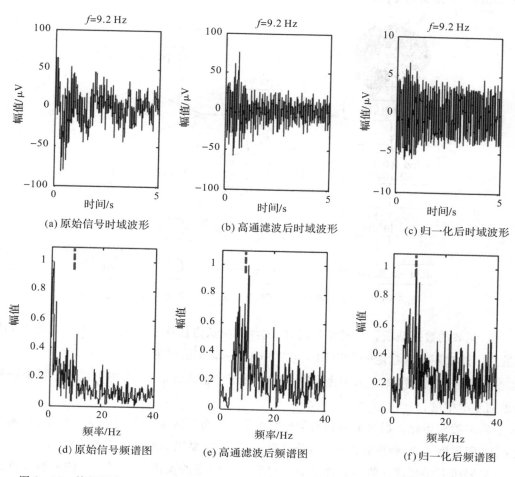

图 9-18 特征频率 9.2 Hz 时原始信号、高通滤波及随机共振处理后时域、归一化频谱图

上述结果表明,线性噪声分离的方式会不可避免地滤除 EEG 中的部分有用信号,造成有用信息受损。当诱发信号质量不佳时,还可能将全部有用信号作为噪声而丢弃。因此,为

了进一步提升 SSVEP 识别精度,需要研究一种利用噪声能量凸显有用信息的特征频率提取技术。

为了提高识别精度,需要消除 SSVEP 刺激频率范围以外的多尺度噪声。一般来说,噪声分离的提取方法必然伴随有用信息的不同程度受损,制约了识别精度的进一步提升。考虑到随机共振可以将噪声的能量转移到有用信号,抑制噪声的同时不会破坏有用信号,为此,本书提出了利用 EEG 中包含的噪声增强 SSVEP 的研究思路,利用 USSR 输出频率响应相当于一组非线性带通滤波器且通带范围可调的特性,将欠阻尼二阶随机共振应用于 SSVEP 提取,来提升特征频率的识别精度。

基于以上思路,本书提出了基于欠阻尼二阶随机共振的 SSVEP 多尺度噪声抑制及特征频率提取算法,将原始 EEG 信号送入欠阻尼二阶随机共振模型进行噪声增强,来保留 SSVEP 的全部信息,从而实现特征频率的高精度识别。其算法流程如图 9-19 所示,具体步骤如下:

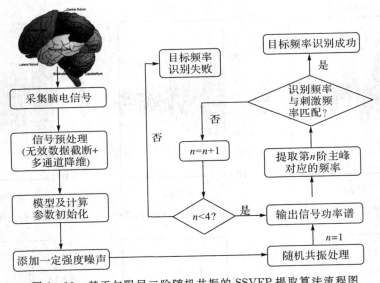

图 9-19 基于欠阻尼二阶随机共振的 SSVEP 提取算法流程图

(1)无效的数据截断。在实验初期,被试者的注意力往往不能完全集中。在前 1 s 收集的数据中通常不包含稳定的 SSVEP,这将影响目标频率的识别,需要予以移除。

(2)多通道信号降维。为了完全利用每个信道中包含的信息,采用主成分分析来降低多信道信号的维度。

(3)参数初始化。根据采集到的信号特点和实际分析需要设置合适的计算参数(模型参数 a、b,阻尼因子 β,噪声强度 D,数值计算步长 h,需要识别的最大峰值阶次 N)。

(4)随机共振处理。将预处理后的信号和一定强度的噪声送入到相应的模型以进行随机共振处理,再计算经过噪声增强的 SSVEP 的功率谱以识别目标频率。

(5)峰值频率识别。从(4)中获得的输出信号的功率谱中提取第 n 阶主峰对应的特征频率。

（6）频率匹配检测。将识别频率与所有刺激频率进行匹配，如果匹配成功，则目标频率被有效识别。如果匹配失败，则有必要检测当前识别的阶次是否大于设定的最大阶次。如果终止条件满足，则检测结束，表明目标频率标识失败。否则，计算返回到（5）。

下面分别对本方法中用到的多通道信号 PCA 降维、欠阻尼二阶随机共振模型进行介绍，并对随机共振模型输出频率响应展开研究，最后通过离线 EEG 数据验证所提算法的有效性。

1. 多通道脑电信号 PCA 降维

信号采集过程中，为了更多地保留与视觉诱发脑电相关的信息，通常会并行记录多通道信号。然而，空间临近的电极测量的信号通常具有极大的相关性，对于空间距离较大的电极，其记录到的信号也会包含相似的节律。因此，并行记录的多通道脑电信号会包含大量的冗余信息，增加计算复杂度的同时还会淹没用的信息。为了排除冗余信息的干扰、充分挖掘多通道信号包含的用的信息，需要对采集的脑电信号进行降维处理。

目前，高维数据特征降维的主要方法有线性判别分析、主成分分析、多维尺度变化、流形学习等。其中主成分分析法简单且能最大限度去除高维数据的冗余成分，是多通道脑电信号降维的理想工具。其具体算法如下：

主成分分析通过对数据集的散度矩阵进行分解获取特征值及特征向量，并以最大特征值对应的特征向量作为投影方向将高维数据映射到子空间。假设 $X^\mathrm{T} \in R^{n \times m}$（$n$ 为数据长度，m 为通道数目）代表去均值后的多通道脑电信号，对 X 进行奇异值分解，如下

$$X = W\Sigma V^\mathrm{T} \tag{9-26}$$

式中，W 为 XX^T 的本征矢量矩阵，$W \in R^{m \times m}$；Σ 为非负对角矩阵，$\Sigma \in R^{m \times n}$；$V$ 为 $X^\mathrm{T}X$ 的本征矢量矩阵，$V \in R^{n \times n}$。此时即可依据不同本征矢量对原始数据进行投影，得到每阶主成分的表达式如下

$$Y^\mathrm{T} = X^\mathrm{T}W = V\Sigma^\mathrm{T}W^\mathrm{T}W = V\Sigma^\mathrm{T} \tag{9-27}$$

当 $m < n-1$ 时，V 的表达式不唯一，但 Y 的表达式确定满足 Y^T 的第一列为第一阶主成分，第二列为第二阶主成分，并依次类推。

2. 欠阻尼二阶随机共振模型

双稳态随机共振忽略了惯性项，将阻尼因子归一化处理，与之相对应的朗之万方程属于过阻尼一阶随机微分方程。而计算过程中，惯性项和阻尼因子都会影响非线性系统的输出状态。考虑以上两个因素，朗之万方程则演化为二阶随机微分方程。由二阶随机微分方程组成的非线性系统称为欠阻尼二阶随机共振模型。

欠阻尼二阶随机共振模型对应的微分方程如下

$$\frac{\mathrm{d}^2 x}{\mathrm{d}t^2} = -\frac{\mathrm{d}U(x)}{\mathrm{d}x} - \gamma \frac{\mathrm{d}x}{\mathrm{d}t} + s(t) + \varepsilon(t) = ax - bx^3 - \beta \frac{\mathrm{d}x}{\mathrm{d}t} + s(t) + \varepsilon(t) \tag{9-28}$$

式中，a,b 为系统参数，$a > 0, b > 0$；β 为阻尼因子，$0 < \beta < 1$；$s(t)$ 为输入的周期激励信号，$s(t) = A\cos(2\pi f t + \varphi)$；$\varepsilon(t)$ 代表高斯分布白噪声。将 $s(t)$ 的表达式代入式（9-28）有

$$\frac{\mathrm{d}^2 x}{\mathrm{d}t^2} = ax - bx^3 - \gamma \frac{\mathrm{d}x}{\mathrm{d}t} + A\cos(2\pi ft + \varphi) + \varepsilon(t) \tag{9-29}$$

为了探究阻尼因子对欠阻尼随机共振输出的影响,本章建立了一组标准正弦仿真信号,加入一定的噪声作为欠阻尼随机共振模型的输入进行共振处理,调节系统阻尼可获取不同表现的系统输出。仿真信号的具体参数为:输入正弦信号幅值 $A = 1$;频率 $f = 0.05$ Hz;噪声强度 $D = 0.1$;采样频率 $f_s = 100$ Hz;采样时间 $t = 60$ s;数值计算步长 $h = 1/10$。由此得到的不同阻尼输入下欠阻尼系统的输出信号曲线如图 9-20 所示。

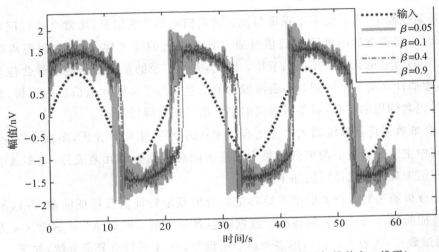

图 9-20　不同阻尼系数下 USSR 输出信号曲线(彩图扫描前言二维码)

从图 9-20 可以看出,阻尼较小时,输出信号存在较大的随机波动,此时噪声的随机干扰起到了主导作用,得到信号的毛刺很大;随着阻尼的增大,输出信号中的波动成分被逐步抑制,系统的响应得到改善;但过大的阻尼会使系统输出状态在转移过程中无法跟上输入信号的响应速度,同时,噪声和驱动信号的幅值也被大幅滤除,造成输出信号失真。因此,对于不同的输入信号,会存在一个最佳阻尼系数,使得欠阻尼二阶随机共振系统具有最好的滤波效果。

3. 随机共振模型输出频率响应

为了定量化评价随机共振效果,需要定义一个有效的适应度函数来对其进行评价。对于驱动频率确定的周期性输入信号的随机共振,信噪比是最常用的评价方法,它表示驱动频率的频谱幅值与噪声的频谱幅值之比,其定义如下

$$\mathrm{SNR} = 10 \lg \left[\frac{A_d}{\left(\sum_{i=1}^{N/2} A_i - A_d \right)} \right] \tag{9-30}$$

式中,A_d 为输出信号频谱中驱动频率对应的幅值;N 为输入信号的数据长度;A_i 为输出信号频谱中每条谱线所对应的幅值。

将不同频率的输入信号送入相同的随机共振模型进行随机共振处理,可以获得不同频率输入信号对应的随机共振系统输出信号,再分别计算每组输出信号的信噪比,即可以得到

随机共振模型的输出频率响应。

为了研究双稳态随机共振和欠阻尼二阶随机共振的输出频率响应,本书构造了一组幅值相同但频率不同的标准正弦信号,具体参数包括:输入周期信号幅值 $A=1$;采样频率 $f_s=1.2\ \text{kHz}$;采样时间 $t=1\ \text{s}$;阻尼系数 $\beta=0.15$;数值计算步长 $h=1/10$;驱动频率范围为 $3\sim300\ \text{Hz}$;驱动频率间隔为 $1\ \text{Hz}$。将每个频率的信号混入噪声强度 $D=2$ 的白噪声后分别送入参数 $a=1$、$b=1$ 的双稳态模型及欠阻尼二阶模型进行随机共振处理,并以信噪比为适应度函数做出的不同系统参数下双稳态随机共振(bistable stochastic resonance,BSR)、欠阻尼二阶随机共振(underdamped second order stochastic resonance,USSR)输出信号的频率响应曲线如图 9-21 所示。

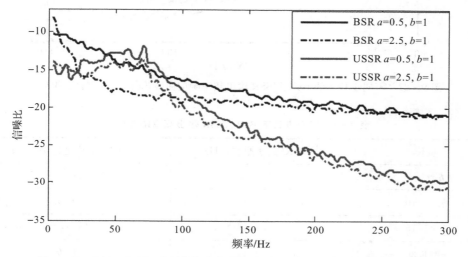

图 9-21　BSR、USSR 对应的输出信号频率响应曲线(彩图扫描前言二维码)

由图 9-21 可知,随着驱动频率的增加,双稳态随机共振输出信号的信噪比随之单调递减,表现出低通滤波器的特性,与纯白噪声输入下系统输出信号呈现洛伦兹分布的现象相吻合;欠阻尼二阶随机共振的频率响应曲线则大为不同,其输出信号的信噪比不再是驱动频率的单调函数,而是随着驱动频率的增加先增大再减小,类似于一组非线性带通滤波器。从信号处理的角度分析,双稳态随机共振只能滤除高频噪声保留低频信号,而欠阻尼二阶随机共振相当于对双稳态随机共振的输出信号进行了二次滤波,既可以滤除低频噪声,又可以滤除高频噪声,更适合从包含多尺度噪声的 EEG 信号中提取 SSVEP 的特征频率。

由 9.3 节可知,变尺度随机共振技术通过调节作用于系统输出状态的瞬时激励长度来改变它的瞬时移动距离,进而决定输出信号能否越过势垒,实现在两个势阱间的规则跃迁。因此,对不同的计算步长,同一随机共振模型的输出频率响应也会有所差异。

为了明确计算步长与双稳态随机共振模型、欠阻尼二阶随机共振模型输出频率响应的关系,采用 9.4.1 节所用的仿真参数做出了两个随机共振模型在步长取 1/5、1/10、1/20 时的输出频率响应曲线,如图 9-22 所示,其不同步长对应的等效滤波器的特征频率及带宽见表 9-1。

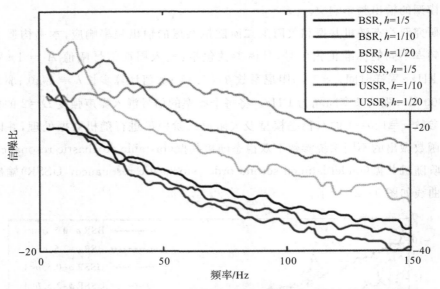

图 9 - 22　不同步长下的 BSR、USSR 输出频率响应曲线(彩图扫描前言二维码)

表 9 - 1　不同步长下 BSR、USSR 输出频率响应参数

步长	BSR(低通滤波)/Hz	USSR(带通滤波)/Hz
$h=1/5$	$f_s=33$	$f_c=41, bw=76$
$h=1/10$	$f_s=21$	$f_c=20, bw=30$
$h=1/15$	$f_s=16$	$f_c=15.5, bw=20$
$h=1/20$	$f_s=11$	$f_c=11, bw=10$
$h=1/25$	$f_s=7$	$f_c=10.5, bw=6$

由图 9-22 及表 9-1 可知,随着步长的增加,双稳态随机共振输出频率响应的截止频率逐步增加,通带范围有所拓宽;对于欠阻尼二阶随机共振,其输出频率响应的等效中心频率及带宽也与数值计算的步长近似成正相关。以上现象说明数值计算的步长决定了随机共振模型的通带范围,因此,在利用随机共振提取 SSVEP 的特征频率时,需要结合分析信号的频率范围来选择与其匹配最佳的步长参数,以达到更好的随机共振效果。

9.5　编程实现

随机共振分析的编程流程一般可分为以下四个步骤。

1. 第一步:随机共振分析目标确立

随机共振分析输入的信号应该为一维向量,以满足随机共振模型计算的要求。随机共振模型本质上是一个偏微分方程,其输入只能是一个数值。换句话说,输入应该是随机共振模型的一维向量。因此,这里需要有效的降维方法。常用的无监督降维方法有共同平均参考、主成分分析、典型相关分析、多维缩放和局部线性嵌入等。

2. 第二步:随机共振微分方程建立

在确定输入信号以后,应该选择相对应的随机共振微分方程。典型的随机共振模型有双稳态随机共振(BSR)、欠阻尼二阶随机共振(USSR)和 Fitz – Hugh – Nagumo(FHN)神经元模型。

BSR 模型是研究最早且应用最广的一种随机共振模型,建立在绝热近似理论和线性响应理论基础上。它可以通过在布朗粒子运动微分方程的基础上忽略惯性力的作用得到的朗之万方程进行描述。USSR 模型是在 BSR 模型上发展而来的,BSR 忽略了惯性项,将阻尼因子归一化处理,与之相对应的朗之万方程属于过阻尼一阶随机微分方程。而计算过程中,惯性项和阻尼因子都会影响非线性系统的输出状态。考虑以上两个因素,朗之万方程则演化为二阶随机微分方程。由二阶随机微分方程组成的非线性系统称为 USSR 模型。FHN 模型在数学上描述了神经元兴奋性的过程,该模型的基本形式由两个耦合的非线性常微分方程组成。一个描述了神经元膜电压的快速演变,另一个描述了钠通道失活和钾通道失活的较慢的"恢复"作用。

3. 第三步:随机共振微分方程参数确定

随机共振模型的参数决定了系统输出的好坏。以 USSR 模型为例,模型参数有 $[a, b, \beta, h]$。例如,随着阻尼因子 h 的增加,输出信号中的纹波逐渐被抑制,系统响应效果得到改善。然而,过大的阻尼因子会使系统输出在传输过程中无法跟上输入信号的变化。噪声和驱动信号的幅度将大大衰减,导致输出信号失真。因此,对于不同的输入信号,存在一个最佳的阻尼因子,使 USSR 系统能够实现最佳的滤波性能。另外,只有当四个模型参数达到协同作用时,系统响应才能得到大幅提升。

4. 第四步:四阶龙格–库塔求解微分方程

对于微分方程

$$\begin{cases} \dfrac{\mathrm{d}y}{\mathrm{d}x} = f(x, y) \\ y(x_0) = y_0 \end{cases}$$

采用四阶龙格–库塔法的计算式为

$$\begin{cases} y_{i+1} = y_i + \dfrac{1}{6}(k_1 + 2k_2 + 2k_3 + k_4) \\ k_1 = hf(x_i, y_i) \\ k_2 = hf\left(x_i + \dfrac{h}{2}, y_i + \dfrac{k_1}{2}\right) \\ k_3 = hf\left(x_i + \dfrac{h}{2}, y_i + \dfrac{k_2}{2}\right) \\ k_4 = hf(x_i + h, y_i + k_3) \end{cases}$$

式中,h 为求解步长。利用以上式子求解随机共振微分方程,从而得到随机共振输出信号。

9.6 应用案例

9.6.1 双稳态随机共振研究

1. 实验数据

为了验证基于双稳态随机共振的 SSVEP 瞬态窄带特征提取与快速识别算法的有效性，本章选取了西安交通大学机械制造系统工程国家重点实验室的离线 EEG 数据，该数据由 g. USBamp(g. tec Inc. , Austria) 系统采集，包含六个导联信号（OZ、O1、O2、POZ、PO3 和 PO4），采样频率为 1200 Hz，数据集的频率范围为 5.2～14.4 Hz，频率间隔为 0.4 Hz。在离线数据中集中选择了四组 EEG 数据进行处理，四组信号对应的频率分别为 7.2 Hz、8.8 Hz、10.8 Hz 以及 12.8 Hz，选取的数据长度为 1.5 s。

2. 对 EEG 数据进行处理

采用上节中的第一步、第二步分别对数据集进行数据截断及降维处理，然后把预处理后的信号分别通过Ⅱ型切比雪夫滤波器进行窄带滤波，以获得对应于每个刺激目标的不同频率分量。为了便于设置系统参数，有必要对每组信号通过窄带滤波获得的频率分量进行归一化处理。另一方面，为了避免双稳态模型输入频率不同对输出信号过零点个数的影响，需要对处理后的信号的四组窄带信号用幅值相同、频率不同的标准正弦信号进行幅度调制，并保证调制信号的频率与被调制的波形的频率的差值为 4 Hz。图 9-23 给出了调幅并归一化后的窄带滤波信号。

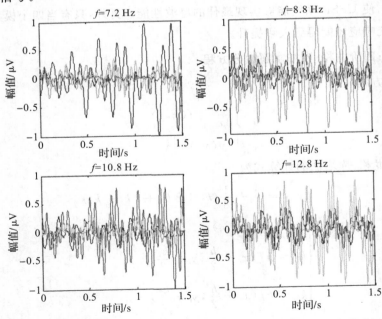

图 9-23　处理过的窄带滤波信号，蓝色表示频率为 7.2 Hz，绿色表示频率为 8.8 Hz，红色表示频率为 10.8 Hz，青色表示频率为 12.8 Hz(彩图扫描前言二维码)

通过对图 9-23 观察发现,将采集的脑电信号并行通过窄带滤波器后,得到的目标频率的幅值会远远高于其他频率成分对应的幅值。这一现象恰好满足基于双稳态随机共振的幅值突变检测输入信号的区分条件。

3. 实验结果分析

将归一化后的四组窄带信号以相同的差频进行幅度调制并送入双稳态随机共振系统,调节系统参数并对每组信号分别做随机共振处理,得到的每个特征频率的输出信号如图 9-24 所示。

从图 9-24 中的四组信号处理结果可以清楚地看到,目标频率的输出信号都实现了在双稳态系统两个势阱之间的规则过渡。然而,对应于非特征频率的输出信号,由于输入幅度较小而不能跨越屏障,只能表现为在某个势阱内的局部摆动(几乎没有过零点)。显然,利用过零点间距方差作为适应度函数,可以有效地判断不同频率输出信号的随机共振效应。

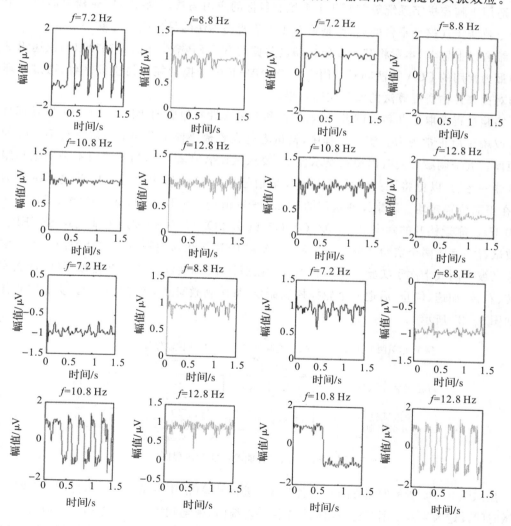

图 9-24 不同窄带信号的随机共振效应(数据对应的特征频率为 7.2 Hz、8.8 Hz、10.8 Hz 和 12.8 Hz)

上述实验结果表明,利用并行极窄带滤波可以从原始 EEG 信号中表征 SSVEP 从无到有的瞬态过程,经过双稳态随机共振的阈值筛选即能利用 SSVEP 的瞬态特征实现特征频率的快速提取。典型相关分析(canonical correlation analysis,CCA)等传统方法的单次特征频率的识别时间一般为 3~4 s,而基于双稳态随机共振的 SSVEP 窄带瞬态特征提取与快速识别算法可以将所需的数据长度压缩到 1.5 s,极大提升了 BCI 系统实时处理能力,体现了利用瞬态信号特征提取特征频率的优越性。

基于双稳态随机共振的 SSVEP 窄带瞬态特征提取与快速识别算法能够将特征频率的识别时间压缩到 1.5 s 以内,极大提高了脑机接口的人机交互速率。但是,该算法在提升识别时间的同时牺牲了频率分辨率。SSVEP 最佳刺激频率带宽较窄,使得基于该算法的脑机接口的控制目标受到限制(实际应用表明,控制目标为十个左右识别效果最佳)。因此,该算法不适用于脑控拼字系统等需要几十个控制目标的应用场景。脑控智能轮椅只需要五个控制命令就能实现整个平台的运行,是第 9.4.1 节所提算法的最佳应用对象。

结合以上思考,本章将基于双稳态随机共振的 SSVEP 窄带瞬态特征提取与快速识别技术和最为常用的 CCA 算法同时应用于基于 SSVEP 的脑控智能轮椅验证平台,通过处理性能的对比来评估所提算法的实际应用效果。

实验过程选取了九名被试者(四名男性和五名女性),他们的年龄在 20~27 岁且都具有正常或矫正后正常视力。实验过程中,被试者坐在轮椅座椅上并与显示屏保持 70 cm 的间隔距离。五个刺激会同时出现在显示器上,要求被试者盯着目标刺激器而不是用眼睛跟踪刺激器的运动,以免将无关干扰引入到采集信号中。EEG 采集过程中以单侧耳垂作为参考,在正面位置接地。采集设备选用的是 g. USBamp(g. tec Inc. ,Austria)系统,采样频率为 1200 Hz。靠近枕叶的六个电极(OZ、O1、O2、POZ、PO3 和 PO4)被选用来记录 SSVEP。每位被试者需完成两个实验任务——采用 CCA 和 BSR 算法对轮椅进行驱动控制。每个实验任务又被分割成十次子实验—子实验内容为按照提示(需要注视的目标会被标红)依次实现左转、右转、加速、停止、后退五个轮椅控制命令,每次刺激间隔的时间为 1 s。实验的具体流程如图 9-25 所示。

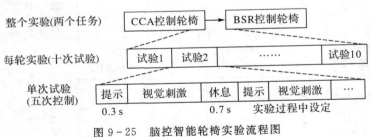

图 9-25　脑控智能轮椅实验流程图

按照图 9-25 所示的流程图对九名被试者进行试验(使用典型相关分析控制轮椅时,视觉刺激时间设定为 4 s,采用双稳态随机共振控制轮椅时,视觉刺激时间设置为 1.5 s),并分别记录每个人使用两种算法的控制正确率及识别时间。经过全部被试者的实验验证,得到的每个被试轮椅控制实验的识别结果见表 9-2。两种方法的所有被试轮椅的平均处理性能见表 9-3。

表 9 - 2　每个被试轮椅控制实验识别效果

被试编号	CCA		BSR	
	识别正确率/%	计算速度/s	识别正确率/%	计算速度/s
S1	91	0.83	90	0.13
S2	92	0.91	88	0.11
S3	95	0.75	93	0.09
S4	89	0.88	90	0.15
S5	92	0.78	94	0.14
S6	85	0.80	83	0.15
S7	90	0.74	88	0.12
S8	96	0.83	94	0.13
S9	92	0.79	91	0.11

表 9 - 3　CCA 与 BSR 处理性能对比

性能	识别正确率/%	计算速度/s	所需数据长度/s
CCA	93	0.82	4
BSR	94	0.14	1.5

处理结果表明,使用 CCA 作为特征频率的提取方法,9 名受试者轮椅控制任务的平均正确率为 93%,单次诱发信号处理时间为 0.82 s,所需的数据长度为 4 s。BSR 对应的识别正确率略有提高达到 94%,相应的处理时间为 0.14 s,识别所需的数据长度仅为 1.5 s。实验结果表明,基于双稳态随机共振的 SSVEP 窄带瞬态特征提取与快速识别算法在保持较高识别精度的同时可以将单次诱发信号的识别时间缩短到 1.5 s 以内。因此,BSR 可以将使用者的想法实时转换为控制命令,大大提高了基于 SSVEP 的 BCI 系统的实时处理能力。

9.6.2　欠阻尼随机共振研究

为了验证基于欠阻尼二阶随机共振的 SSVEP 多尺度噪声抑制及特征频率提取算法的有效性,下面与目前 SSVEP 特征频率提取比较有效的 CCA、MSI 算法进行对比。选用与 9.5.1 节相同的离线 EEG 数据进行特征频率识别效果的分析。

1. 采用 CCA 及 MSI 提取 SSVEP 特征频率

早在 2007 年,典型相关分析(CCA)就被应用到 SSVEP 特征频率的识别中。通过计算 EEG 与一系列刺激谐波之间相关系数来提取刺激频率,克服了频率分辨率对采样时间的依赖。多变量同步索引(multivariable synchronous index,MSI)使用实际混合信号和参考信号之间的同步索引值作为识别 SSVEP 的特征频率的潜在识别符。作为一种典型的非线性检测方法,可以有效避免由多通道信号的线性组合引起的有用信息的丢失。

CCA 和 MSI 可以充分利用多通道脑电信息,具有很强的识别稳定性,目前已成为最常用的 SSVEP 提取方法。图 9-26 给出了采用高通滤波器滤除 5 Hz 以下低频成分,将滤波后的 EEG 信号与模板信号做典型相关分析得到的 CCA 系数谱。

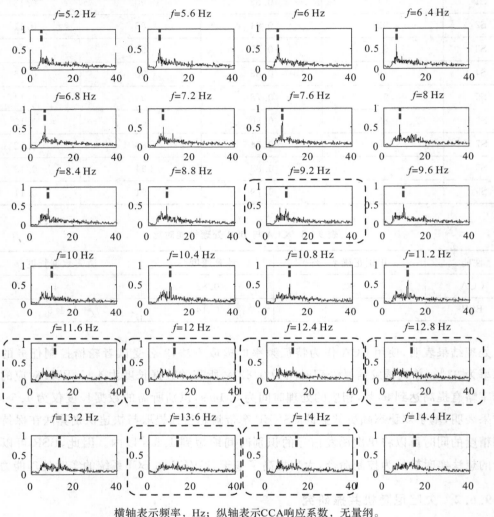

横轴表示频率,Hz;纵轴表示 CCA 响应系数,无量纲。

图 9-26 滤除 5 Hz 以下低频成分的 EEG 信号与模板信号的 CCA 系数谱(彩图扫描前言二维码)

由图 9-26 可知,对于大多数(71%)的脑电信号,CCA 方法可以有效识别目标频率(系数值大于 0.4,不存在大干扰峰)。然而,对于 9.2 Hz、11.6 Hz、12.8 Hz 和 14 Hz 四个刺激频率(以绿色方框表示的 CCA 频谱)对应的系数不再是 CCA 频谱中的最大值,此时,目标频率识别失败。对于 12 Hz、12.4 Hz 和 13.6 Hz 三个刺激频率(由橙色框表示的 CCA 频谱)对应的系数虽然为整个频谱中的最大值,但在最高峰周围存在较多数值较大的干扰峰,识别效果不够理想。

MSI 方法通过估计实际混合信号和参考信号的同步指数来提取 SSVEP 的特征频率。

此方法可以实现多通道信号的非线性组合,以提取更多的有用信息。图 9 - 27 给出了利用 MSI 方法对滤除 5 Hz 以下低频成分的 EEG 信号进行特征频率识别,得到的 24 组信号的同步索引频谱。

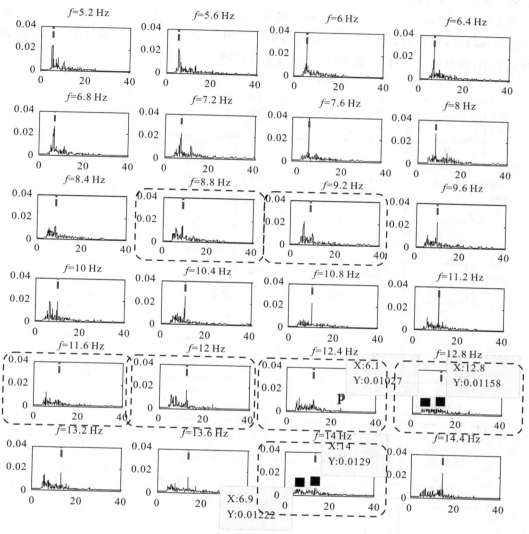

横轴表示频率,Hz;纵轴表示同步指数,无量纲。

图 9 - 27　滤除 4 Hz 以下低频成分的 EEG 信号与模板信号的同步指数谱(彩图扫描前言二维码)

由图 9 - 27 可以看出,对于 CCA 正确识别的特征频率,MSI 也可以增加特征频率与其他频率之间的幅度差异,使得特征频率得到进一步凸显。对于 CCA 无法识别的两个频率 9.2 Hz 和11.6 Hz(以绿框表示的索引谱),MSI 也未能成功提取特征频率。然而,12.8 Hz 和 14 Hz(以红色框表示的功率谱)对应的同步索引指数已经变为同步索引谱中的最大值,能够正确识别这两个特征频率。另一方面,由于 MSI 对干扰峰值没有良好的抑制效果,因此12.4 Hz 的同步指数被淹没在干扰峰值中,特征频率提取失败。

2. 采用 BSR 及 USSR 提取 SSVEP 特征频率

采用随机共振进行特征频率提取,需要满足小频率参数要求,根据 SSVEP 的频率范围对数值计算步长进行调节。当采样频率为 1.2 kHz 时,BSR 的等效低通滤波器的截止频率与计算步骤呈正相关。考虑到 EEG 数据集的频率范围为 5.2～14.4 Hz,本章在用双稳态随机共振提取 SSVEP 时,将计算步长设置为 1/10。图 9-28 给出了采用双稳态随机共振识别特征频率,得到的 24 组信号的 BSR 输出信号功率谱。

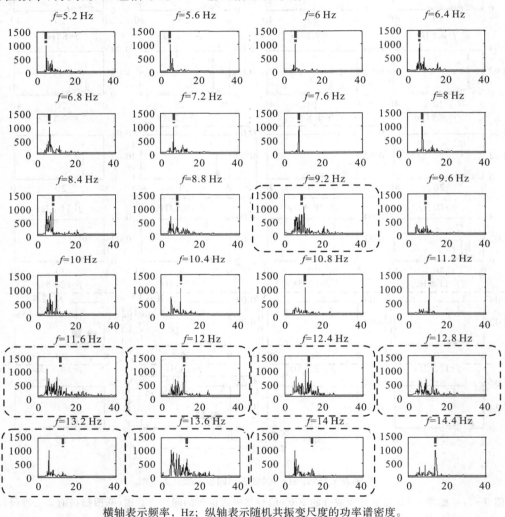

横轴表示频率,Hz; 纵轴表示随机共振变尺度的功率谱密度。

图 9-28 过阻尼双稳态随机共振输出信号的功率谱(彩图扫描前言二维码)

对比图 9-26 与图 9-28 可以发现,采用双稳态随机共振对相同的 EEG 信号处理,9.2 Hz、11.6 Hz、14 Hz 三个目标频率仍无法得到有效识别;另外,12.8 Hz 对应的功率谱仍然存在几个干扰峰,但目标频率的幅值已经被明显突出;12 Hz 和 12.4 Hz 对应的功率谱中干扰峰值被有效地抑制,目标频率的识别效果显著增强。另一方面,受到算法随机性的影响,当刺激频率为 13.2 Hz 和 13.6 Hz 时,目标频率完全被干扰峰淹没。

采用双稳态随机共振提取 SSVEP，刺激频率附近的干扰峰值被明显抑制，表明双稳态随机共振能够在一定程度上提高目标频率的识别效果，并且反映了非线性随机共振在提取 SSVEP 中的有效性。然而，对于 CCA 未识别的信号，双稳态随机共振也不能有效提取有用信息且识别错误的数量有所增加。如前述讨论可知，USSR 的输出效果可以看成对 BSR 的输出进行二次滤波，滤波效果也从低通滤波改善为带通滤波。因此，采用 USSR 提取原始 EEG 中包含的 SSVEP 以产生更好的识别效果。

表 9-4 给出了采样频率为 1.2 kHz 时，欠阻尼二阶随机共振的等效输出频率响应参数。当步长为 1/10 时，USSR 对应的中心频率、带宽分别为 20 Hz 和 30 Hz，恰好包含 EEG 数据集 5.2～14.4 Hz 的频率范围。因此，本章在用欠阻尼二阶随机共振提取 SSVEP 时，将计算步长设置为 1/10。另外，根据实际处理的经验将阻尼因子设为 0.85。图 9-29 给出了采用欠阻尼二阶随机共振识别特征频率，得到的 24 组信号的 USSR 输出信号功率谱。

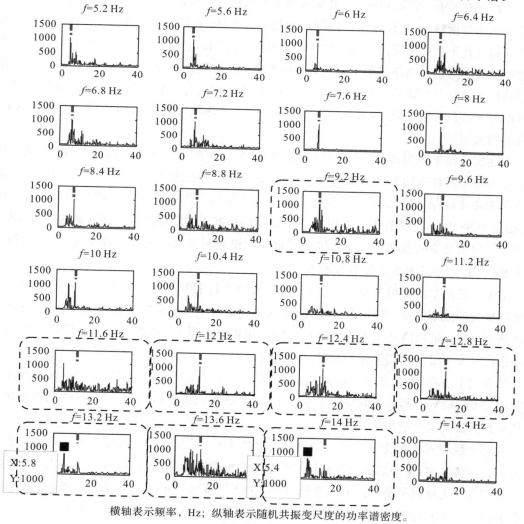

横轴表示频率，Hz；纵轴表示随机共振变尺度的功率谱密度。

图 9-29　欠阻尼二阶随机共振输出信号功率谱（彩图扫描前言二维码）

表 9-4　四种算法识别性能对比

性能	识别正确率/%	单次处理时间/s	信息传输率
CCA	84.47	0.82	32.60bit/min
MSI	85.98	0.44	33.66bit/min
BSR	80.30	0.14	29.79bit/min
USSR	94.70	0.15	40.46bit/min

与双稳态随机共振相比,二阶欠阻尼随机共振对 EEG 信号特征频率的识别效果得到大幅提升。对于目标频率周围存在较大干扰峰的信号,经过欠阻尼随机共振处理后,干扰频率得到了更为明显的抑制,目标频率在功率谱中的主导地位进一步凸显(蓝色框所标注的功率谱);尤其是对于 CCA 及双稳态随机共振均无法识别的信号,欠阻尼随机共振则可以有效识别出相应的目标频率(红色框所标注的功率谱):9.2 Hz 所对应的功率谱中,目标频率的幅值已经超越其干扰峰对应的幅值;而在 13.2 Hz 及 14 Hz 对应的功率谱图中,目标频率对应的幅值虽然不为整个功率谱的最高峰,但也得到了较大程度的加强而成为次高峰或第三高峰,同时,最高峰及次高峰所对应的频率(5.4 Hz、5.8 Hz)与实验用到的所有的刺激频率均不匹配,因此可以通过后续处理来消除幅值高于目标频率的高峰干扰,有效识别诱发SSVEP信号的刺激频率。

上述实验结果表明,随机共振可以利用 EEG 包含的多尺度噪声来增强 SSVEP,从而避免了分离噪声时带来的有用信息受损。同时,欠阻尼二阶随机共振的滤波效果类似于一组非线性带通滤波器,又无需考虑滤波器边缘效应及通带范围与特征频率的自适应匹配。因此,相比于 SSVEP 提取中常用的 CCA 及 MSI 算法,基于欠阻尼二阶随机共振的 SSVEP 多尺度噪声抑制及特征频率提取算法体现了更高的识别精度和更快的处理速度,有效增加了基于 SSVEP 的 BCI 系统的信息传输率。

基于欠阻尼二阶随机共振的 SSVEP 多尺度噪声抑制及特征频率提取算法具有更高的精度和更快的处理速度,有效提高了 BCI 系统的信息传输率。同时,该算法的频率分辨率可以达到 0.1 Hz,足以满足几十个控制目标的应用需求。因此,能够实现多字符输入的脑控拼字系统是 9.4.2 节所提算法的最佳应用对象。

结合以上思考,本章将基于随机共振的 SSVEP 多尺度噪声抑制及特征频率提取算法和最常用的 CCA、MSI 算法同时应用于基于 SSVEP 的脑控拼字系统,通过处理性能的对比来评估所提算法的实际应用效果。

六名男性和五名女性(20~27 岁)参加了这项实验,所有的受试者都具有正常或矫正的视力。在实验之前,十一名被试者被详细告知实验的目的和程序,并签署了同意书。本实验在安静明亮且无电磁屏蔽的房间内进行,EEG 采集设备的使用及采集通道的选取和脑控轮椅实验相同。实验过程中,受试者坐在液晶显示器前方 70 cm 的椅子上,他们被要求盯着目标刺激器而不是用眼睛跟踪刺激器的运动。每位被试需完成 4 个实验任务——依次采用

CCA、MSI、BSR、USSR 算法实现 24 个英文字符的拼写。每次需要注视的目标在提示时间段的 0.3 s 内会被标红,相邻的两次视觉刺激的时间间隔为 1.2 s。为了避免视觉疲劳对四轮实验的拼写效果产生不一致的影响,每轮实验结束后被试者会有五分钟的时间进行休息以最大限度地缓解视觉疲劳。按照图 9-30 所示的流程图对 11 名被试者在相同的条件下进行实验,并分别记录每个人使用四种算法进行脑控拼字的识别结果以及单次信号的处理时间,以便后续进行算法处理性能分析。

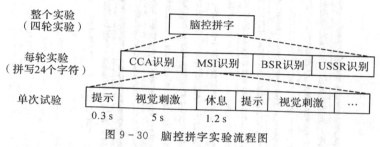

图 9-30　脑控拼字实验流程图

信息传输速率(information transfer rate, ITR)用于表征单位时间内系统传输的信息量,是衡量 BCI 系统性能的常用指标。其计算表达式为

$$\text{ITR} = \frac{60}{T}\left[\log_2 M + \sigma \log_2 \sigma + (1-\sigma)\log_2 \left(\frac{1-\sigma}{M-1} \right) \right] \qquad (9-31)$$

式中,T 为每次试验中刺激时间和两次试验之间的时间间隔的总和;M 为刺激目标的个数;σ 为平均识别精度。

使用相同的刺激范式,影响 ITR 的因素不只有识别精度,计算速度也需要考虑。除了硬件设备(信号采集系统和计算机响应速度)之外,相关特征提取方法的复杂性也是制约 BCI 在线处理能力的最重要因素。为了更科学地比较四种算法的处理性能,需要对所有被试者的识别结果进行统计分析。

根据实验结果,分别计算每个受试者采用每种方法对应的识别准确度、单次刺激处理时间和信息传输率,然后对 11 名被试者的识别效果取平均值即可获得四种算法处理性能的平均值。图 9-31 给出了使用 CCA、MSI、BSR 和 USSR 获得的每个受试者对应的识别正确率,表 9-4 则给出了四种算法的平均处理性能。

对于相同的 EEG,使用四种不同的方法来提取目标频率。CCA 提取 11 名受试者的特征频率,平均正确率为 84.47%,单次诱发信号处理时间为 0.82 s,系统的信息传输率为 32.60 bit/min。MSI 对应的识别正确率略有提高达到 85.98%,相应的处理时间为 0.44 s,信息传输率为 33.66bit/min。BSR 的处理性能分别为 80.30%、0.14 s 和 29.78 bit/min。对 USSR 而言,这些性能则分别增加到 94.70%、0.15 s 和 40.46 bit/min。与 CCA 和 MSI 相比,USSR 表现出更高的识别准确度,反映了较强的非线性检测能力。同时,所提方法的处理速度提升了四倍,在线处理能力也显著提高。因此,在相同的刺激范式下,基于欠阻尼二阶随机共振的 SSVEP 多尺度噪声抑制及特征频率提取算法可以有效提升 BCI 系统的信息传输率。

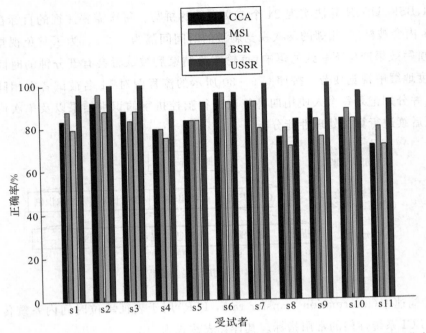

图 9 - 31　每个被试分别使用 CCA，MSI，BSR 和 USSR 四种算法对应的识别正确率

9.7　存在问题与发展

目前，学者们从更多的物理现象和工程应用中去研究随机共振。在非线性模型的研究方面，学者们主要集中在光学系统（单模激光器）、阈值系统（高于阈值的系统、比较器阵列）、神经动力学系统（LIF(leaky integrate - and - fire)模型、FH(FitzHugh)模型、In - Silico 神经模型、神经元阵列）和化学系统中的随机共振研究，但对于线性信号处理方法的研究状况来讲，非线性模型的研究及应用还相对较少，亟须学者们进行更深层次探讨非线性随机共振的内部机制，有效应用于更多的自然现象之中。

9.8　思　考　题

(1)随机共振的起源是什么，是由谁发现的？

(2)随机共振不同于线性信号处理方法的优势是什么？

(3)随机共振方法的理论基础是什么？

(4)经典随机共振的原理是什么？

(5)经典随机共振理论的局限性是什么？主要有哪些解决方案，请简述。

(6)将双稳态随机共振方法应用于 SSVEP 的特征提取与快速识别的优势是什么？

(7)将欠阻尼二阶随机共振应用于 SSVEP 的特征频率识别的优势是什么？

(8)双稳态随机共振与欠阻尼随机共振的区别与联系是什么？

第 10 章　支持向量机

10.1　支持向量机概述

10.1.1　支持向量机的研究背景

随着数字化和信息化技术的进步,数据已经成为当代社会中不可或缺的研究对象。人们时常询问,大量乃至海量的数据中究竟隐藏着什么样的规律? 这些规律对我们理解更多的数据或对实际生产生活有什么指导意义? 为解答这些问题,我们需要借助数据学习,特别是机器学习。

机器学习基于数据,是一种重要的知识学习方法,同时也是人工智能中最具智能特征、最前沿的研究领域之一。机器学习的主要任务是设计一种方法或模型,通过处理已有的数据找出数据的内在依赖关系,进而揭示其规律性,然后利用这些规律处理新的数据,包括对已有数据的分类、分析以及对未观察到或无法观察到的数据进行预测,最终使机器具有良好的推广能力。

统计学在机器学习中起着基础性的作用,但传统的统计学主要基于渐进理论,即在样本数量趋于无限大的情况下进行推导算法。然而在实际研究中样本数量有限,在样本数量较少的情况下,再采取样本无限大的假设进行算法推导和建模得到的结果并不理想。例如,在常见的人工神经网络(见本书第 11 章)学习中,当样本数量限制时,原本很好的学习机器可能会表现出较差的推广能力,这种现象被称为过学习。

支持向量机(support vector machine,SVM)作为一种基于数据的机器学习方法,正是在面对上述挑战的情况下提出的。支持向量机的理论基础结合了 VC 维(vapnik - chervonenkis dimension)理论、凸优化和核函数等,使其在处理有限样本问题时表现出色。在最大化分类边界间隔的同时,支持向量机通过正则化项控制模型的复杂度,从而在处理过学习问题时显示出较好的效果。

10.1.2　支持向量机的发展史

20 世纪 60 年代,瓦普尼克(Vapnik)等开始建立一种研究有限样本情形下的统计学习规律及学习方法性质的理论,即统计学习理论,它为有限样本的机器学习问题建立了一个良好的理论框架,较好地解决了小样本、非线性、高维数和局部极小值等实际问题,其核心思想就是机器学习与有限的训练样本相适应。直到 1963 年,ATE－T 贝尔实验室研究小组在瓦普尼克的领导下,首次提出了支持向量机的理论方法。这种方法是从样本集里选择一组样本,对整个样本集的划分可以等同于对这组样本的划分,这组样本子集就被形象地称为支持向量(support vector,SV)。支持向量机是基于模式识别方法和统计学习理论的一种全新的非常有潜力的分类技术,主要用于模式识别领域。但在当时,支持向量机在数学上不能明晰地表示,人们对模式识别问题的研究很不完善,因此支持向量机的研究没有得到进一步的发展与重视。1971 年,基梅尔道夫(Kimeldorf)提出了使用线性不等约束重新构造支持向量的核空间,使一部分线性不可分的问题得到了解决。20 世纪 90 年代,一个比较完善的理论体系——统计学习理论(statistical learning theory,SLT)形成了,此时一些新兴的机器学习方法(如神经网络等)的研究遇到了一些重大的困难,如欠学习与过学习问题、如何确定网络结构的问题、局部极小点问题等,这两方面的因素使支持向量机迅速发展和完善,并在很多问题的解决中表现出许多特有优势,而且能够推广应用到函数拟合等其他机器学习问题中,从此支持向量机迅速发展了起来,目前已经在许多领域里得到了成功应用。

10.2　基本原理

10.2.1　支持向量机的基本思想

支持向量机方法通过找到一个最佳的决策边界或超平面,最大化不同类别数据点之间的间隔,以实现高效的分类,同时最小化分类错误。支持向量机以统计学习理论的结构风险最小化为基本原则,通过在最小化经验风险和最大化分类间隔之间进行折衷,以确保实际风险的上界最小,有效避免了过学习问题,从而确保泛化性能,是一种专门研究有限样本预测的学习方法,其分类示意图如图 10－1 所示。

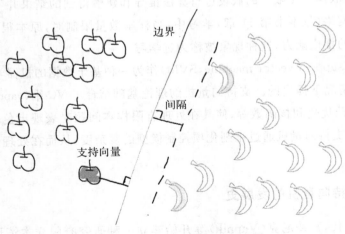

图 10－1　支持向量机分类示意图

支持向量机的主要特点包括以下几点：

（1）支持向量机方法是专门针对有限样本情况的学习方法，对特征空间划分的最优超平面（决策边界）是支持向量机的目标，最大化分类边际的思想是支持向量机方法的核心，其学习策略便是间隔最大化；

（2）在支持向量机分类决策中起决定作用的是支持向量；

（3）支持向量机方法将原约束条件下的二次规划问题转化对偶形式的凸二次优化问题，所以找到的最优解一定是全局最优解；

（4）支持向量机的最终决策函数只由少数的支持向量所确定，计算的复杂性取决于支持向量的数目，而不是样本空间的维，这在某种意义上避免了"维数灾难"；

（5）少数支持向量决定了最终结果，这不但可以帮助我们抓住关键样本、剔除大量冗余样本，而且注定了该方法不但算法简单，而且具有较好的"鲁棒"性。

10.2.2　支持向量机的统计学基础

统计学习理论被认为是目前针对小样本统计估计和预测学习的最佳理论，它从理论上系统地研究了经验风险最小化原则成立的条件，有限样本经验风险与期望风险的关系，以及如何利用这些理论找到新的学习原则和方法等问题。

1. VC 维

统计学习理论是关于小样本进行归纳学习的理论，其中一个重要的概念就是 VC 维。模式识别方法中 VC 维的直观定义是：对一个指示函数集，如果存在 h 个样本能够被函数集里的函数按照所有可能的 2^h 种形式分开，称函数集能够把 h 个样本打散。函数集的 VC 维就是它能打散的最大样本数目 h。若对任意数目的样本都有函数能够将他们打散，则称函数集的 VC 维是无穷大。有界实函数的 VC 维可以通过用一定的阈值将它转化成指示函数来定义。VC 维反映了函数集的学习能力，一般而言，VC 维越大则学习机器越复杂，学习容量越大。目前尚没有通用的关于任意函数集 VC 维计算的理论，只对一些特殊的函数集知道其 VC 维。一般地，对于 n 维空间 R^n 中，最多只能有 n 个点是线性独立的，因此 R^n 空间超平面的 VC 维是 $n+1$。但是对于非线性学习机器而言，VC 维与独立参数的个数之间并没有明确的对应关系，非但如此，在非线性情况下学习机器的 VC 维通常是无法计算的。但在实际学习应用统计理论时，可以通过变通的办法巧妙地避开直接求 VC 维的问题。

统计学习理论的 VC 维理论和结构风险最小化原则的提出为支持向量机算法打下坚实的理论基础。支持向量机是瓦普尼克等根据统计学习理论中结构风险最小化原则提出的。支持向量机能够尽量提高学习机器的推广能力，即使由有限数据集得到的判别函数对独立的测试集仍能够得到较小的误差。此外，支持向量机是一个凸二次规划问题，能够保证找到的极值解就是全局最优解，这些方法使支持向量机成为一种优秀且实用的基于数据的机器学习方法，其主要内容在 1992－1995 年基本完成，目前仍处于不断发展的阶段。在支持向量机的理论研究方面，目前出现了许多改进的支持向量机算法，如粒度支持向量机、最小二乘支持向量机、模糊支持向量机。

2. 经验风险最小化原则

学习的目的是根据给定的训练样本求系统输入输出之间的依赖关系。学习问题可以一般地表示为变量 y 与 x 之间存在的位置依赖关系,即遵循某一未知的联合概率 $F(x,y)$。机器学习问题就是根据 n 个独立同分布观测样本 $(x_1,y_1),(x_2,y_2),\cdots,(x_n,y_n)$ 在一组函数 $\{f(x,w)\}$ 中求出一个最优的函数 $f(x,w)$ 对依赖关系进行估计,使期望风险最小,如下

$$R(w)=\int L(y,f(x,w))\mathrm{d}F(x,y) \qquad (10-1)$$

式中,$\{f(x,w)\}$ 为以预测函数集 w 为函数的广义参数,$f(x,w)$ 可以表示任何函数集;$L(y,f(x,w))$ 为用于 $f(x,w)$ 对 y 进行预测而造成的损失,不同类型的学习问题有不同形式的参数。

在传统的学习方法中,采用了所谓的经验风险最小化原则,即样本定义经验风险

$$R_{\text{emp}}(w)=\frac{1}{n}\sum_{i=1}^{n}L(y_i,f(x_i,w)) \qquad (10-2)$$

机器学习的目的就是要设计学习算法使 $R_{\text{emp}}(w)$ 最小化。在早期的神经网络学习中,人们总是把注意力集中在如何使 $R_{\text{emp}}(w)$ 更小,但是很快发现一味追求训练误差小并不是总能达到好的预测效果。在某些情况下,训练误差过小反而会导致出现推广能力不足的问题,这就是过学习问题。对于有限样本,如果学习能力过强,足以记住每一个样本,此时经验风险就可以收敛到很小甚至为零,但是无法保证它对新训练样本能够得到很好的预测。因此,在有限样本的情况下,经验风险最小化并不一定能保证模型具有良好的推广能力,而且学习机器的复杂性不仅要与所研究的系统有关,还要与有限的学习样本适应。即有限样本下学习机器的复杂性和推广能力之间存在着矛盾,采用更复杂的学习机器容易使学习误差更小,但是却失去了推广能力。

3. 结构风险最小化原则

传统的机器学习方法中普遍采用的经验风险最小化原则在样本数据有限时是不合理的,因为经验风险和置信风险需同时小。为解决经验风险和置信风险这两项最小化风险泛函问题,引出结构风险最小化原则。

对指示函数集中的所有函数,经验风险 $R_{\text{emp}}(w)$ 和实际风险 $R(w)$ 之间至少以 $1-\eta$ 的概率满足如下关系

$$R(w)\leqslant R_{\text{emp}}(w)+\sqrt{\frac{h\left[\ln\left(\frac{2n}{h}\right)+1\right]-\ln(\eta/4)}{n}} \qquad (10-3)$$

式中,h 是函数集的 VC 维;n 是样本数目;η 是满足 $0\leqslant\eta\leqslant1$ 的参数。由此可见,统计学习的实际风险 $R(w)$ 由两部分组成:一部分是经验风险,另一部分是置信范围。置信范围反映了真实风险和经验风险差值的上界,还反映了结构复杂所带来的风险。置信范围和机器学习的 VC 维 h 及训练样本数 n 有关。

10.3　算法介绍

10.3.1　二分类问题

1. 线性可分问题

对于线性可分问题,存在超平面 $(w \cdot x) + b = 0$,两条边界分别为 $(w \cdot x) + b = \pm 1$。如图 $10-2$ 所示,设 x_1 在 l_1 上,x_2 在 l_2 上,即

$$\begin{cases} (w \cdot x_1) + b = -1 \\ (w \cdot x_2) + b = 1 \\ w \cdot (x_2 - x_1) = 2 \end{cases} \tag{10-4}$$

整理得

$$\frac{w}{\|w\|} \cdot (x_2 - x_1) = \frac{2}{\|w\|} \tag{10-5}$$

式中,左边恰好就是连接 x_1、x_2 的向量在划分超平面法向上的投影,它是最大间隔的 2 倍。求最大间隔等价于求 $\|w\|$ 或 $\frac{1}{2}\|w\|^2$ 的最小值。

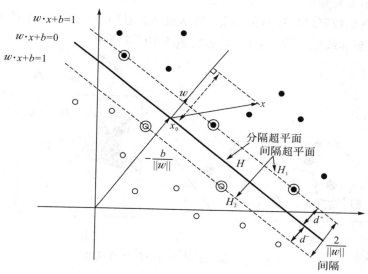

图 $10-2$　线性可分支持向量机

要使所有训练样本点的正确分类应满足

$$(w \cdot x_i) + b \leqslant -1,\ 若\ y_i = -1$$
$$(w \cdot x_i) + b \geqslant 1,\ 若\ y_i = 1$$

合并后为

$$y_i((w \cdot x_i) + b) \geqslant 1 \tag{10-6}$$

由统计学习理论知,如果训练样本集中的数据没有被超平面错误分开,并且距超平面最近的样本数据与超平面之间的距离最大,则该超平面为最优超平面,由此得到的决策函数的推广能力最优。

此时,支持向量机的求解问题可以转化为求如下一个二次凸规划问题(凸集)

$$min \ \frac{1}{2} \ \|w\|^2 \tag{10-7}$$

约束条件:$y_i((w \cdot x_i) + b) \geqslant 1, i = 1, 2, \cdots, l$。

根据最优化理论可求得唯一的全局最小解

$$M(x) = \mathrm{sgn}((w^* \cdot x) + b^*) = \mathrm{sgn}\left(\sum_{\mathrm{s.v.}} \alpha_i^* y_i(x \cdot x_i) + b^*\right) \tag{10-8}$$

式中,α_i^*、b^* 为确定最优划分超平面的参数;$(x \cdot x_i)$ 为两个向量的点积。对于非支持向量对应的 α_i^* 都为 0,求和只对少数支持向量进行。

2. 线性不可分问题

对于非线性问题,支持向量机的主要思想是通过引入核函数将原始输入向量映射到一个高维的特征向量空间。由于高维空间上的线性边界对应着原特征空间上的非线性边界,这使原先线性不可分的数据集获得了更好的划分。

由于支持向量机只依赖数据的内积,在超高空间里,我们仅仅需要知道核函数,一旦确定了核函数,我们不再需要精确地将原始特征空间中的数据点一一映射到高维空间中去,实际上,我们甚至不需要知道映射函数是什么。

因此,使用核函数可以使我们在不改动算法框架并且用最小计算成本的前提下,将线性支持向量机泛化到非线性支持向量机,其思想如图 10-3 所示。

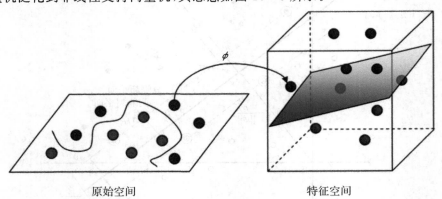

原始空间　　　　　　　　　　　特征空间

图 10-3　解决线性不可分问题的思想

对应的函数关系如下

$$低维:f_a(x) = \mathrm{sign}\left(\sum_{i=1}^{n} \alpha_i y^{(i)}(x^{(i)} \cdot x) + b\right) \tag{10-9}$$

$$映射到高维:f_a(x) = \mathrm{sign}\left(\sum_{i=1}^{n} \alpha_i y^{(i)} \Phi(x^{(i)}) \cdot \Phi(x) + b\right)$$

$$= \mathrm{sign}\left(\sum_{i=1}^{n} \alpha_i y^{(i)} K(x^{(i)}, x) + b\right) \tag{10-10}$$

式中，核函数 $K(x,x') = \Phi(x) \cdot \Phi(x')$。

几个常用的核函数如下：

（1）多项式核函数。

$$K(x,x_i) = \left[(x \cdot x_i) + 1 \right]^d \tag{10-11}$$

（2）高斯核函数。

$$K(x_i,x_j) = \mathrm{e}^{\left(-\frac{\|x_i - x_j\|^2}{2\partial^2} \right)} \tag{10-12}$$

（3）线性核。

$$K(x_i,x_j) = \langle x_i,x_j \rangle \tag{10-13}$$

10.3.2　多分类问题

上述支持向量机主要解决的是二分类问题。但在实际应用中，大量的问题需要将数据进行多个类别的分类。针对大型问题的求解，现在已成熟的方案有一对一算法、一对多算法、决策树算法。下面针对三种算法进行详细介绍。

1.一对一算法

在 K 类样本中构造所有可能的两类分类器。每个两类分类器只用 K 类中的两类训练样本进行训练，这样就构造出 $K \times (K-1)$ 个两类分类器。测试中采用"投票法"将测试样本输入给由 K 类中第 m 类样本和第 n 类样本构造的两类分类器。如果分类函数的输出结果判定属于第 m 类，则给第 m 类加一票；如果属于第 n 类，则给第 n 类加一票。所有两类分类器对测试样本分类后，K 类中的哪一类得票最多，就属于哪一类。

一对一算法有如下特点：分类器的数目随着类别的增加而急剧增加，运算量大，训练和测试时速度很慢，在线实时分类难；测试中当某两类所得的票数相同时，可能造成错分；当测试样本不属于 K 类中的任何一类而属于其他类别时，会出现错分。

2.一对多算法

一对多算法的基本思想为：针对 K 类训练样本数据可以构造 K 个两类分类器。在构造 K 个分类器中第 m 个分类器时，将第 m 类的训练样本作为一类，决策函数输出为正数；其他所有样本作为另一类，决策函数输出为 -1。

一对多算法的特点是：构造每个两类分类器时，所有的训练样本都要参加运算。在测试分类时，K 个两类分类器都对测试样本分类后，才能判定测试样本的类别。当测试样本不属于类中的任何一类而属于其他类别时，会出现错分。

3.决策树算法

决策树算法分以下三步计算：

（1）构造一个有 $m(m-1)/2$ 个内节点和 m 个叶节点的树图，每个内节点为一个两类 SVM；

（2）给定一个未知样本，从根节点出发，由该节点的决策函数决定下一个访问的是哪个

子节点;

(3)如果决策函数的输出为正,则访问左子节点,否则访问右子节点,这样一直判断到一个叶节点,即为样本所属的类。

10.4 编程实现

支持向量机可以基于 MALTAB 平台与 LIBSVM 工具箱编程实现。LIBSVM 是一个广泛使用的开源软件库,用于支持向量机的训练和应用。它为用户提供了一种方便的方式来实现支持向量机模型的训练、参数调整和预测。以下是关于 LIBSVM 的使用的一些基本指导。

10.4.1 LIBSVM 的安装

1.下载 LIBSVM

http://www.csie.ntu.edu.tw/~cjlin/libsvm/网站上下载 libsvm - 3.12.zip 文件,解压后放在任意目录下(最好放在 MATLAB 工具箱中),例如:C:\Program Files\MATLAB\R2014a\toolbox\libsvm - 3.12。

2.配置编译器

打开 MATLAB,切换到 C:\ProgramFiles\MATLAB\R2014a\toolbox\libsvm - 3.12\MATLAB 目录下,键入命令 mex - setup,根据提示语句选择编译器及编译器默认路径,最后完成编译器配置。

3.编译

输入命令 make,编译完成。系统就会生成 svmtrain.mexw32、svmpredict.mexw32、libsvmread.mexw32、libsvmwrite.mexw32 等文件,然后可以在 MATLAB 的菜单 File→Set Path→add with subfolders(可直接用 Add Folder)里把 C:\Program Files\MATLAB\R2014a\toolbox\libsvm - 3.12\MATLAB 目录添加进去,这样以后在任何目录下都可以调用 LIBSVM 的函数了。

4.测试

为了检验 LIBSVM 和 MATLAB 之间的接口是否已经配置完成,可以在 MATLAB 中执行命令 load heart_scale,完成该步骤后发现 workspace 中出现 heart_scale_inst 和 heart_scale_label,说明正确。测试运行,在 MATLAB 中输入以下代码,如果可以成功输出预测精度,说明 LIBSVM 已经安装好了。

>>model = svmtrain(heart_scale_label, heart_scale_inst, '-c 1 -g 0.07');

>>[predict_label, accuracy, dec_values] = svmpredict(heart_scale_label, heart_scale_inst, model);

Accuracy $= 86.6667\%$ $(234/270)$ $(classification)$

如果运行正常并生成了 model 这个结构体(其中保存了所有的支持向量及其系数),说明 LIBSVM 和 MATLAB 之间的接口已经完全配置成功。

10.4.2　LIBSVM 的使用

用 LIBSVM 库做一个模式分类,主要的过程如下:

(1)输入训练集数据;

(2)提供训练集数据构建 svm_problem 参数;

(3)设定 svm_param 参数中的 svm 类型和核函数类型;

(4)通过 svm_problem 和 svm_param 构建分类模型 model;

(5)最后通过模型和测试数据输出预测值。

如图 10-4 所示,LIBSVM 使用的一般步骤是:

(1)按照 LIBSVM 软件包所要求的格式准备数据集;

(2)对数据进行简单的缩放操作;

(3)首要考虑选用 RBF 核函数;

(4)采用交叉验证选择最佳参数 C 与 g;

(5)采用最佳参数 C 与 g 对整个训练集进行训练获取支持向量机模型;

(6)利用获取的模型进行测试与预测。

10.4.3　LIBSVM 使用的数据格式

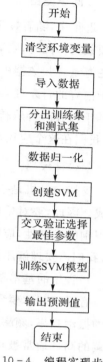

图 10-4　编程实现步骤

LIBSVM 软件使用的训练数据和检验数据文件格式如下:

[label] [index1]:[value1] [index2]:[value2] …

label 或 class 就是要分类的种类,通常是一些整数;index 是有顺序的索引,通常是连续的整数;value 是用来 train 的数据,通常是一堆实数。

10.5　应用案例

10.5.1　基于支持向量机的乐器识别

在本应用实例中,我们将支持向量机应用到乐器音频识别中,对笛子、钢琴、大鼓、吉他和小提琴五种乐器的音频进行识别。显然这是一个支持向量机的多分类的问题,支持向量机在本质上属于一个二分类问题,这里采用一对一的方法解决多分类的问题。本案例中支持向量机模式识别问题的流程如图 10-5 所示。

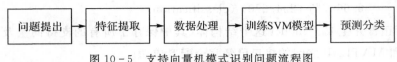

图 10 - 5　支持向量机模式识别问题流程图

1. 问题提出

近年来,随着数字音乐创作、收集和存储技术的飞速发展,许多机构积累了大量的音乐音频数据。同时,互联网多媒体资料的快速扩张使有效组织和管理这些音频资源以便人们能在海量音频数据中查询和处理他们需要的信息变成了一个紧迫需求。音色概念提出后,基于内容的音乐搜索引擎的实现成为了可能。音色估计的应用范围非常广泛,它可以应用于基于内容的音乐转录、音频结构化编码、音乐推荐和查询引擎以及音乐评注等领域。因此,我们在这个应用示例中将支持向量机用于乐器音色分类具有重要的意义和实用价值。

2. 特征提取

支持向量机是一种典型的监督式学习方法,即训练样本由特征向量和已知的类别标签组成。因此,要对乐器音色进行模式识别,首先需要提取已知类别样本的特征向量。为了提高识别的准确性,应尽可能提取那些能反映各种乐器不同音色的特征。因此,在提取特征之前,我们需要理解不同乐器产生不同音色的原因。

1)音乐的基本要素

音乐的基本要素有音高、音调、音值、音量和音色。音高是指声音的高低,决定于发音物体的振动频率,频率越高,音高就越高。音高是构成声音音调的关键元素之一。在乐理中,曲调的高低通常被称为音调,对于纯音来说,音调随发音物体振动频率的增大而升高。此外,音量对音调也有一定的影响。音量是指声音的强弱,与发音物体的振动幅度有关,振动幅度越大,音量就越大。音量对音调的影响主要体现在低频音调随音量增大而降低,而高频纯音的音调则随音量增强而升高。音值是指声音的长短,用于表示发音物体持续振动的时长。持续振动时间越长,音值就越大。音值是构成音乐旋律的主要元素,不同长度的音符相互组合,构建了音乐的节拍和节奏,从而形成了旋律。每种乐器发音会产生一个基音和若干个泛音,并且它们的能量分布各不相同。音色就是描述人们对不同声音的主观感觉,如人们可以轻易地分辨出一首曲目是由钢琴弹奏的还是由小提琴演奏的,原因就在于这两种乐器的音色不同。音色由发音物体产生的泛音的数量和强度决定,不同的乐器产生的泛音和其分布也不同,这些泛音与基音共同构建了每种乐器独特的音色。

2)决定音色的因素

乐器发出的声音不是简单的谐波而是由基音和泛音两部分组成。基音是发声体全段振动发出的声音,泛音是发声体分段振动(如 1/2、1/3、1/4 处)发出的声音,因此,基音为最低频成分,泛音为高频成分,两者共同构成了该类音色的频谱。我们可以通过分析频谱的构成对不同乐器的音色进行识别。

3)音频的预处理

训练样本和测试样本均是采样频率为 44100 Hz 的 MP3 文件,都是从网上随机下载的五种乐器的纯音乐。

训练样本音频：笛子、钢琴、大鼓、吉他、小提琴各 30 段，每段时长 4 s。

测试样本音频：样本时间和数量同测试样本，即每种乐器有 30 段音频，每段时长为 4 s，但是音频内容都不相同。

具体预处理过程如下：

本应用案例中使用的原始音频文件为网上直接下载的 MP3 音频文件，噪声较小，为了避免对原始有用信号造成影响，省去了去噪的过程。

音乐音频信号为典型的非稳定性信号，但在 20～30 ms（即 882～1323 个采样点）可近似认为平稳信号，因此在提取各种特征之前，先对信号进行分帧、加窗处理。选择汉明窗，其形状如图 10-6 所示，窗长采用 30 ms。为了增加音频的连续性，所加汉明窗采用 2/3 重叠的仿生，即每次移动窗口长度的 2/3，则每一个样本被分为 498 帧。

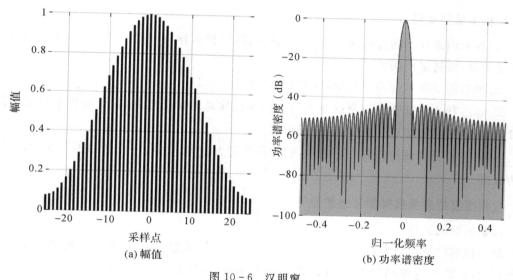

(a) 幅值　　　　　　　　(b) 功率谱密度

图 10-6　汉明窗

4）特征参数提取

我们可以对不同音频信号进行频谱质心、一阶频谱质心、谱通量、梅尔倒谱系数（MFCC）和差分梅尔倒谱系数（DMFCC）、谱熵五个频域特征的提取。为了提高乐器音频识别率，进一步提取了音频的过零率。过零率这个时域特征可以较好地将打击乐器和其他乐器分开。

我们对每一帧都进行频谱质心、一阶频谱质心、谱通量、梅尔倒谱系数和差分梅尔倒谱系数、谱熵、过零率 6 维特征提取。每一帧获得一个 6 维的特征向量，即一个样本就有 498×6 的特征空间，这样就会造成计算困难，而且由于支持向量机不适于处理大样本的问题，这样会造成识别率低、计算成本高等问题。所以，采用片段层次上的特征的统计值作为片段的分类特征，即用高过零率代替过零率，用频率中心代替频谱质心，用片段平均谱通量、平均一阶频谱质心、平均谱熵代替每一帧的瞬时量。由于用平均 MFCC 和 DMFCC 或者随机选取一帧信号的 MFCC 和 DMFCC 代替这一段信号的 MFCC 和 DMFCC 都会使识别率降低,所以直接将 MFCC 和 DMFCC 特征舍去。这样,一个样本的 498×6 特征空间变成了一个 5 维的向量,大大降低了计算成本。特征参数提取流程如图 10-7 所示,图中 V_N 代表第 N 帧的特征参数向量,$f(x)$ 是汇总规则函数,V 为最终的音色特征参数向量。

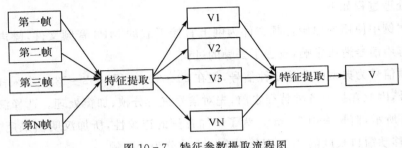

图 10-7　特征参数提取流程图

3. 样本数据处理

(1)提取训练样本的特征向量:共有 5 种乐器,每种乐器有 30 段音频,每个样本有 5 维的特征向量,故特征空间为 150×5。

(2)提取测试样本的特征向量:特征空间也为 150×5。

(3)训练样本特征空间与测试样本特征空间组成总的特征空间,即训练样本特征空间/测试样本特征空间,组成 300×5 的特征矩阵。

(4)对总特征空间进行归一化处理,归一化范围为 $(-1,1)$,归一化的目的是简化计算和平衡权重。

4. 训练支持向量机模型与预测分类

1)核函数的选择

学习机器的泛化能力在很大程度上依赖于所选的核函数。因此,在支持向量机学习中,模型选择的关键是核函数的选择。常用的核函数有径向基函数(radial basis function,RBF)核函数、线性核函数、多项式核函数、高斯核函数、sigmoid 核函数、傅里叶核函数、样条核函数等。应用最广的是 RBF 核函数,无论是小样本还是大样本、高维还是低维等情况,RBF 核函数均适用,它相比于其他函数有以下优点:

(1)RBF 核函数可以将一个样本映射到一个更高维的空间,而且线性核函数是 RBF 核函数的一个特例,也就是说如果考虑使用 RBF 核函数,那么就没有必要考虑线性核函数了。

(2)与多项式核函数相比,RBF 核函数需要确定的参数要少,核函数参数的多少直接影响函数的复杂程度。此外,当多项式的阶数较高时,核矩阵的元素值可能会趋于无穷大或无穷小。而 RBF 核函数则不存在这一问题,从而减少了数值计算的困难。

(3)对于某些参数,RBF 核函数和 sigmoid 核函数具有相似的性能。

因此这里采用 RBF 核函数,但是 RBF 核函数参数多,而且分类结果非常依赖于参数,所以我们先通过训练数据的交叉验证来寻找合适的参数。

2)采用交叉验证选择最佳参数 c 与 g

通常而言,比较重要的参数是 gamma($-g$)跟 cost($-c$)。而 cross validation($-v$)的参数常用5。那么如何选取最优的参数 c 和 g 呢? python 环境下的 LIBSVM 中有寻优函数 grid. py 帮助大家寻找最优的 c 和 g。安装 python2.5(一般默认安装到 C:/python2.5 下)需要将 gnuplot 解压,安装解压完毕后,进入/libsvm/tools 目录下,用文本编辑器(记事本或 edit)修改 grid. py 文件,找到其中关于 gnuplot 路径的那项(其默认路径为 gnuplot_exe = r" C:/tmp/gnuplot/ bin/pgnuplot. exe"),根据实际路径进行修改并保存。然后将 grid. py 和 C:/python25 目录下的 python. exe 文件拷贝到 libsvm/windows 目录下,键入命令 $ python grid. py train. 1. scale,执行后即可得到最优参数 c 和 g。

另外,对于 LIBSVM 和 python 的接口的问题,在/libsvm/windows/python 目录下自带了 svmc. pyd 这个文件,将该文件复制到 libsvm/python 目录下,同时,也将 python. exe 文件复制到该目录下,键入命令 python svm_test. py 以检验效果(注意. Py 文件中关于 gnuplot 路径的那项路径一定要根据实际路径修改)。如果能看到程序执行结果,说明 LIBSVM 和 python 之间的接口已经配置完成,之后就可以直接在 python 程序里调用 LIBSVM 的函数了。

采用交叉验证选择最佳参数 c 与 g 得到的结果如图 10-8 所示。

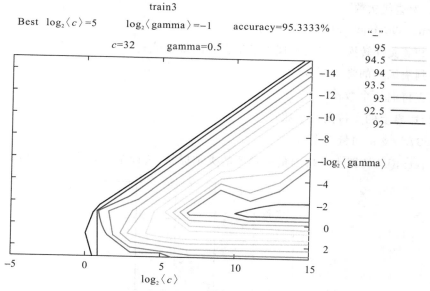

图 10-8　交叉验证选择结果(彩图扫描前言二维码)

从图中可以看到,横坐标为 $\log_2\langle c\rangle$,纵坐标为 $\log_2\langle gamma\rangle$,不同颜色的曲线代表不同的准确率,从图中可以看出绿色曲线对应的准确率最高为 95.3333%。选取 c 值最小的点即图中红点所示的点此时对应的 $c = 32$,gamma $= 0.5$。

Python 环境下的 LIBSVM 中有寻优函数 grid. py 帮助寻找最优的 c 和 g,但是 MATLAB 环境下的 LIBSVM 却没有这个功能。需要其他函数在 MATLAB 环境下实现 LIBSVM 参

数 c 和 g 的自动寻优,如 SvmSearchParas. m 等。

3)训练与预测

用最佳 c 和 g 训练 SVM model 并对测试样本进行预测。

model = svmtrain(train_label, train_img_arr, ′–t 2 –c 32 –g 0.5′)

pretestLabel = svmpredict(Testlabel, Testdata, model)

–t 2 表示所用核函数为 RBF 核函数;–c 32 表示惩罚系数 c 的值为 32;–g 0.5 表示参数 gamma 的值为 0.5。

4)预测分类结果与分析

程序运行结果如下:

optimization finished, ♯iter : 48

nu＝0.083202

obj＝－98.518162,rho＝－0.108423

nSv＝9,nBSV＝4

Total nsv＝45

Accuracy:92 ％(138/150)(classification)

程序中:

♯iter 为迭代次数;

nu 为 nu–SVC、one–class–SVM 与 nu–SVR 中参数;

obj 为 SVM 文件转换为的二次规划求解得到的最小值;

rho 为判决函数的常数项 b;

nSV 为支持向量个数;

nBSV 为边界上的支持向量个数;

TotalnSV 为支持向量总个数。

打开 pretestlabel 即为支持向量机预测的类别标签,统计结果如图 10–9 所示。

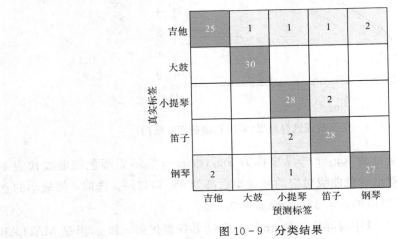

图 10 - 9　分类结果

10.5.2 基于支持向量机的图像分割

数字图像处理是一个跨学科领域。随着计算机科学技术的不断发展,图像处理和分析已逐步形成了自己的体系,新的处理方法不断涌现,引起了来自各方面的广泛关注。首先,由于视觉是人类的主要感知方式,并且图像是视觉的基础,因此,数字图像成为了心理学、生理学、计算机科学等多个领域的学者们研究视觉感知的重要工具。其次,图像处理在军事、遥感、气象等大型应用中的需求也在不断增长。

图像分割是将图像划分为若干个特定的、具有独特属性的区域并提取感兴趣目标的技术和过程,它是从图像处理到图像分析的关键步骤。目前已有的图像分割方法主要有基于阈值的分割方法、基于区域的分割方法、基于边缘的分割方法以及基于特定理论的分割方法等。近年来,研究人员不断改进传统的图像分割方法,将其他学科的新理论和方法应用于图像分割,从而提出了许多新的分割方法。图像分割广泛应用于医疗影像处理、卫星图像中的物体定位(如道路、森林等)、人脸识别、指纹识别、交通控制,以及机器视觉等领域。

值得注意的是,图像分割的核心是为图像中的每个像素添加标签(分类),使得具有相同标签的像素具有某种共同的视觉特性。解决图像分割问题并没有统一的方法,通常需要结合相关领域的知识,才能更有效地解决分割问题。在此,我们将使用支持向量机对真彩色图像进行图像分割。

本应用案例中使用的真彩色图像是一只可爱的黄色小鸭子在水面上捕食一只苍蝇(见图 10 - 10)。小鸭子及其在水中的倒影是偏黄色的,背景是偏蓝色的,图片文件名为 littleduck.jpg。需要利用支持向量机将小鸭子从背景中分离出来。

图 10 - 10 待分割图片(彩图扫描前言二维码)

利用支持向量机进行图像分割,本质就是进行分类。首先需要找到区分不同像素点的特征。由于图这幅图片的颜色对比鲜明,因此可以直接选取像素点的 RGB 值作为特征。偏黄色的点作为鸭子的特征点,偏蓝色的点作为湖水的特征点,另外考虑鸭子的眼睛是黑色的,因此也可以适当选取一两个黑色的像素点作为鸭子的特征。图像分割的具体步骤如下:

1)图像导入

使用 imread 函数读取图像数据,读到的图像数据是一个 439 行、600 列、3 页的三维矩阵,数据类型为 8 位无符号整型。

2)选取前景和背景样本点确定训练集

利用 ginput 函数提取背景(湖水)的样本点和前景(鸭子)的样本点作为训练样本。需要说明的是,选取样本训练点时有一个技巧,就是可以选取比较有代表性的一些点作为训练点,比如选取鸭子边缘附近和眼睛里的点作为样本点,最初选取的训练点可能导致图片分割得不是很完美,例如鸭子后面溅起的水花被分割成鸭子区域,这时候可以对错分的水花区域添加一两个典型点到湖面区域,一般尝试几次后就可以将鸭子图像从整个图像中分割出来了。

3)建立支持向量机并进行图像分割

利用上面选取的样本点作为训练样本,将背景(湖水)的标签设为 0,前景(鸭子)的标签设为 1,进行训练和预测。这里采用了一次多项式核函数(LIBSVM 参数 '–t 1 –d 1')。

从图 10 – 11 中可以看出,前景(鸭子)图像已经被完整地分割出来了,效果非常好。当然,并不是所有的图像都适合用支持向量机进行分割,影响支持向量机分割效果的关键是特征点的选取,选取的特征点需要能够对前景和背景有明显的区分效果。

(a) 分割前图像　　　　　　　　　　　(b) 分割后图像

图 10 – 11　分割结果与前后对比(彩图扫描前言二维码)

10.5.3　基于支持向量机的手写字体识别

手写体数字的识别在生活中的许多方面都有着广泛应用,其识别方法也有许多种,如人工神经网络(见本书第 11 章)、Bayes 判别法等。由于手写体人为因素随意性大,手写字体识别的难度远高于印刷字体的识别。本节介绍利用支持向量机进行手写体数字识别。选取的训练样本为 50 幅手写体数字,每个数字均有 5 幅图片,每幅图片大小为 50×50 像素(见图 10 – 12)。另选取 30 幅手写体数字图片作为测试样本,每个数字有 3 幅测试图片,每幅图片大小为 50×50 像素。

具体步骤如下:

1)图片预处理

由于图片中数字的大小和位置不尽相同,为了消除这些影响,首先对每幅图片做标准化预处理:把每幅图片做反色处理,并转为二值图像,然后截取二值图像中包含数字的最大区域,最后将截取的区域转化成标准的 16×16 像素的图像。此时数字上像素点灰度值为 1,背景像素点灰度值为 0,也就是说标准化处理后的图像为黑底白字的图像,预处理前后的图片如图 10-13 所示。

运行图像预处理代码,得到的训练样本 TrainData 是一个 50×256 的属性矩阵,TrainLabel 为 50×1 的列向量为训练样本的标签。

图 10-12　训练样本图片

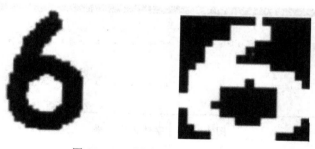

图 10-13　图片预处理前后对比

2)建立支持向量机

利用训练样本建立支持向量机。这里采用 RBF 核函数并利用遗传算法进行参数寻优,寻优结果如图 10-14 所示。可以看到最佳参数为(3.4933　9.1004),建立的支持向量机在训练集上的识别率是 100%。

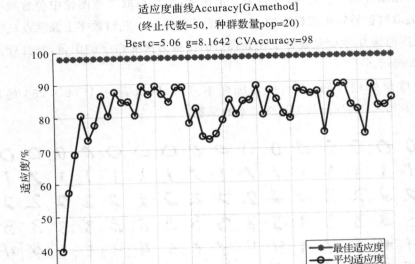

图 10-14　GA 参数优化

3）使用训练好的支持向量机进行分类

利用建立的支持向量机可以对测试样本中的 30 个手写体数字进行识别,由于训练样本进行过预处理,测试样本也需要先进行同样的预处理。运行结果如图 10-15 所示。

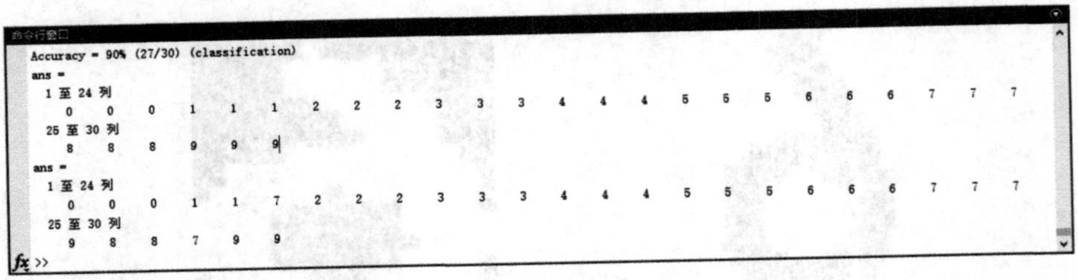

图 10-15　字体识别结果

可以看到在测试样本上的识别率为 90%（27/30）,即有 3 个样本被错分:一个"1"被误判成"7",一个"8"被误判成"9",还有一个"9"被误判成"7"。在每个数字只有 5 个训练样本的情况下,这样的识别效果是可以接受的。增加训练样本的数量可以有效提高识别率。

10.6　存在问题与发展

支持向量机作为一种重要的机器学习算法,在解决许多实际问题上取得了显著成就,但在其应用和理论研究过程中仍然存在一些问题和挑战。

（1）参数敏感性与调整困难。支持向量机的性能往往严重依赖于模型参数的选择，如 c 参数、核函数类型等。然而，正确选择这些参数并不直观，且对不同问题的最佳参数可能有很大差异，使得参数调整成为一项具有挑战性的任务。

（2）计算复杂性。随着数据量的增加，支持向量机的计算复杂性显著增加，可能导致训练时间和内存需求急剧上升。特别是在大规模数据集上，SVM 的训练时间可能变得不可接受。

（3）非线性问题建模难度。虽然支持向量机通过核函数可以处理非线性问题，但选择适当的核函数和参数仍然是一项挑战。不同的核函数可能适用于不同类型的数据，因此在实际应用中如何选择合适的核函数是一个重要问题。

未来的发展中支持向量机主要有以下几方面的优化方向：

（1）自动化参数选择与优化。未来的研究可以探索基于自动化参数选择和优化方法的 SVM 模型。使用交叉验证、网格搜索和贝叶斯优化等技术，可以减轻参数选择的负担，提高模型的性能。

（2）大规模数据处理。随着大数据时代的到来，支持向量机在处理大规模数据集时的性能瓶颈变得更为显著。未来的研究可以致力于开发更高效的支持向量机算法，包括分布式计算和增量式学习，以应对大规模数据集的挑战。

（3）融合深度学习。深度学习技术在机器学习领域取得了巨大成功。将 SVM 与深度学习方法融合，可以充分利用两者的优势，提高模型的性能和适用性，尤其是在复杂的任务和数据类型中。

（4）解释性与可视化。提高支持向量机模型的解释性是一个重要的研究方向。开发能够解释模型决策和可视化支持向量的方法，有助于提高用户对模型的信任和理解。

（5）多模态与跨领域应用。将支持向量机应用于多模态数据（如图像和文本的结合）和跨领域数据（如迁移学习）的研究，可以扩展支持向量机在更广泛的领域应用，拓展其实际价值。

通过解决参数调整、计算效率、非线性问题和与其他技术的整合等挑战，支持向量机将继续在各个领域发挥重要作用。

10.7　思　考　题

（1）简述支持向量机的分类思想。

（2）解释什么是"支持向量"（Support Vector）和"超平面"（Hyperplane），并绘图说明。

（3）为什么要引入软间隔支持向量机？

（4）传统的支持向量机是线性分类器，当要处理的数据线性不可分时，要通过什么方式才能使得支持向量机能够对线性不可分的数据进行分类？

（5）传统的支持向量机是二分类器，如何才能使支持向量机支持多分类？

（6）支持向量机是一种重要分类方法，请列举至少 3 种你所知道的其他的分类方法。

（7）列举出支持向量机相较于其他分类方法的优势。

（8）支持向量机的缺点有哪些？

（9）在机器学习领域，可以将学习方法分为有监督学习和无监督学习，试解释"有监督学习"和"无监督学习"有何区别？试说明支持向量机属于前述两种中的哪一种，你还能列举出其他同类型的机器学习方法吗（请至少列举三种）？

（10）支持向量机的应用领域有哪些（请至少列举 3 个）？

第11章　人工神经网络

11.1　人工神经网络概述

11.1.1　人工神经网络研究背景

在机器学习中,人工神经网络(artificial neural networks,ANN)是由具有适应性的简单单元组成的广泛并行互连的网络,它的组织能够模拟生物神经系统对真实世界物体作出交互反应。这种网络依靠系统的复杂程度,通过调整内部大量节点之间相互连接的关系,从而达到处理信息的目的。想要理解人工神经网络,可从理解生物神经网络开始,如图11-1所示展示了生物神经网络的基本结构。

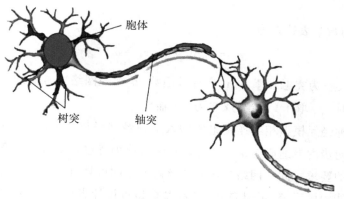

图 11-1　生物神经网络的基本结构

生物神经元是由细胞及其发出的许多突起组成的。细胞体内有细胞核,在细胞体的一侧存在大量的突起,称为树突,用来传递信息,而在细胞体的另一端有一条很长的突起,称为轴突,是信号的输出端。树突是细胞体的延伸,它由细胞体发出后逐渐变细,各部位都可以与其他神经元的轴突末梢相互联系,形成所谓的"突触"。在突触处,两神经元并未连通,它只是发生信息传递功能的结合部。突触可以分为兴奋性和抑制性两种类型,相当于神经网络之间耦合的极性。各个神经元之间的连接强度和极性有所不同,并且都可调整,正是基于这一点,人脑才具有储存信息的功能。因此,对于基本的生物神经网络,我们只关注三个方面:①存在突触,并且每个突触对神经活动影响不同;②存在积累效应,即所有的突触产生的影响需要加到一起才起作用；③输出信号是一种"全有或全无"现象，即当有输出信号时，所有的轴突都会有信号，当没有信号时，所有的轴突都没有信号。人工神经网络就是依赖于以上三点进行建模。

1943 年，沃尔特·皮茨（Walter Pitts）和沃伦·麦克洛克（Warren McCulloch）将上述情形抽象为如图 11-2 所示的简单数学模型，即经典的 M-P 模型：对于第 j 个神经元，接受多个其他神经元的输入信号 x_i，各突触强度以系数 ω_i 表示。利用某种运算把输入信号的作用结合起来，给出他们的总效果，称为"净输入"，净输入的表达有很多种类型，其中，最简单的一种形式是线性加权求和。

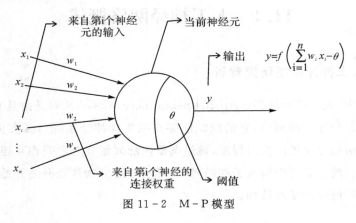

图 11-2　M-P 模型

M-P 模型的数学表达式为

$$y_i = \mathrm{sgn}\left(\sum_i \omega_{ij} x_i - \theta_j\right) \tag{11-1}$$

式中，θ_j 为阈值；ω_{ij} 为突触权重；sgn 为符号函数，是神经网络中常见的一种激活函数。当净输入超过阈值时，y_i 取 +1 输出，反之为 -1 输出。

多个 M-P 神经元模型相互连接组成的人工神经网络将显示出人脑的若干特征，人工神经网络也具有初步的自适应与组织能力。在学习或训练过程中可以改变突触权重 ω_{ij} 值，以适应周围环境的要求。同一网络学习方式及内容不同可具有不同的功能。人工神经网络是一个具有学习能力的系统，可以自我发展，以至超过设计者原有的知识水平。通常，它的学习方式可以分为有监督学习和无监督学习两种。有监督的学习可以利用给定的样本标签进行分类和模仿；无监督学习只规定学习方式或某种规则。具体学习内容随系统所处环境而异，系统可以自动发现环境特征和规律性，具有更近似于人脑的功能。

11.1.2　人工神经网络的发展史

人工神经网络的发展大致经历了三个阶段：20 世纪 40 年代到 60 年代的控制论、20 世纪 80 年代到 90 年代中期的联结主义以及 2006 年以来的深度学习。

第一阶段中主要的代表工作是最简单形式的前馈神经网络，即感知器（perceptron）。在 M-P 模型的基础上，美国康奈尔大学的弗兰克·罗森布莱特（Frank Rosenblatt）于 1958 年

在论文 *The Perceptron：A Probabilistic Model for Information Storage and Organization in the Brain* 中首次提出 Perceptron，中文名为感知器，感知器的提出代表着人工神经网络的首次兴起。1962 年，他又出版了 *Principles of Neurodynamics：Perceptrons and the theory of brain mechanisms* 一书，向大众深入解释感知机的理论知识及背景假设。此书介绍了一些重要的概念及定理证明，例如感知机收敛定理。在计算机运算能力还不强的时候，他基于硬件结构搭建了一个神经网络，且当时的激活函数使用拉线电阻器实现。但是和所有先驱一样，弗兰克·罗森布莱特开创性的工作并没有在当时得到认可。有两位数学家马文·明斯基（Marvin Minsky）和西摩尔·派普特（Seymour Papert）想要从数学上证明感知机，但感知机最终被证明不能处理诸多的模式识别问。经过多年的研究，两人于 1969 年编写了一本名为 *Perceptron* 的书，仔细分析了以感知机为代表的单层神经网络系统的功能及局限，证明感知机不能解决简单的异或等线性不可分问题，但弗兰克·罗森布莱特和马文·明斯基及西摩尔·派普特等人在当时已经了解到多层神经网络能够解决线性不可分的问题。由于弗兰克·罗森布莱特等人没能够及时推广感知机学习算法到多层神经网络上，又由于 *Perceptrons* 在研究领域中的巨大影响以及人们对书中论点的误解，造成了人工神经领域长达十多年的停滞不前，从此人们对于感知机的研究热情渐渐消失。

在第二个阶段中，鲁梅尔哈特（Rumelhart），杰弗里·辛顿（Geoffrey Hinton）和威廉姆斯（Williams）于 1986 年提出了针对一般神经网络训练的 BP（back propagation）算法。BP 的基础是基于梯度下降的误差函数优化，因为其利用了神经网络的层次结构，显著提高了计算效率，并代表着人工神经网络的第二次兴起。1988 年，穆迪（Moody）和达肯（Darken）提出了径向基函数（radial basis function neural network，RBF）神经网络，其能够以任意精度逼近任意连续函数，并在许多分类任务上取得了进展。直到 20 世纪 90 年代中期，人们发现随着网络层数的增多训练效果并没有提升，反而出现了不好的结果。此时基于统计学习的方法，例如支持向量机等发展得如火如荼，导致了人工神经网络再次淡出了人们的视线。

2006 年，杰弗里·辛顿提出了深度置信网络（deep belief networks，DBN），深度置信网络是一个概率生成模型，与传统的判别模型的神经网络相对，生成模型是建立一个观察数据和标签之间的联合分布，对 P(Observation|Label) 和 P(Label|Observation) 都做了评估，而判别模型仅仅评估了后者，也就是 P(Label|Observation)。DBN 的提出重新点燃了人工智能领域对于神经网络和深度学习的热情。在 DBN 中对多层神经网络的训练提出了新的训练算法，使得多层神经网络的使用成为可能。

目前，人工神经网络被广泛应用于数据挖掘、语音识别、图像处理和图像识别等领域，它能够帮助我们快速对数据进行分类和聚类，提高了我们解决问题的能力。本章主要介绍前两个阶段的人工神经网络，深度学习将在第 12 章中介绍。

11.2 基本原理

11.2.1 人工神经网络的基本思想

人工神经网络的基本思想是以对人脑的生理学研究为基础,模拟人脑的某些原理和工作机制,建立一个能够实现简单数据处理的模式,从而达到某些方面的功能。具体而言,人工神经网络是基于生物学中神经网络的基本原理,在理解和抽象了人脑结构和外界刺激响应机制后,以网络拓扑知识为理论基础,模拟人脑的神经系统对复杂信息的处理机制的一种数学模型。人工神经网络以人工神经元为节点,有向加权弧作为节点之间的连接并形成有向图,在此有向图中,人工神经元是对生物神经元的模拟,而有向弧是对轴突-突触-树突对的模拟,有向加权弧的权重可以视为对生物神经元激活程度的模拟。人工神经元在机器学习和认知科学领域是一种模仿生物神经网络的结构和功能的数学模型或计算模型,用于对函数进行估计或近似。依托于这种思想,人工神经网络发展出了许多适合于数据处理的结构。

与人脑以及冯·诺依曼计算机相比,人工神经网络具有以下的特点:

1)大规模并行处理

人脑神经元之间传递脉冲信号的速度远远低于冯·诺依曼计算机的工作速度,前者为毫秒量级,后者的时钟频率通常可达 108 Hz 或更高。但是,由于人脑是一个大规模并行与串行组合的系统,因而在许多问题上可以做出快速的判断、决策和处理,其速度可以远远高于串行结构的冯·诺依曼计算机。人工神经网络的基本结构模仿人脑,具有并行处理的特征,可以大大提高工作速度。

2)分布式存储

人脑存储信息的特点是利用突触效能的变化来调整存储内容,即信息储存在神经元之间连接强度的分布上,存储区和计算区合二为一。虽然人脑每天都有大量的神经元细胞死亡,但是并不会影响大脑的功能,局部损伤可能引起功能衰退,但不会突然丧失功能。

3)自适应(学习)功能

人类大脑有很强的自适应与自组织特性。后天的学习与训练可以开发许多各具特色的功能。冯·诺依曼计算机强调程序编号,系统的功能取决于程序给出的知识和能力。显然,对于上述智能活动要加以总结并编制程序将十分困难。

人工神经网络也具有初步的自适应与自组织能力。在学习和训练过程中改变突触权重值,以适应周围环境的要求。同一网络因学习方式及内容的不同可具有不同的功能。

1)联想记忆功能

由于神经网络具有分布存储信息和并行计算的功能,因此它具有对外界刺激和输入信息进行联想记忆的能力。这种能力是通过神经元之间的协同结构以及信息处理的集体行为而实现的。神经网络通过预先存储信息和学习机制进行自适应训练,可以从不完整的信息和噪声干扰中恢复原始的完整信息。这一功能使神经网络在图像复原、语音处理、模式识别与分类方面具有重要的应用前景。

2)分类与识别功能

神经网络对外界输入样本有很强的识别和分类能力。对输入样本的分类实际上是在样本空间中找出符合要求的分割区域,每个分割区域的样本属于一类。

3)优化计算功能

优化计算是指在已知约束的条件下,寻找一组参数组合,使该组合确定的目标函数达到最小。将优化约束信息(与目标函数有关)存储于神经网络的连接权矩阵之中,神经网络的工作状态以动态系统方程式描述。设置一组随机数据作为起始条件,当系统的状态区域稳定时,神经网络方程的解作为输出优化结果。

4)非线性映射功能

在许多实际问题中,系统的输入与输出之间存在复杂的非线性关系,对于这类系统,往往难以用传统的数理方程建立其数学模型。神经网络在这方面有独到的优势,设计合理的神经网络通过对系统输入/输出样本进行训练学习,从理论上讲,能够以任意精度逼近任意复杂的非线性函数。

11.2.2　人工神经网络训练算法

在真正进入神经网络算法学习、研究以前,我们有必要补充一些算法基础知识,即梯度下降法,该算法思想将直接或间接帮助我们理解神经网络的原理和主流算法。

1. 梯度下降法描述

顾名思义,梯度下降法的计算过程就是沿梯度下降的方向求解极小值(也可以沿梯度上升方向求解极大值)。梯度下降是迭代法的一种,可以用于求解最小二乘问题(线性和非线性都可以)。在求解机器学习算法的模型参数,即无约束优化问题时,梯度下降是最常采用的方法之一,在求解损失函数的最小值时,可以通过梯度下降法来一步步迭代求解,得到最小化的损失函数和模型参数值(权值)。反过来,如果我们需要求解损失函数的最大值,就需要用梯度上升法来迭代了。在机器学习中,基于基本的梯度下降法发展了两种梯度下降方法,分别为随机梯度下降法和批量梯度下降法。

下面是梯度下降法的核心公式

$$\theta_i = \theta_i - \alpha \frac{\partial}{\partial \theta_i} J(\theta_0, \theta_1) \tag{11-2}$$

式中,θ_i 为第 i 个特征参数;ω_{ij} 为梯度下降率。

梯度下降法的主体部分是 $\alpha \frac{\partial}{\partial \theta_i} J(\theta_0, \theta_1)$,其中 $\frac{\partial}{\partial \theta_i} J(\theta_0, \theta_1)$ 计算的是误差函数 $J(\theta)$(公式里表示成 $J(\theta_0, \theta_1)$)对特征参数的偏导数,也就是梯度下降法中常说的"梯度"。α 称为梯度下降率,也常称为步长,α 越大,θ_i 衰减得越快,运算速度越快,找到最优解的时间

越短;相反,α越小,θ_i衰减得越慢,运算速度越慢,找到最优解的时间越长。如果步长α足够小,则可以保证每一次迭代都在减小,但可能导致收敛太慢,如果步长太大,则不能保证每一次迭代都减少,也不能保证收敛。一般采用线性搜索算法的方法来确定步长。一般情况下,梯度向量为 0 说明到了一个极值点,此时梯度的幅值也为 0,而采用梯度下降法进行最优化求解时,算法迭代的终止条件是梯度向量的幅值接近 0 即可,可以设置个非常小的常数阈值。

2. 梯度下降的直观解释

举一个生活中的实例,如我们在一座大山上的某处位置,由于我们不知道怎么下山,于是决定走一步算一步,也就是在每走到一个位置的时候,求解当前位置的梯度,沿着梯度的负方向,也就是当前最陡峭的位置向下走一步,然后继续求解当前位置梯度,向这一步所在位置沿着最陡峭最易下山的位置走一步。这样一步步地走下去,一直走到觉得我们已经到了山脚。其过程如图 11-3 所示,这是一个等高线图例,假设外圈海拔比内圈高,而梯度下降法实现的即是箭头指的"下坡过程"。

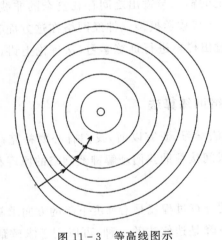

图 11-3 等高线图示

由此可见,梯度下降法在运用在线性回归求解最优解的问题上特点鲜明,能够找到最优的 θ 值。

11.3 算法介绍

11.3.1 感知器算法

1. 感知器模型描述

感知器是一种典型的前馈式神经网络,具有分层结构,信息从输入层进入网络,逐层向前传递至输出层。根据感知器神经元转移函数、隐层数以及权值调整规则的不同,可以形成具有各种功能特点的神经网络。

1958 年,美国心理学家弗兰克·罗森布拉特(Frank Rosenblatt)提出了具有单层计算单元特点的感知器网络。感知器模拟人眼接收环境信息,并由神经冲动进行信息传递。感知器研究中首次提到了自组织、自学习的思想,对所能解决的问题存在着收敛算法,并能从数学上严格证明,因此对神经网络的研究起到了重要的推动作用。单层感知器的模型如图 11 - 4 所示。

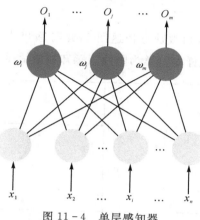

图 11 - 4　单层感知器

单层感知器是只有一层处理单元的感知器,如果包括输入层在内则为两层。图 11 - 4 中输入层也称为感知层,有 n 个神经元节点,这些节点只负责引入外部信息,自身无信息处理能力。每个节点接收一个输入信号,n 个输入信号构成输入列向量 X,输出层也称为处理层,有 m 个神经元节点,每个节点均具有信息处理能力,m 个节点向外部输出处理信息,构成输出列向量 O。两层之间的连接权值用权值列向量 W_j 表示,m 个权向量构成单层感知器的权值矩阵 W。3 种列向量的表示方法如下

$$X = (x_1, x_2, \cdots, x_i, \cdots, x_n)^{\mathrm{T}} \tag{11-3}$$

$$O = (o_1, o_2, \cdots, o_i, \cdots, o_n)^{\mathrm{T}} \tag{11-4}$$

$$W_j = (w_{1j}, w_{2j}, \cdots, w_{ij}, \cdots, w_{nj})^{\mathrm{T}} \tag{11-5}$$

对来自输入层各节点的输入加权并求和,可得

$$net_j = \sum_{i=1}^{n} w_{ij} x_i \tag{11-6}$$

输出 o_j 由节点的转移函数决定,离散型单计算层感知器的转移函数一般采用符号函数(或单极性阈值函数),如下

$$o_j = \mathrm{sgn}(net_j - T_j) = \mathrm{sgn}(\sum_{i=1}^{n} w_{ij} x_i) = \mathrm{sgn}(W_j^{\mathrm{T}} X) \tag{11-7}$$

单层感知器是最简单的一种分类器,其分类原理是将分类知识储存于感知器的权向量(包含阈值)中,由权向量确定的分类判决界面将输入模式分为两类,即可以实现逻辑运算中的"与""或""非",但是不能解决"异或"问题。

2. 感知器训练

针对一个输入为 $x_0,x_1,\cdots,x_i\cdots,x_n$，输出为 y，参数为 $\theta_0,\theta_1,\cdots\theta_i,\cdots\theta_n$ 的单层感知器，

激活函数为 $y=f(x)=\begin{cases} 1, & \sum\limits_{i=0}^{n}\theta_i x_i + b > 0 \\ -1, & \sum\limits_{i=0}^{n}\theta_i x_i + b \leqslant 0 \end{cases}$。一般激活函数中的加权解释变量 $\theta_i x_i$ 的

和加上常误差项 b 之和大于 0，则激励方程返回 1，此时感知器就把样本归类为阳性；否则，激励方程返回 -1，感知器就把样本归类为阴性。感知器激活函数图像如图 $11-5$ 所示。

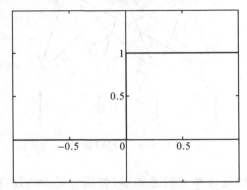

图 $11-5$　感知器激活函数（彩图扫描前言二维码）

模型参数 $\theta=\theta_0,\theta_1,\cdots,\theta_i,\cdots,\theta_n$ 应该如何确定呢？θ 取多少能使分类效果最准确？这就涉及到感知器模型的训练算法。在应用中，感知器求解最佳 θ 常采用梯度下降算法，其具体过程阐释如下。

如图 $11-6$ 所示有红、蓝两类点，我们欲采用感知器分类算法中的数学模型对该样本进行简单的线性二分类。

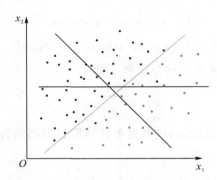

$11-6$　线性二分类问题示意图（彩图扫描前言二维码）

该问题的分类算法应为

$$y'=f(x)=\begin{cases} 1, & x > 0 \\ -1, & x \leqslant 0 \end{cases} \tag{11-8}$$

$$x = \sum_{i=0}^{n} \theta_i x_i \qquad (11-9)$$

由于不同的 θ 值会得到不同的分类直线,图 11-6 中三条不同的直线对应三组不同的 θ_0、θ_1、θ_2 值,很明显三条直线的分类效果优劣分明。为了寻找到最优的分类模型,将被误分类的所有点距离模型表示直线或平面的总距离作为损失函数 $J(\theta)$,如下

$$J(\theta) = \frac{\left| \sum_{x_i \in M} \theta_i x_i + \theta_0 \right|}{\|\theta\|} = -\frac{\sum_{x_i \in M} \theta_i x_i + \theta_0}{\|\theta\|} y_i \qquad (11-10)$$

运用梯度下降算法可得

$$\theta_i = \theta_i - \alpha \frac{\partial}{\partial \theta_i} J(\theta) \qquad (11-11)$$

$$\frac{\partial J(\theta)}{\partial \theta} = -\sum_{x_i \in M} y_i * x_i \qquad (11-12)$$

化简可得

$$\theta_i = \theta_i - \alpha y_j x_j \qquad (11-13)$$

至此,运用式(11-13),经过反复迭代计算即可求解得到分类误差最小时对应的 θ 值。

3. 感知器特点

单层感知器只能解决线性可分问题,而大量的分类问题是线性不可分的,克服单层感知器的局限性的一个有效的办法是在输入层和输出层之间引入隐层作为输入模式的"内部表示",将单层感知器变成多层感知器,可以有效地解决"异或"问题。含有隐层的多层感知器大大提高了网络的分类能力,但长期以来没有提出解决权值调整问题的有效算法。直至 1986 年,鲁梅尔哈特(Rumelhart)和麦克莱兰(McCeland)领导的科学小组在 *Parallel Distributed Processing* 一书中对具有非线性连续转移函数的多层感知器的误差反向传播算法进行了详细分析。此后多层感知器多采用误差反向传播算法,人们习惯上称多层感知器为 BP 网络或者全连接网络。

11.3.2 BP 神经网络算法

1. BP 神经网络描述

BP(back propagation network)神经网络是一种多层神经网络的"逆推"学习算法,每一层都由若干个神经元组成,它的左、右各层之间各个神经元实现全连接,但层间的神经元之间没有连接。BP 的基本思想是:学习过程由信号的正向传播与误差的反向传播两个过程组成。正向传播时,输入样本从输入层传入,经各隐层逐层处理后传向输出层,若输出层的实际输出与期望输出不符,则转向误差的反向传播阶段。误差的反向传播是将输出误差以某种形式通过隐层向输入层逐层反传,并将误差分摊给各层的所有单元,从而获得各层单元的误差信号,此信号作为修正各单元权值的依据。这种信号正向传播与误差反向传播的各层权值调整过程是周而复始地进行的。权值不断调整的过程就是网络学习训练的过程。此过程一直进行到网络输出的误差减小到可以接受的程度,或进行到预先设定的学习次数为止。

2. BP 神经网络训练

如图 11-7 所示是三层 BP 神经网络的典型结构图,它由输入层、隐含层和输出层组成。假设输入层的节点个数为 n,隐含层的节点个数为 l,输出层的节点个数为 m,输入层到隐含层的权重为 ω_{ij},隐含层到输出层的权重为 ω_{jk},输入层到隐含层的偏置为 a_j,隐含层到输出层的偏置为 b_k,学习速率为 η,激活函数为 $g(x)$。激活函数一般取 sigmoid 函数,其形式如下

$$g(x) = \frac{1}{1 + e^{-x}} \tag{11-14}$$

因此,BP 网络的隐含层输出为

$$H_j = g\left(\sum_{i=1}^{n} \omega_{ij} x_i + a_j\right) \tag{11-15}$$

输出层的输出为

$$O_k = \sum_{j=1}^{l} \omega_{jk} H_j + b_k) \tag{11-16}$$

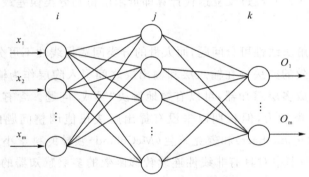

图 11-7 三层 BP 神经网络典型结构图

当网络输出与期望不等时,存在输出误差 E,定义如下:

$$E = \frac{1}{2} \sum_{k=1}^{m} (Y_k - O_k)^2 \tag{11-17}$$

式中,Y_k 为期望输出。

在 BP 神经网络中,信号是前向传播的,误差是反向传播的。在利用反向传播算法进行训练的过程中,令 $e_k = Y_k - O_k$,权值的更新方式如下

$$\omega_{ij} = \omega_{ij} + \eta H_j (1 - H_j) x_i \sum_{k=1}^{m} \omega_{jk} e_k \tag{11-18}$$

$$\omega_{jk} = \omega_{jk} + \eta H_j e_k \tag{11-19}$$

同时,偏置的更新方式为

$$a_j = a_j + \eta H_j (1 - H_j) \sum_{k=1}^{m} \omega_{jk} e_k \tag{11-20}$$

$$b_k = b_k + \eta e_k \tag{11-21}$$

由以上式子可以看出,网络输出误差 E 可以通过调整权值得到不断减小,因此应使权值的调整量与误差的梯度下降成正比。当误差 E 达到预先设置的较小值或训练历经总迭代次数时,可以认为 BP 网络的训练过程结束。

从上述 BP 网络的定义和训练过程来看,其具有以下三个特点:

1)非线性映射能力

BP 网络能学习和存储大量输入/输出模式映射关系,而无需事先了解描述这种映射关系的数学方程。只要能提供足够多的样本模式供 BP 网络进行学习训练,它便能完成由 n 维输入空间到 m 维输出空间的非线性映射。

2)泛化能力

BP 网络训练后将所提取的样本中的非线性映射关系存储在权值矩阵中,在其后的工作阶段,当向网络输入训练中未曾见过的非线性数据时,网络也能完成由输入空间向输出空间的正确映射。

3)容错能力

BP 网络的魅力还在于允许输入样本中带有较大的误差甚至个别错误。因为对权矩阵的调整过程也是从大量的样本对中提取统计特征性的过程,反映正确规律的知识来自全体样本,个别样本中的误差不能左右对权矩阵的调整。

3. BP 与感知器对比

BP 神经网络和感知器之间关系密切,感知器是神经网络的最初形式,从结构上讲二者大同小异,同时,由于激活函数的不同,二者也存在一些不同,现将 BP 神经网络和感知器的异同总结如下:

(1)多层感知器就是指结构上多层的感知器模型递接连成的前向型网络;

(2)感知器(multilayer perceptron,MLP)是一种前馈人工神经网络模型,其将输入的多个数据集映射到单一的输出的数据集上,可以解决任何线性可分问题;

(3)BP 神经网络指用了"BP 算法"进行训练的"多层感知器模型"。

11.3.3　RBF 神经网络算法

1. RBF 神经网络描述

1985 年,鲍威尔(Powell)提出了多变量值的径向基函数(radial basis function,RBF)方法。1988 年,布罗姆黑德(Broomhead)和洛维(Lowe)首先将 RBF 应用于神经网络设计,构成了径向基函数神经网络,即 RBF 神经网络。RBF 网络是一种具有单隐层的三层前馈网络。它模拟了人脑中局部调整、相互覆盖接收域的神经网络结构,因此,RBF 网络是一种局部逼近网络,能够以任意精度逼近任意函数,被广泛应用于非线性函数逼近、时间序列分析、模式识别、信号处理、系统建模、控制和故障诊断等领域。

最基本的 RBF 神经网络的构成包括 3 层,其中每一层都有着完全不同的作用。输入层由一些感知单元组成,它们将网络与外界环境连接起来;第二层是网络中仅有的一个隐层,它的作用是从输入空间到隐层空间之间进行非线性变换,在大多数情况下,隐层空间有较高的维数;输出层是线性的,它为作用于输入层的激活模式提供响应。如图 11-8 所示是 RBF 神经网络结构。

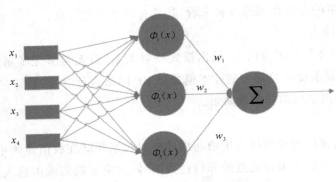

图 11-8 RBF 神经网络

设输入 n 维向量 X,输出 m 维向量 Y,输入/输出样本对长度为 L,则 RBF 网络隐层第 i 个节点的输出为

$$q_i = R(\|X - c_i\|) \qquad (11-22)$$

式中,c_i 为第 i 个隐节点的中心;$\|\cdot\|$ 为欧式范数;$R(\cdot)$ 为 RBF 函数,具有局部感受的特性。RBF 函数具有多种形式,体现了 RBF 网络的非线性映射能力。

网络输出层第 k 个节点的输出为隐节点输出的线性组合,如下

$$y_k = \sum_i \omega_{ki} q_i - \theta_k \qquad (11-23)$$

式中,ω_{ki} 为 q_i 到 y_k 的连接权;θ_k 为第 k 个输出节点的阈值。

2. RBF 神经网络与 BP 神经网络对比

一般来说,RBF 网络具有以下特点:

(1)RBF 神经网络与 BP 神经网络主要的不同点是在非线性映射上采用了不同的作用函数,分别为径向基函数和 S 型函数。前者的作用函数是局部的,后者的作用函数是全局的。

(2)已证明 RBF 网络具有唯一最佳逼近的特征,且无局部极小。

(3)求 RBF 网络隐节点的中心和标准参数是个困难的问题。

(4)径向基函数即径向对称函数有很多种。对于一组样本,如何选择合适的径向基函数、如何确定隐节点数以使网络学习达到要求的精度,目前仍待解决。

(5)RBF 网络用于非线性系统识别与控制,虽具有唯一最佳逼近的特征以及无局部极小的优点,但隐节点的中心难求,这是该网络难以广泛应用的原因。

RBF 神经网络与 BP 神经网络都是非线性多层前向网络,它们都是通用逼近器。对于任一个 BP 神经网络,总存在一个 RBF 神经网络可以代替它,反之亦然。但是这两个网络也存在着很多不同点,这里从网络结构、训练算法、网络资源的利用及逼近性能等方面对 RBF 神经网络和 BP 神经网络进行比较研究。

1）从网络结构上看

BP 神经网络实行权连接，而 RBF 神经网络输入层到隐层单元之间为直接连接，隐层到输出层实行权连接。BP 神经网络隐层单元的转移函数一般选择非线性函数（如反正切函数），RBF 神经网络隐层单元的转移函数是关于中心对称的 RBF。BP 神经网络是三层或三层以上的静态前馈神经网络，其隐层和隐层节点数不容易确定，没有普遍适用的规律可循，一旦网络的结构确定下来，在训练阶段网络结构将不再变化；RBF 神经网络是三层静态前馈神经网络，隐层单元数也就是网络的结构可以根据研究的具体问题在训练阶段自适应地调整。

2）从训练算法上看

BP 神经网络需要确定的参数是连接权值和阈值，主要的训练算法为 BP 算法和改进的 BP 算法。但 BP 算法存在许多不足，主要表现为易限于局部极小值，学习过程收敛速度慢，隐层和隐层节点数难以确定。更重要的是，一个新的 BP 神经网络能否经过训练达到收敛还与训练样本的容量、选择的算法及事先确定的网络结构（输入节点、隐层节点、输出节点及输出节点的传递函数）、期望误差和训练步数有很大的关系。RBF 神经网络的训练算法在前面已做了论述，目前很多 RBF 神经网络的训练算法支持在线和离线训练，可以动态确定网络结构和隐层单元的数据中心和扩展常数，学习速度快，比 BP 算法表现出更好的性能。

3）从网络资源的利用上看

RBF 神经网络原理、结构和学习算法的特殊性决定了其隐层单元的分配可以根据训练样本的容量、类别和分布来决定。如采用最近邻聚类方式训练网络，网络隐层单元的分配就仅与训练样本的分布及隐层单元的宽度有关，与执行的任务无关。在隐层单元分配的基础上，输入与输出之间的映射关系通过调整隐层单元和输出单元之间的权值来实现，这样，不同的任务之间的影响就比较小，网络资源就可以得到充分利用。这一点和 BP 神经网络完全不同，BP 神经网络权值和阈值的确定由每个任务（输出节点）均方差的总和直接决定，这样，训练的网络只能是不同任务的折中，对于某个任务来说，就无法达到最佳的效果。而 RBF 神经网络则可以使每个任务之间的影响降到较低的水平，从而使每个任务都能达到较好的效果，这种并行的多任务系统会使 RBF 神经网络的应用越来越广泛。

总之，RBF 神经网络可以根据具体问题确定相应的网络拓扑结构，具有自学习、自组织、自适应功能，它对非线性连续函数具有一致逼近性，学习速度快，可以进行大范围的数据融合，可以并行高速地处理数据。RBF 神经网络的优良特性使其显示出比 BP 神经网络更强的生命力，正在越来越多的领域内替代 BP 神经网络。目前，RBF 神经网络已经成功地用于非线性函数逼近、时间序列分析、数据分类、模式识别、信息处理、图像处理、系统建模、控制和故障诊断等领域。

11.4　编程实现

人工神经网络的实现通常包括数据准备与预处理、设计模型、训练模型、保存模型、使用模型、输出结果几个基本过程,如图 11-9 所示。BP 神经网络的编程过程主要分为两个阶段,第一阶段是信号的前向传播,从输入层经过隐含层,最后到达输出层;第二阶段是误差的反向传播,从输出层到隐含层,最后到输入层,依次调节隐含层到输出层的权重和偏置,输入层到隐含层的权重和偏置。可以使用 MATLAB 或 python 等编程语言来实现 BP 神经网络。MATLAB 中 BP 神经网络主要用到的函数有 newff、sim、train。newff 的函数功能是构建一个 BP 神经网络,train 的函数功能是用训练数据训练 BP 神经网络,sim 的函数功能是用训练好的 BP 神经网络预测函数输出。MATLAB 中 RBP 神经网络主要用到的函数有 newrb、newrbe、radbas。newrb 可以用来设计一个近似径向基网络,newrbe 用于设计一个精确径向基网络,radbas 为径向基传递函数。在 python 中可以使用 scikit-learn 库中的 MLPRegressor 或 MLPClassifier 类来实现 BP 神经网络。

图 11-9　人工神经网络实现基本过程

11.5　应用案例

11.5.1　车牌识别

随着我国经济的快速发展,人民生活水平的不断提高,汽车越来越多,对交通控制、安全管理的要求也日益提高,智能交通管理(intelligence transportation system,ITS)已成为当前交通管理发展的主要方向。如图 11-10 所示,车牌识别技术作为智能交通系统的核心,起着举足轻重的作用。利用该技术可以实现对车辆的自动登记、验证、监视和报警,高速公路收费,对停车场进行管理,特殊场所车辆的出入许可等。

图 11-10　现实生活中的车牌识别应用

汽车牌照自动识别系统应用图像处理技术、模式识别技术和神经网络技术，从复杂背景中准确提取、识别出汽车牌照。自动车牌识别技术是解决交通管理问题的重要手段，是计算机图像处理技术和模式识别技术在智能交通领域的典型应用。由于神经网络具有良好的自学习和自适应能力，同时有很强的分类能力、容错能力和鲁棒性，可以实现输入到输出的非线性映射，可在有干扰的情况下对字符实现分类识别，能够提高车牌字符识别速度和识别正确率等问题，故被广泛地用于汽车牌照识别。本章设计使用 BP 神经网络运用 MATLAB 仿真，对车牌字符进行识别，流程如图 11-11 所示。

图 11-11　车牌识别流程

1. 车牌图像采集

通过安装在过道路口或者车辆出入通道的摄像机实时捕捉车辆视频图像，并传输到计算机上以便于实时处理。车牌采集结果如图 11-12 所示。

图 11-12　车牌采集

2. 图像预采集

汽车牌照中的字符主要由有限汉字、字母和数字组成，采用固定的印刷体格式。由于图像上字符光照不均、车牌本身污损、汽车行驶速度较快、牌照颜色类型较多、拍摄角度及地况等主客观原因会使车牌字符发生畸变，从而造成识别上的困难。为提高牌照的字符识别率，必须进行预处理，以便得到较为清晰的待识别的单个字符。这些预处理包括灰度变换、边缘检测、腐蚀、填充、形态滤波处理等。预处理结果如图 11-13 所示。

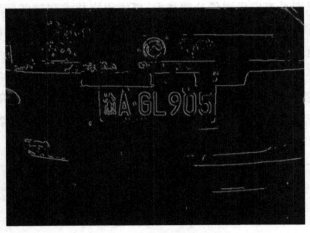

图 11 - 13　车牌预处理图像

3. 图像定位裁剪

车牌定位方法的出发点是利用车牌区域的特征来判断牌照,将车牌区域从整幅车辆图像中分割出来。在车牌识别中,定位的成功与否以及定位的准确程度将会直接决定后期能否进行车牌识别以及识别的准确度。本章采用基于边缘检测的方法对车牌进行定位,所谓"边缘"就是指其周围像素灰度有阶跃变化的那些像素的集合。"边缘"的两侧分属于两个区域,每个区域的灰度均匀一致,而这两个区域的灰度在特征上存在一定差异。这里采用基于Roberts 边缘算子的边缘检测的方法,精确定位边缘和抑制噪声,裁剪得到所需的车牌号区域。车牌定位裁剪结果如图 11 - 14 所示。

图 11 - 14　车牌预处理图像

4. 图像定位裁剪

字符的分割是指将车牌区域分割成若干个单个的字符区域,把单个有意义的字符从字符串中提取出来,作为独立的字符图像。字符分割的成功与否直接影响到单字的识别效果,如果分割出的字符出现了断裂、黏连,则系统难以识别。本次设计中采用的是垂直投影字符分割方法,即先将图像二值化,然后进行水平倾斜以及竖直倾斜校正,去除一些噪声,再将车牌像素灰度值按垂直方向累加,即所谓的垂直投影。由于字符块的垂直投影必然在字符间距或字符内的间隙处取得局部最小值,所以分割位置应该在局部最小值处。此方法简单易行,程序设计简单,便于设计和操作,因此较常用。定位裁剪结果如图 11 - 15 和图 11 - 16所示。

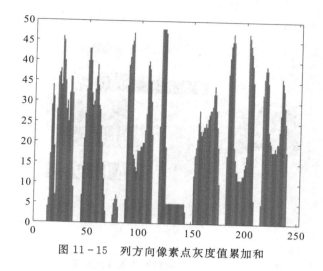

图 11－15　列方向像素点灰度值累加和

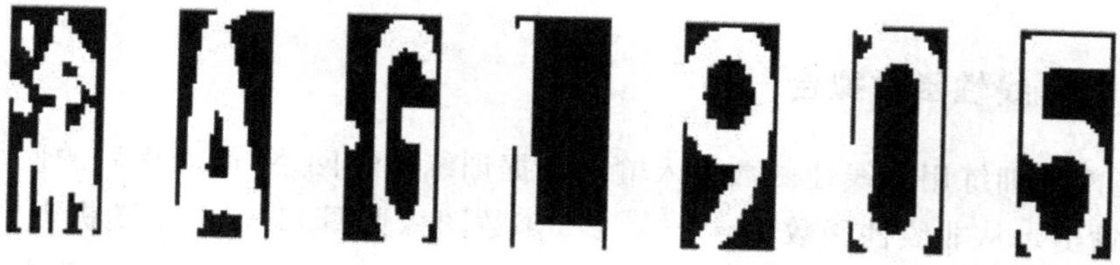

图 11－16　车牌字符分割结果

5. 车牌识别

BP 神经网络学习是典型的有导师学习，其训练主要是利用误差反向传播算法，不断修正网络权值矩阵。因为我国一般的车牌均由汉字、英文字母和数字组成，根据车牌字符的上述特点，在用 BP 神经网络进行训练和识别时，所选用的样本需包括字符的这些特点。由于待识别车牌图像有限，所得到的车牌字符不是很全，这里为简化起见，只对省份渝、京、粤，数字 0～9 和字母 A、B、C、G、L、M、N、P、R、S、Y 这几个字符进行训练。

本章采用两个神经网络进行识别，一个用来识别省份，一个用来识别数字和字母。本例在 MATLAB 计算平台中通过以下代码构建两个 BP 神经网络，隐含层节点个数分别为 100 和 10，节点传递函数为 tansig，训练函数为 trainrp。使用上述方法处理训练图集中每一张图像，并记录每张图像对应的标签（数字大小），得到神经网络的输入和输出，经训练后得到模型。本例通过 MATLAB 设计了一个车牌识别 GUI 界面。界面上的文件选择按钮为载入图像（读取待测试的车牌图像）。神经网络已提前训练好，在读入图像前已加载到程序中。读入图像后，在右上角显示原图片，右下角显示裁剪后的车牌图像，然后自动进行特征提取，输入到已有网络中，识别结果会由弹出界面显示。本章将待识别图像载入到程序中进行识别，识别结果为渝 AGL905，识别结果如图 11－17 所示，识别结果准确。

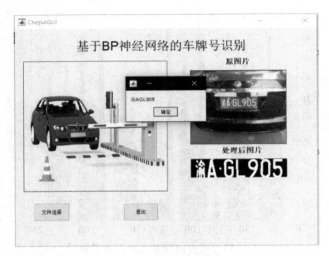

图 11 - 17　基于 BP 神经网络的车牌识别结果

11.5.2　非线性函数拟合

BP 神经网络训练用非线性函数输入输出数据训练神经网络,使训练后的网络能够预测非线性函数输出。从非线性函数 $y = x_1^2 + x_2^2$(函数图像见图 11 - 18)中随机得到 2000 组输入输出数据,从中随机选择 1900 组作为训练数据,100 组作为测试数据,用于测试网络的拟合性能。神经网络预测用训练好的网络预测函数输出,并对预测结果进行分析。

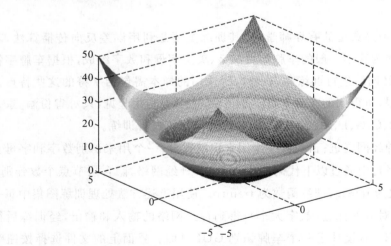

图 11 - 18　非线性函数图像(彩图扫描前言二维码)

本例使用 MATLAB 的 newff 函数创建了含一个隐含层和一个输出层的 BP 神经网络,其中隐含层具有 5 个节点,输出层节点数由输出矩阵决定,具有 1 个节点。其中隐含层和输出层的节点传递函数分别采用默认的正切 S 型函数 tansig 和纯线性函数 purelin,训练函数采用的是默认的动量反传的梯度下降 BP 算法训练函数 traingdm,学习函数采用的也是默认的 BP 学习规则 learngd。创建神经网络之后,设置训练参数。本例将神经网络的最大迭代次数设置为 100 次,学习率设置为 0.1,训练目标(默认为均方误差)设置为 0.00004,然后用 train 函数进行神经网络的训练。

从图 11 - 19 和图 11 - 20 中可以看出,100 组测试样本预测输出与期望输出之间几乎完全重合,绝对误差基本分布在(-0.2,0.2)之间。从图 11 - 21 可以看到,个别的相对误差会比较大,这是由于因为这些样本的期望输出本身非常小,但总体来说相对误差基本在±5%以内。所以用 BP 神经网络进行非线性函数的拟合还是可以取得非常不错的效果。但是,上述的前提是必须用于预测或者测试的输入的取值范围是训练样本输入的取值范围的子集或者二者差别不是很大,否则预测结果的误差会比较大。

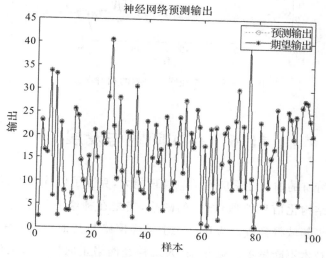

图 11 - 19　神经网络的期望输出与预测输出

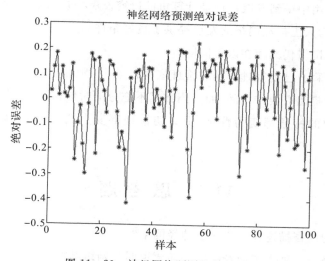

图 11 - 20　神经网络预测的绝对误差

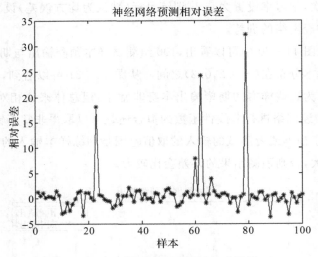

图 11-21　神经网络预测的相对误差

11.6　存在问题与发展

人工神经网络特有的非线性适应性信息处理能力,克服了传统人工智能方法在直觉(如模式、语音识别、非结构化信息处理)方面的缺陷,使之在神经专家系统、模式识别、智能控制、组合优化、预测等领域得到成功应用。人工神经网络与其他传统方法相结合,将推动人工智能和信息处理技术不断发展。近年来,人工神经网络正向模拟人类认知的道路上更加深入发展,与模糊系统、遗传算法、进化机制等结合,形成计算智能,成为人工智能的一个重要方向,将在实际应用中得到发展。神经计算机的研究发展很快,已有产品进入市场。光电结合的神经计算机为人工神经网络的发展提供了良好条件。

但是,人工神经网络仍然存在以下问题:

(1)没能力来解释自己的推理过程和推理依据;

(2)不能向用户提出必要的询问,而且当数据不充分的时候,神经网络就无法进行工作;

(3)把一切问题的特征都变为数字,把一切推理都变为数值计算,其结果势必是丢失信息。

11.7　思　考　题

(1)请用自己的语言描述什么是人工神经网络?

(2)请列举出至少三种人工神经网络并简要说明其网络结构。

(3)激活函数的作用是对神经元输出的结果进行处理,请列举出至少 3 种传递函数及其表达式?

（4）单层感知器无法解决哪一类问题？并简要说明理由。

（5）请绘制出具有一个输入层、一个输出层、一个隐藏层的 BP 神经网络。其中，输入层神经元数目为 2、输出层神经元数目为 2、隐藏层神经元个数为 3。

（6）BP 神经网络是一种非常经典的人工神经网络，请说明 BP 神经网络中"BP"的含义。

（7）梯度下降算法和后向传播算法都是 BP 神经网络中的重要概念，试分析这两个概念的区别与联系。

（8）简述 BP 神经网络训练过程。

（9）RBF 神经网络常用的径向基函数有哪些？

（10）人工神经网络的优势和劣势分别有哪些？

（11）选择一个具体的问题，采用人工神经网络解决，请简述你的思路。

第 12 章　深度学习

12.1　深度学习概述

12.1.1 深度学习研究背景

随着人们对人工智能领域的不断探索和实践,越来越多的概念涌入了我们的生活,其中,人工智能、机器学习、深度学习这三个概念非常相似,也常常被媒体混用,但其实它们并不难区分,我们可以从时间维度和学科维度两个方面来理解,如图 12-1 所示。

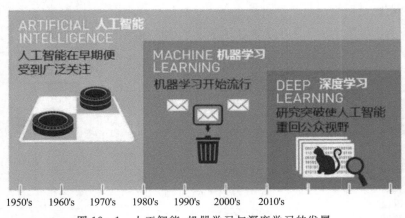

图 12-1　人工智能、机器学习与深度学习的发展

首先,这三个概念诞生于不同的科技水平和时代背景下。20 世纪 50 年代,电子计算机的发明使信息存储和处理方式发生了巨大变化,也让人工智能的出现成为可能。1956 年,被认为是人工智能之父的约翰·麦卡锡(John Mccarthy)组织了一次学会,邀请对机器智能感兴趣的专家前来分享讨论,这次会议之后,该领域就被命名为"人工智能"。20 世纪 80 年代,机器学习开始兴起,此时机器学习已经成为一门边缘学科进入各高校,它综合了应用心理学、生物学数学、神经科学、自动化和计算机科学等多门学科。当时机器学习结合各种学习方法,逐渐形成了行业统一性观点,应用范围也不断扩大,相关学术活动空前活跃。深度学习是基于机器学习延伸出来的领域,以人类大脑结构为启发的神经网络算法为起源,是机器学习中一种基于对数据进行表征学习的方法,可以大致理解为包含多个隐含层的神经网

络。其概念由杰弗里·辛顿(Geoffrey Hinton)等人于 2006 年在 *Science* 上发表的文章提出，最近几年深度学习在研究和应用领域取得了突破性的进展，得到了人们广泛关注。

其次三个概念为依次包含关系，反映出了人类在人工智能领域不断探索和精进的过程。人工智能(artificial intelligence，AI)指用人工的方法在机器上实现的智能，也称机器智能。主要研究领域包括机器感知、机器推理、机器行为、机器学习等等。机器学习(machine learning，ML)是一种实现人工智能的方法，通过算法，使得机器能从大量的历史数据中学习规律，从而对新的样本做智能识别或预测未来。机器学习的应用领域有语音识别、图像识别、自然语言理解等。深度学习(deep learning，DL)是机器学习的分支，是一种试图使用包含复杂结构或由多重非线性变换构成的多个处理层对数据进行高层抽象的算法。深度学习是机器学习中一种基于对数据进行表征学习的算法。

12.1.2　深度学习的发展史

深度学习是一种人工智能技术，它使用多层算法来处理数据，理解人类的语音，用视觉识别物体。深度学习的历史可以追溯到 1943 年，当时沃伦·麦克洛克(Warren McCulloch)和沃尔特·皮茨(Walter Pitts)创建了一个基于人脑神经网络的计算机模型。该模型使用算法和数学的组合，他们称之为"阈值逻辑"来模拟思维过程。如图 10-2 所示，到目前为止，深度学习的发展经历了三个阶段：①20 世纪 40 年代到 60 年代，深度学习的雏形已经出现在控制论中；②20 世纪 80 年代到 90 年代，深度学习表现为联接主义；③直到 2006 年，才真正以深度学习之名发展起来。

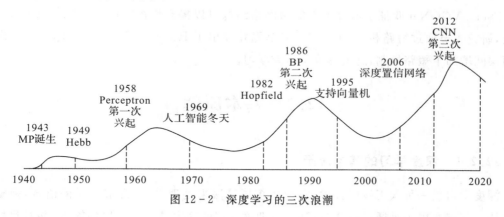

图 12-2　深度学习的三次浪潮

在第一阶段中，麦克洛克和皮茨于 1943 年建立了神经网络的基本数学模型，即 MP 模型。在此基础上，弗兰克·罗森布莱特(Frank Rosenblatt)于 1957 年发明了一种基础的人工神经网络结构，即感知器。作为一种最简单形式的前馈神经网络，感知器可被理解为神经网络中的一个"神经细胞"，其本质是一种二元线性分类器。为了解决实际的问题，多个感知器分层组合而成的多层感知器应运而生。尽管其结构简单，感知器能够学习并解决相当复杂的问题，但它的最大缺点是不能处理线性不可分问题。

在第二阶段中，深度学习在 20 世纪 80 年代的发展主要表现为联结主义。联结主义是在认知科学的背景下出现的,其中心思想是当网络将大量简单的计算单元联结在一起时可以实现智能行为。联结主义期间有几个关键概念,至今仍然很重要。其中一个是分布式表示,其思想是:系统的每一个输入都应该有多个特征表示,并且每一个特征都应该参与到多个可能输入的表示。第二阶段另一个重要成就是反向传播在训练具有内部表示的深度神经网络中的成功使用及反向传播算法的普及。反向传播算法仍是训练深度模型的主导算法。此外,LeNet 是深度学习现代结构设计的开山祖师,它包含了深度学习的基本模块(卷积层、池化层、全连接层),是其他深度学习模型的基础。

在第三阶段中,2006 年,加拿大多伦多大学教授、机器学习领域泰斗、神经网络之父——杰弗里·辛顿(Geoffrey Hinton)和他的学生鲁斯兰·萨拉赫丁诺夫(Ruslan Salakhutdinov)在 Science 上发表了一篇文章,提出了深层网络训练中梯度消失问题的解决方案:先无监督预训练对权值进行初始化,然后有监督训练微调。之后,斯坦福大学、纽约大学、加拿大蒙特利尔大学等都加大力度研究深度学习,至此开启了深度学习在学术界和工业界的浪潮。在众多研究者努力下,随机梯度下降法(stochastic gradient descent,SGD)、Dropout 等网络优化策略被相继提出,尤其是 GPU 并行计算技术解决了深度网络参数多优化时间长的难题后,全世界范围内掀起了研究深度学习的热潮并持续至今。2012 年,辛顿课题组为了证明深度学习的潜力,首次参加 ImageNet 图像识别比赛,其通过构建的卷积神经网络 AlexNet 一举夺得冠军,且碾压第二名的分类性能。也正是由于该比赛,卷积神经网络开始吸引到众多研究者的注意。2015 年,研究人员对 LeNet 进行修改并反复层堆叠 3×3 的小型卷积核和 2×2 的最大池化层,成功构建了 16～19 层深的卷积神经网络,提出了 VGGNet。VGGNet 验证了通过不断加深网络结构可以提升性能。同年,受到 VGGNet 的启发,研究人员通过短路机制加入了残差单元并提出了 ResNet。ResNet 相比于普通网络每两层间增加了短路机制,这就形成了残差学习。

12.2　基本原理

12.2.1　深度学习的基本思想

深度学习是一种人工智能技术,它使用多层算法来处理数据,理解人类的语音,视觉识别物体。其基本思想是通过构建多层网络,即这一层的输出作为下一层的输入,并对目标进行多层表示,以期通过多层的高层次特征来表示数据的抽象语义信息,获得更好的特征鲁棒性。深度学习需要自动地学习特征,假设有一堆输入(如一堆图像或者文本),我们设计了一个多层结构的系统,通过调整系统中参数,使它的输出仍然是输入,那么就可以自动获得输入的一系列层次特征。对于深度学习来说,其思想就是堆叠多个层,即这一层的输出作为下一层的输入。通过这种方式,就可以实现对输入信息进行分级表达。

12.2.2　深度学习的发展驱动力

1. 与日俱增的数据量

与 20 世纪 80 年代研究的浅层神经网络算法几乎一样,尽管这些算法改进后训练的模型经历了变革,同时增加了网络的深度,但最重要的贡献是现在我们有了这些算法所使用的数据集等资源。图 12-3 展示了基准数据量随着时间的推移显著增加。这种趋势是由社会日益数字化驱动的。由于我们的活动越来越多发生在计算机上,我们做了什么也越来越多地被记录。计算机越来越多地联网在一起,变得更容易集中管理这些记录,并将它们整理成适于机器学习应用的数据集。因为统计估计的主要负担(观察少量数据以在新数据上泛化)已经减轻,"大数据"的时代使机器学习更加容易。截至 2016 年,一个粗略的经验法则是,监督深度学习算法一般在每类给定约 5000 标注样本情况下可以实现可接受的性能,当至少有1000 万标注样本的数据集用于训练时将达到或超过人类表现。如何在更小的数据集上成功训练是一个重要的研究领域,为此我们应特别侧重于如何通过无监督或半监督学习充分利用大量的未标注样本。

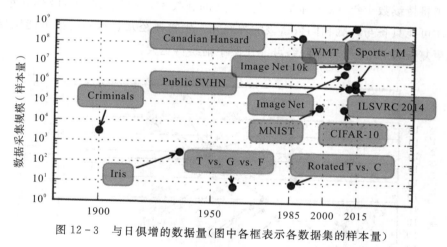

图 12-3　与日俱增的数据量(图中各框表示各数据集的样本量)

2. 与日俱增的模型规模

相较于 20 世纪 80 年代较少的应用,现在神经网络非常成功的另一个重要原因是我们现在拥有的计算资源可以运行更大的模型。联接机制的主要见解之一是,动物的单独神经元或小集合的神经元不是特别有效,但当许多神经元一起工作时会变得聪明。如图 12-4所示,由于生物神经元的联接不会特别密集,几十年来,我们的机器学习模型中每个神经元的连接数量甚至与哺乳动物的大脑在同一数量级。

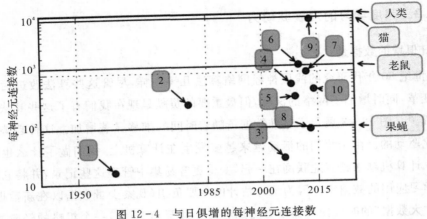

图 12-4 与日俱增的每神经元连接数

如图 12-5 所示,就神经元的总数目而言,直到最近神经网络都很少。自从引入隐藏单元以来,人工神经网络的规模大约每 2.4 年扩大一倍,这种增长是由更大内存、更快的计算机和更多的可用数据集驱动的,较大的网络能够在更复杂的任务中实现更高的精度。这种趋势看起来将持续数十年,除非有允许迅速扩展的新技术,否则直到 21 世纪 50 年代,人工神经网络才可能具备与人脑相同数量级的神经元。生物神经元表示的函数可能比目前的人工神经元更复杂,因此生物神经网络可能比图中描绘得更大。

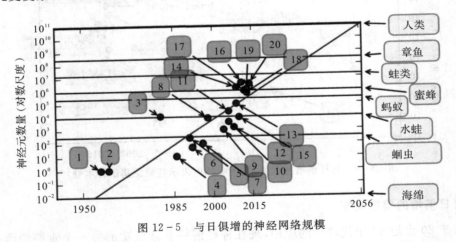

图 12-5 与日俱增的神经网络规模

由于更快的 CPU、通用 GPU 的到来、更快的网络连接和更好的分布式计算的软件基础设施,模型的规模随着时间的推移不断增加是深度学习历史中最重要的趋势之一。

3. 与日俱增的精度、复杂度和现实世界的冲击

20 世纪 80 年代以来,深度学习提供精确识别和预测的能力一直在提高。此外,深度学习持续成功地应用于越来越广泛的领域。

最早的深度模型被用来识别裁剪得很合适且非常小的图像中的单个对象。自那时以来,神经网络可以处理的图像尺寸逐渐增加。现代对象识别网络能处理丰富的高分辨率照片,并且不要求在被识别的对象附近进行裁剪。类似地,最早网络只能识别两种对象(或在某些情况下,识别单一种类的对象的存在与否),而这些现代网络通常识别至少 1000 个不同类别的对象。对象识别中最大的比赛是每年举行的 ImageNet 大型视觉识别挑战。深度学习迅速崛起的一个戏剧性时刻是卷积网络第一次大幅赢得这一挑战,将最高水准前 5 的错误率从 26.1％降到 15.3％,这意味着该卷积网络针对每个图像的可能类别生成一个顺序列表,但 15.3％的测试样例的正确类别不会出现在此列表中的前 5。此后,深度卷积网络一直能在这些比赛中取胜,2015 年,深度学习的进步将这个比赛中前 5 的错误率降到 3.6％,如图 12-6 所示。

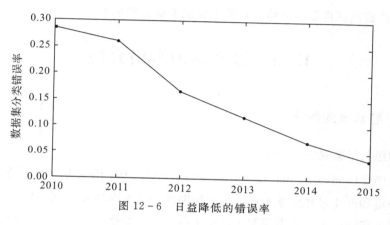

图 12-6 日益降低的错误率

深度学习也对语音识别产生了巨大影响。语音识别在 20 世纪 90 年代提高后,直到约 2000 年都停滞不前。深度学习的引入导致语音识别错误率陡然下降,有些错误率甚至降低了一半。深度网络在行人检测和图像分割中也有引人注目的成功,在交通标志分类上取得了超越人类的表现。

在深度网络的规模和精度有所提高的同时,它们可以解决的任务也日益复杂。古德费洛(Goodfellow)表明,神经网络可以学习输出描述图像的整个字符序列,而不是仅仅识别单个对象。此前人们普遍认为,这种学习需要对序列中的单个元素进行标注。循环神经网络(如之前提到的 LSTM 序列模型)现在用于建模序列和其他序列之间的关系,而不是仅仅固定输入之间的关系。这个序列到序列的学习似乎处于另一个应用演进的浪潮之巅:机器翻译日益复杂的趋势已将其推向逻辑结论,即神经图灵机的引入,它能学习读取存储单元和向存储单元写入任意内容。这样的神经网络可以从期望行为的样例中学习简单的程序,如从杂乱和排好序的样例中学习对一系列数进行排序。这种自我编程技术正处于起步阶段,但原则上未来可以适用于几乎所有的任务。

深度学习的另一个成就是在强化学习领域的扩展。在强化学习的背景下,一个自主体必须通过试错来学习执行任务,而无需人类操作者的任何指导。谷歌的 DeepMind 表明,基于深度学习的强化学习系统能够学会玩雅达利(Atari)视频游戏,并在多种任务中可与人类匹敌。深度学习也显著改善了机器人强化学习的性能。

深度学习也为其他科学做出了贡献,如识别对象的现代卷积网络提供给神经科学家可以研究的视觉处理模型。深度学习也为处理海量数据、在科学领域做出有效的预测提供了非常有用的工具,它已成功地用于预测分子如何相互作用,这能帮助制药公司设计新的药物、搜索的亚原子粒子和自动解析用于构建人脑三维图的显微镜图像。我们期待深度学习未来出现在越来越多的科学领域。

总之,深度学习是机器学习的一种方法,过去几十年的发展中,它深深地吸收了我们关于人脑、统计学与应用数学的知识。近年来,深度学习的普及性和实用性有了极大发展,这在很大程度上得益于更强大的计算机、更大的数据集和能够训练更深网络的技术。未来几年充满了进一步提高深度学习并将它带到新领域的挑战和机遇。

12.3 深度学习网络介绍

12.3.1 卷积神经网络

1.卷积神经网络概述

卷积神经网络(convolutional neural network,CNN)是一种多层的监督学习神经网络。隐含层的卷积层和池化采样层是实现卷积神经网络特征提取功能的核心模块。该网络模型通过采用梯度下降法最小化损失函数对网络中的权重参数逐层反向调节。通过频繁的迭代训练提高网络的精度。卷积神经网络的低隐层由卷积层和最大池采样层交替组成,高层是全连接层对应传统多层感知器的隐含层和逻辑回归分类器。第一个全连接层的输入是由卷积层和子采样层进行特征提取得到的特征图像。最后一层输出层是一个分类器,能够采用逻辑回归、Softmax函数回归甚至是支持向量机对输入图像进行分类。CNN基础的结构是卷积层、池化层,最后为全连接层,所有的卷积神经网络模型都是在此结构上搭建而来。

CNN最大的优势在特征提取方面。由于CNN的特征检测层通过训练数据进行学习,避免了显式的特征抽取,而是隐式地从训练数据中进行学习;再者由于同一特征映射面上的神经元权值相同,所以网络可以并行学习,这也是卷积网络相对于神经元彼此相连网络的一大优势。CNN主要用来识别位移、缩放及其他形式扭曲不变形的二维图形。

CNN最大的特点就是局部感知和参数共享。局部感知野(也叫稀疏连接)这个概念受启发于生物学里的视觉系统结构,视觉皮层的神经元就是局部接受信息的,我们只需要对局部进行感知,然后在更高层将局部的信息综合起来就得到了全局的信息。这种特征提取的过程类似自下而上的方法,一层层接收局部的输入,最后不断聚合。卷积神经网络以其局部权值共享的特殊结构在语音识别和图像处理方面有着独特的优越性,其布局更接近于实际的生物神经网络。权值共享降低了网络的复杂性,特别是多维输入向量的图像可以直接输入网络这一特点避免了特征提取和分类过程中数据重建的复杂度。

2. 卷积神经网络结构

CNN 网络的主要组成部分为卷积层、池化层和全连接层。

1) 卷积层

通常,图像经过卷积层会提取出其输入特征。卷积层的运算由特征提取阶段和特征映射阶段构成。在特征提取阶段,每个神经元的输入与前一层的局部接受域相连,使用卷积滤波器做卷积操作,提取出该局部的特征;特征映射阶段就是在特征提取阶段提取出局部特征之后,使用激活函数将其映射成一个归一化的值。

卷积核也叫过滤器 filter,由对应的权值 W 和偏置 b 体现。如图 12-7 所示是 3×3 的卷积核在 5×5 的图像上做卷积的过程。第 i 个隐含单元的输入就是 $W_i x_{small}+b_i$,其中 x_{small} 就是与过滤器 filter 重叠的图片部分。另外图中的步长 stride 为 1,就是每个 filter 每次移动的距离。

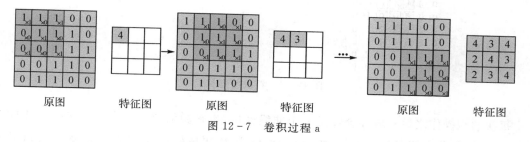

图 12-7　卷积过程 a

卷积特征提取利用了自然图像的统计平稳性,这一部分学习的特征也能用在另一部分上,所以对于这个图像上的所有位置,我们都能使用同样的学习特征。当有多个过滤器(filter 或者卷积核)时,我们就可以学到多个特征,如轮廓、颜色等。多个 filter 的例子如下:

一张图片有 RGB 三个颜色通道,则对应的 filter 也是三维的,图像经过每个 filter 做卷积运算后都会得到对应提取特征的图像,途中两个 filter:W0 和 W1,输出的就是两个图像,这里的步长 stride 为 2(一般就取 2,3),在原图上添加 zero-padding,它是超参数,主要用于控制输出的大小。以图 12-8 的一步卷积操作为例:

与 w0[:,:,0]卷积:$0\times(-1)+0\times0+0\times1+0\times1+0\times0+1\times(-1)+1\times0+1\times(-1)+2\times0=-2$;

与 w0[:,:,1]卷积:$2\times1+1\times(-1)+1\times1=2$;

与 w0[:,:,2]卷积:$1\times(-1)+1\times(-1)=-2$;

最终结果:$-2+2+(-2)+1=-1$(1 为偏置)。

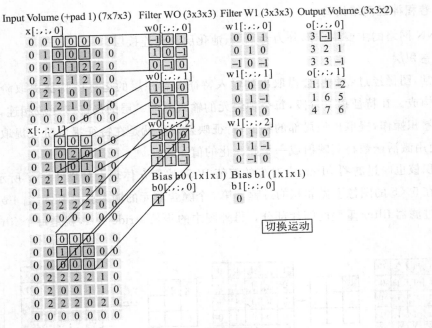

图 12-8 卷积过程 b

每次卷积操作之后一般都会经过一个非线性层,也是激活层。现在一般选择 ReLU 函数。层次越深,相对于其他的函数(如 sigmod、tanh)效果较好,如图 12-9 所示。sigmod 和 tanh 都存在饱和的问题,当 x 轴上的值较大时,对应的梯度几乎为 0,若是利用 BP 反向传播算法,可能造成梯度消失的情况。

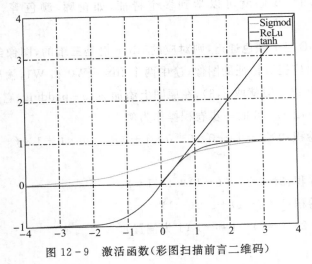

图 12-9 激活函数(彩图扫描前言二维码)

2)池化层

池化(pooling)也叫下采样,池化层即下采样层。在通过卷积层获得了特征之后,利用这些特征去做分类容易过拟合。经过池化层的采样,将高维特征转换成低维特征。一般的采样分为最大采样和平均采样。Pooling 过程是把提取之后的特征看作一个矩阵,并在这个矩阵上划分出几个不重合的区域,然后在每个区域上计算该区域内特征的均值或最大值,再用这些均值或最大值参与后续的训练。Pooling 的好处很明显就是减少参数,pooling 还有平移不变性。Pooling 的方法中 average 方法对背景保留更好,max 对纹理提取更好,深度学习可以进行多次卷积、池化操作。图 12 - 10 是使用最大 pooling 的方法之后的结果。

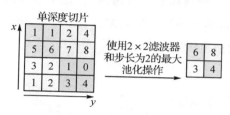

图 12 - 10　最大池化

3)全连接层

全连接层一般放在最后,经过全连接层后得到特征向量,可将这个特征向量用于分类或者检索。全连接层本质上就是一个卷积层,只不过最后得到的是一个向量。当选择的卷积核大小与输入的大小一样大时,经过特征提取和特征映射阶段后。输出大小为 1×1 的区域。这样不同的卷积和卷积经过此层得到的是向量,1×1 的区域值即是向量的一个值。将多次卷积和池化后的图像展开进行全连接,如图 12 - 11 所示。

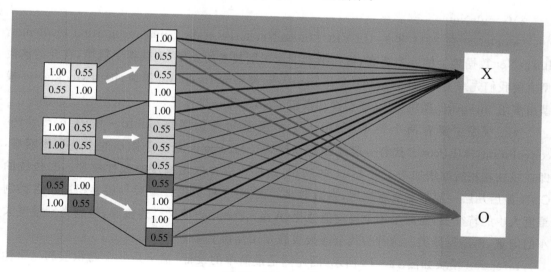

图 12 - 11　全连接

3. 卷积神经网络经典模型

1)AlexNet

如图 12 - 12 所示,AlexNet 首先用一张 $227\times227\times3$ 的图片作为输入,第一层使用了 96 个 11×11 的核函数进行卷积操作,步幅设置为 4。由于步幅设置为 4,所以图片缩小为

55×55,缩小到了约$\frac{1}{4}$。因为核函数数目为 96 个,所以卷积操作完成后变为 $55\times55\times96$,再用一个 3×3 的过滤器构建最大池化层,$f=3$,步幅设置为 2,卷积层缩小为 $27\times27\times96$。接着再执行一个 5×5 的卷积,padding(内边距)之后,输出大小为 $27\times27\times256$。然后再进行最大池化操作,尺寸缩小到 13×13。再执行一次 same 卷积,相同的 padding,得到的结果是 $13\times13\times384$,其中使用了 384 个核函数。再做两次 same 卷积,然后进行最大池化,尺寸缩小到 $6\times6\times256$。$6\times6\times256$ 等于 9216,将其展开为 9216 个单元,然后作为全连接层的输入。最后使用 softmax 函数输出识别的结果。

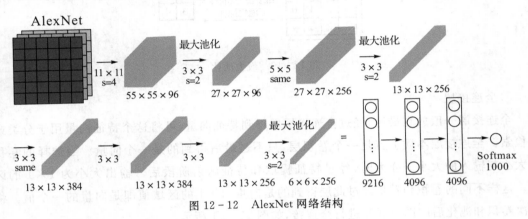

图 12-12　AlexNet 网络结构

2)GoogleNet

GoogleNet 在 2014 年的 ILSVRC(ImageNet large scale visual recognition challenge,ImageNet 数据集上的一个竞赛,旨在推动图像识别技术的发展)上获得了冠军,在介绍该模型之前我们先来了解 NIN(network in network)模型和 Inception 模块,因为 GoogleNet 模型由多组 Inception 模块组成,模型设计借鉴了 NIN 的一些思想。

NIN 模型主要有两个特点:①引入了多层感知卷积网络(multi-layer perceptron convolution, MLPconv)代替一层线性卷积网络。MLPconv 是一个微小的多层卷积网络,即在线性卷积后面增加若干层 1×1 的卷积,这样可以提取出高度非线性特征。②传统的 CNN 最后几层一般都是全连接层,参数较多。而 NIN 模型设计最后一层卷积层包含类别维度大小的特征图,然后采用全局均值池化(Avg-Pooling)替代全连接层,得到类别维度大小的向量,再进行分类。这种替代全连接层的方式有利于减少参数。

Inception 模块如图 12-13 所示,图左侧是最简单的设计,输出是 3 个卷积层和一个池化层的特征拼接。这种设计的缺点是池化层不会改变特征通道数,拼接后会导致特征的通道数较大,经过几层这样的模块堆积后,通道数会越来越大,导致参数和计算量也随之增大。为了改善这个缺点,图右侧引入 3 个 1×1 卷积层进行降维。所谓降维就是减少通道数,同时如 NIN 模型中提到的 1×1 卷积也可以修正线性特征。

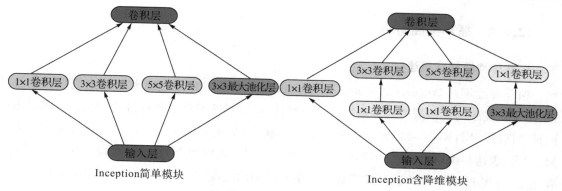

图 12-13　Inceptiont 模块

GoogleNet 由多组 Inception 模块堆积而成。另外,在网络最后也没有采用传统的多层全连接层,而是像 NIN 网络一样采用了均值池化层;但与 NIN 不同的是,池化层后面接了一层到类别数映射的全连接层。除了这两个特点之外,由于网络中间层特征也很有判别性,GoogleNet 在中间层添加了两个辅助分类器,在后向传播中增强梯度并且增强正则化,而整个网络的损失函数是这三个分类器的损失加权求和。

3)ResNet

ResNet(residual network)是 2015 年 ImageNet 图像分类、图像物体定位和图像物体检测比赛的冠军。针对训练卷积神经网络时加深网络导致准确度下降的问题,ResNet 提出了采用残差学习。在已有设计思路(批归一化、小卷积核、全卷积网络)的基础上,引入了残差模块。每个残差模块包含两条路径,其中一条路径是输入特征的直连通路,另一条路径对该特征做两到三次卷积操作得到该特征的残差,最后再将两条路径上的特征相加。

残差模块如图 12-14 所示,左边是基本模块连接方式,由两个输出通道数相同的 3×3 卷积组成。右边是瓶颈模块(bottleneck)连接方式,之所以称为瓶颈,是因为上面的 1×1 卷积用来降维(见图 2-14(b))示例即 256 维至 64 维),下面的 1×1 卷积用来升维(图 2-14(b)示例即 64 维至 2 维 56),这样中间 3×3 卷积的输入和输出通道数都较小(图 2-14(b)中示例即 64 维至 64 维)。

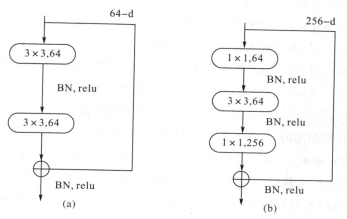

图 12-14　Inceptiont 模块

12.3.2 循环神经网络

1.循环神经网络概述

循环神经网络（recurrent neural networks，RNN）是一种通过隐藏层节点周期性的连接，用来捕捉序列化数据中动态信息的神经网络，可以对序列化的数据进行分类。和其他前向神经网络不同，RNN可以保存一种上下文的状态，甚至能够在任意长的上下文窗口中存储、学习、表达相关信息，而且不再局限于传统神经网络在空间上的边界，可以在时间序列上有延拓，直观上讲，就是本时刻的隐藏层和下一时刻的隐藏层之间的节点间有连接（RNN结构实例见图12-15）。RNN广泛应用在和序列有关的场景，如一帧帧图像组成的视频、一个个片段组成的音频、一个个词汇组成的句子等。

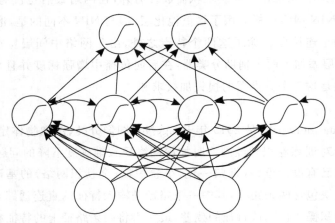

图 12-15 RNN结构实例

从多层网络出发到循环网络，我们需要利用20世纪80年代机器学习和统计模型早期思想的优点：在模型的不同部分共享参数。参数共享使得模型能够扩展到不同形式的样本（这里指不同长度的样本）并进行泛化。如果在每个时间点都有一个单独的参数，我们不但不能泛化到训练时没有见过序列长度，也不能在时间上共享不同序列长度和不同位置的统计强度。当信息的特定部分会在序列内多个位置出现时，这样的共享尤为重要。例如，考虑两句话："I went to Nepal in 2009"和"In 2009，I went to Nepal"，如果我们让一个机器学习模型读取这两个句子，并提取叙述者去Nepal的年份，无论"2009年"是作为句子的第六个单词还是第二个单词出现，我们都希望模型能认出"2009年"作为相关资料片段。假设我们要训练一个处理固定长度句子的前馈网络，传统的全连接前馈网络会给每个输入特征分配一个单独的参数，所以需要分别学习句子每个位置的所有语言规则。相比之下，循环神经网络在几个时间步内共享相同的权重，不需要分别学习句子每个位置的所有语言规则。

但是RNN有一些缺点，如难以训练、参数较多。近些年来关于网络结构、优化手段和并行计算的深入研究使得大规模学习算法成为可能，尤其是长短期记忆网络（long short-term memory，LSTM）与门控循环单元（gated recurrent unit，GRU）算法的成熟，使得图像标注、手写识别、机器翻译等应用取得了突破性进展。

2. 循环神经网络结构

RNN 假设输入的样本是基于序列的, 比如是从序列索引 1 到序列索引 τ。对于这其中的任意序列索引 t, 它对应的输入是对应的样本序列中的 $x^{(t)}$。而模型在序列索引号 t 位置的隐藏状态 $h^{(t)}$ 则由 $x^{(t)}$ 和在 $t-1$ 位置的隐藏状态 $h^{(t-1)}$ 共同决定。在任意序列索引号 t, 我们也有对应的模型预测输出 $o^{(t)}$。通过预测输出 $o^{(t)}$ 和训练序列真实输出 $y^{(t)}$ 及损失函数 $L^{(t)}$, 我们就可以训练模型, 接着用来预测测试序列中的一些位置的输出。

损失 $L^{(t)}$ 可衡量每个输出 o 与相应的训练目标 y 的距离。当使用 softmax 输出时, 我们假设输出 o 是未归一化的对数概率。损失 $L^{(t)}$ 内部计算 $y' = \mathrm{softmax}(o)$, 并将其与目标 y 比较。RNN 输入到隐藏的连接由权重矩阵 U 参数化, 隐藏到隐藏的循环连接由权重矩阵 W 参数化以及隐藏到输出的连接由权重矩阵 V 参数化。左边是使用循环连接绘制的 RNN 和它的损失; 右边是同一网络被视为展开的计算图, 其中每个节点现在与一个特定的时间实例相关联。

循环神经网络在结构上有多种不同的模式: 每个时间步都有输出, 并且隐藏单元之间有循环连接的循环网络, 如图 $12-16$ 所示。每个时间步都产生一个输出, 只有当前时刻的输出到下个时刻的隐藏单元之间有循环连接的循环网络, 如图 $12-17$ 所示。隐藏单元之间存在循环连接, 但读取整个序列后产生单个输出的循环网络, 如图 $12-18$ 所示。

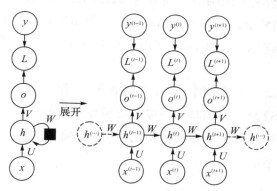

图 $12-16$ 自环 RNN

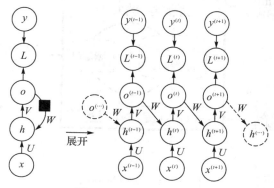

图 $12-17$ Elman RNN

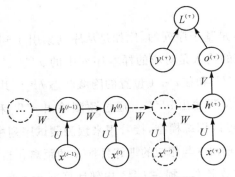

图 12-18　单个输出的 RNN

3. 循环神经网络经典模型

LSTM 最早由塞普·霍赫赖特(Sepp Hochreiter)和于尔根·施密德胡贝尔(Jürgen Schmidhuber)于 1997 年提出,并在近期被亚历克斯·格雷夫斯(Alex Graves)进行了改良和推广,它是一种特定形式的 RNN,即门控 RNN。LSTM 模型的核心贡献是引入自循环的巧妙构思,以产生梯度长时间持续流动的路径,其中一个关键扩展是使自循环的权重视上下文而定,而不是固定的。门控此自循环(由另一个隐藏单元控制)的权重,累积的时间尺度可以动态地改变。在这种情况下,即使是具有固定参数的 LSTM,累积的时间尺度也可以因输入序列而改变,因为时间常数是模型本身的输出。门控 RNN 想法基于生成通过时间的路径,其中导数既不消失也不发生爆炸,解决了由于长期依赖问题而导致的 RNN 梯度消失和梯度爆炸的问题。

如图 12-19 所示,LSTM 循环网络除了外部的 RNN 循环外,还具有内部的"LSTM 细胞"循环(自环),因此 LSTM 不是简单地向输入和循环单元的仿射变换之后施加一个逐元素的非线性。与普通的循环网络类似,每个单元有相同的输入和输出,但有更多的参数和控制信息流动的门控单元系统。

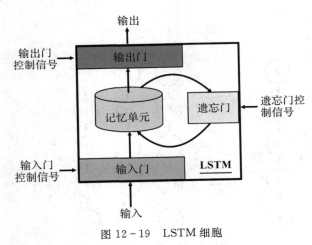

图 12-19　LSTM 细胞

这里使用常规的人工神经元计算输入特征,如果输入门允许,它的值可以累加到记忆单元。记忆单元具有线性自循环,其权重由遗忘门控制,记忆单元的输出可以被输出门关闭。所有门控单元都具有 sigmoid 非线性,而输入单元可具有任意的压缩非线性。其工作原理如图 12-20 所示。其中输入门、遗忘门、输出门的激活函数为 sigmoid 函数,获得一个 0 到 1 之间的值。记忆单元中值的更新方式如下

$$c' = g(z)f(z_i) + cf(z_f) \tag{12-1}$$

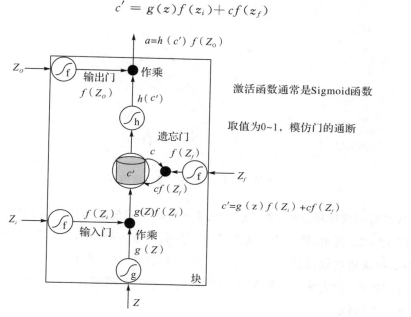

图 12-20　LSTM 单元步工作原理图

12.3.3　深度置信网络

1. 玻尔兹曼机及其变体模型

杰弗里·辛顿和特里·谢泽诺斯基(Terry Sejnowski)于 1983—1986 年提出了一种叫玻尔兹曼机的神经网络,是一种随机递归神经网络。在这种网络中神经元只有两种输出状态,即单极性二进制的 0 或 1。状态的取值根据概率统计法则决定,由于这种概率统计法则的表达形式与著名统计力学家玻尔兹曼(L. Boltzmann)提出的玻尔兹曼分布类似,故将这种网络取名玻尔兹曼机(Boltzmann machine,BM)。玻尔兹曼分布阐述,当有保守外力(如重力场、电场等)作用时,气体分子的空间位置就不再均匀分布了,不同位置处分子数密度不同。如果以神经网络为出发点去阐述玻尔兹曼分布,可以理解为由于不可忽略的权值的影响,神经网络的输出状态不可能始终呈现一定的概率分布,因权值改变,会使得输出值呈现无规则的概率分布。为什么用这个法则对输出进行取值?因为变化的权值产生大量不同的输出样本,通过提供大量的样本,给寻找最优解提供了庞大的基础。

BM 是由随机神经元全连接组成的反馈神经网络,且对称连接,无自反馈,包含一个可见层和一个隐层,如图 12-21 所示。

BM 具有很强大的无监督学习能力,能够学习数据中复杂的规则,代价是训练(学习)时间很长。此外,不仅难以准确计算 BM 所表示的分布,要得到服从 BM 所表示分布的随机样本也很困难。于是引入一种受限玻尔兹曼机(restricted Boltzmann machine,RBM)。

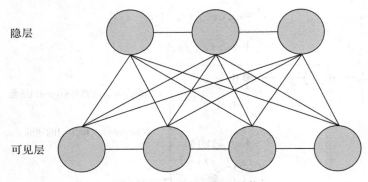

隐层

可见层

图 12-21　玻尔兹曼机结构

正如名字所叫的那样,受限玻尔兹曼机是一种玻尔兹曼机的变体,但限定模型必须为二分图。如图 12-22 所示,模型中包含对应输入参数的输入(可见)单元和对应训练结果的隐单元,图中的每条边必须连接一个可见单元和一个隐单元(与此相对,"无限制"玻尔兹曼机包含隐单元间的边,使之成为递归神经网络),这一限定使得相比于一般玻尔兹曼机更高效的训练算法成为可能。

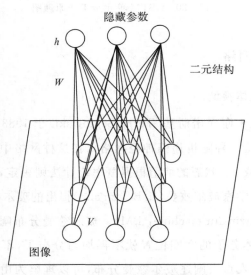

隐藏参数

h

W

二元结构

V

图像

图 12-22　受限玻尔兹曼机结构

在 RBM 中,任意两个相连的神经元之间有一个权值 W 表示其连接强度,每个神经元自身有一个偏置系数 b(对显层神经元)和 c(对隐层神经元)来表示其自身权重。限制玻尔兹

曼机的基本构造如下

$$E(v,h) = -\sum_{i=1}^{N_v} b_i\, v_i - \sum_{j=1}^{N_h} c_j\, h_j - \sum_{i,j=1}^{N_v,\,N_h} W_{ij} v_i h_i \tag{12-2}$$

$$P(h_j \mid v) = \delta(b_j + \sum_i w_{i,j} x_i) \tag{12-3}$$

$$P(v_i \mid v) = \delta(c_j + \sum_j w_{i,j} h_j) \tag{12-4}$$

$$P(h \mid v) = \prod_{i=1}^{N_v} P(v_i \mid h) \tag{12-5}$$

$$P(v \mid h) = \prod_{i=1}^{N_v} P(v_i \mid h) \tag{12-6}$$

如果把 RBM 隐藏层的层数增加,可以得到深度玻尔兹曼机(deep Boltzmann machine, DBM)。深度玻尔兹曼机既具有受限玻尔兹曼机的特征,又是深度信念网络的主要组成结构,可以理解为从受限玻尔兹曼机到深度信念网络的中间过程。如图 12-23 所示,DBN 是由多层 RBM 组成的一个神经网络,它既可以被看作一个生成模型,也可以当作判别模型。

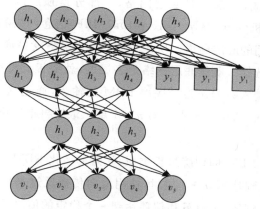

图 12-23　受限玻尔兹曼机结构

2. 深度置信网络

随着机器学习的发展,浅层学习的局限性愈发凸显,浅层模型的局限性表现在对复杂函数的表示能力有限,针对复杂分类问题其泛化能力受到一定制约,比较难解决一些更加复杂的自然信号处理问题,例如人类语音和自然图像等。从感知机诞生到神经网络的发展,再到深度学习的萌芽,深度学习的发展并非一帆风顺。直到 2006 年,杰弗里·辛顿提出深度置信网络(deep belief network, DBN),重新点燃了人工智能领域对于神经网络和深度学习的热情。

深度置信网络的结构可以这样来描述:如果 RBM 是一个原始数据的完美模型,那么高层含义的"数据"将完全由更高层级别的权重矩阵建模而来。然而,一般情况下 RBM 无法再对原始数据进行完美建模,因此我们可能需要更高层次的网络对数据进行建模。DBN 是一个包含多层隐层(隐层数大于2)的概率模型,每一层从前一层的隐含单元捕获高度相关的关联。如果我们在靠近可视层的部分使用贝叶斯信念网络(即有向图模型),而在最远离可视层的部分使用 RBM,我们可以得到 DBN,其示意图如图 12-24 所示。

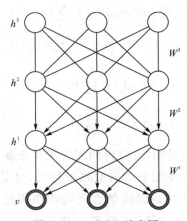

图 12-24　DBN 示意图

DBN 是由两部分组成,一部分是底层网络,一部分是顶层网络。按底层网络的不同,DBN 可以分为多层感知机(multilayer perceptron,MLP)信念网络和 RBM 信念网络。受限玻尔兹曼机网络是最常用的底层网络。所谓 RBM 信念网络就是底层网络采用 RBM,并且层数可以根据需要进行选择。既然底层网络是多层的,就要提到堆叠方式(即 RBM 之间的连接)。在这个网络中,输入数据作为最底层 RBM 的输入,通过这一次 RBM 的训练,然后把输出作为第二层的输入,依次类推直到第 $n-1$ 层。最后再把这第 $n-1$ 层的输出作为顶层网络的输入。

DBN 的训练过程跟 RBM 的训练过程类似,先是初始化 RBM 的权重 w 和偏差 b,接着使用数据一层层地训练,到达第 $n-1$ 层时,使用反向传播反过来再一层层向下优化权重和偏差,然后再用数据向上训练,等权重和偏差达到一个稳定的值之后,把 $n-1$ 层的输出传递给顶层网络,再训练顶层网络。通过 RBM 的训练,每一层的输出都得到了理想的最优输出值,但是为了保证整个模型具有全局最优性,需要通过在顶层使用 BP 算法,运动梯度下降对整个 DBN 进行优化微调。值得注意的是:相邻层的 RBM 模型参数通过贪婪逐层学习,可以获得全局的 DBN,这属于一个无监督学习的过程;而 BP 算法反向传播微调属于一个有监督学习过程。

12.4　编程实现

与第 11 章介绍的人工神经网络实现基本过程一致,深度学习网络的实现通常包括数据预处理、模型设计、模型训练、模型保存、模型使用五个过程。模型的设计可以分为网络结构与参数设置两部分。选择合适的模型结构是模型设计的第一步。根据具体的任务和数据集特征,选择合适的深度学习模型,如卷积神经网络(convolutional neural network,CNN)、循环神经网络(recurrent neural network,RNN)、生成对抗网络(generative adversarial network,GAN)、自编码器(autoencoder,AE)等。同时,也可以选择已有的预训练模型作为基础模型,如 VGG、ResNet、BERT 等。选择合适的层数和节点数可以有效提高模型性能和泛化能力。同时,也需要考虑计算资源和训练时间等因素,避免模型过于复杂而导致过拟合和计算资源的浪费。选择合适的激活函数和优化器可以提高模型的准确率和泛化能力,同时也需要注意避免梯度消失和爆炸等问题。

　　深度学习模型(例如 CNN、LSTM 等)的训练方法基本一致。以 CNN 为例,其编程实现包括以下几个步骤(见图 12－25):

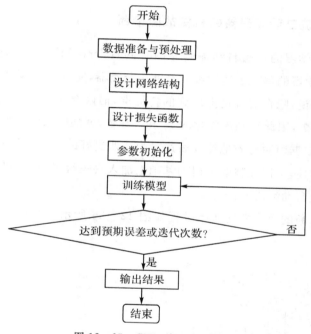

图 12－25　CNN 编程实现步骤

　　(1)数据准备与预处理:准备训练数据和测试数据,并对其进行预处理,如数据增强、归一化等。

　　(2)设计网络结构:设计 CNN 的结构,包括卷积层、池化层、全连接层等。

　　(3)设计损失函数:选择合适的损失函数来评估预测结果和真实结果之间的差异,如交叉熵损失函数等。

　　(4)参数初始化:对 CNN 的参数进行初始化,如权重和偏置。

　　(5)前向传播:将输入数据送入 CNN,经过一系列卷积、池化和激活函数等操作,最终得到输出结果。

　　(6)反向传播:计算损失函数关于网络参数的梯度,并使用梯度下降法更新参数以最小化损失函数。

（7）重复前向传播和反向传播过程，直到网络收敛或达到预定的迭代次数。

保存模型也是非常重要的，它可以让我们在训练完成后快速地加载模型并进行预测或继续训练。保存模型还可以帮助我们避免重新训练模型，节省时间和计算资源。

深度学习框架是实现深度学习算法的工具，它们提供了高效的计算和优化能力，简化了深度学习模型的开发和训练过程。一般来说，科研实践中深度学习模型训练基本在 pytorch 框架和 MATLAB 中的 DeepLearnToolbox 中实现。

12.5　应用案例

12.5.1 基于稀疏自动编码器的机械故障诊断

利用非监督特征学习的稀疏自动编码器（autoencoder，AE）完成深度神经网络的初始化，然后利用编码器学习的稀疏表达训练神经网络分类器，完成整个深度神经网络的训练与微调。对于编码器来说，隐含层就是提取到的特征层，而隐含层的表达是以连接权值 W 和偏差量 b 为参数的函数，因此得到最优化的 W 和 b 参数，就能够按编码器的参数初始化深度神经网络，提取标签数据简明有效地特征表达。为获取更好的特征表达，体现稀疏自动编码算法的良好噪声包容性，可以在稀疏编码的基础上加入去噪编码，训练得到能够提取数据更有效特征的去噪稀疏自动编码器。

面向机械故障诊断的 AE 模型训练过程如图 12-26 所示。其训练过程可分为以下几个步骤：

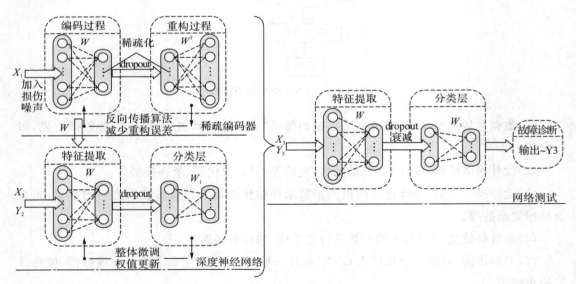

图 12-26　面向故障诊断的 AE 模型训练过程

1. 步骤 1：用无标签电动机振动数据 x_1 训练 AE 模型

（1）设置学习率、稀疏参数、去噪参数、dropout 等参数，随机初始化权值矩阵 W 和偏移量 b。

（2）设置前向算法中批量训练数、迭代次数等，执行前向算法，计算平均激活量。

（3）对输出层的每一个神经单元计算稀疏代价函数 $C_{\text{sparse}}(W,b)$。

$$C_{\text{sparse}}(W,b) = \left[\frac{1}{n} \sum_{i=1}^{n} \| \left(\frac{1}{2} \| h_{w,b}(x(i) - y(i)) \|^2 \right) \right] + \beta \sum_{j=1}^{s_2} KL\left(\rho \parallel \rho_j \right) \quad (12-7)$$

（4）执行反向传播算法，并按下式更新连接权值和偏置

$$W_{ij}(l) = W_{ij}(l) - \varepsilon \frac{\partial}{\partial W_{ij}(l)} C_{\text{sparse}}(W,b) \qquad (12-8)$$

$$b_i(l) = b_i(l) - \varepsilon \frac{\partial}{\partial b_i(l)} C_{\text{sparse}}(W,b) \qquad (12-9)$$

2. 步骤 2：用有标签电动机振动数据 (x_1, y_1) 训练深度神经网络进行监督分类

（1）用步骤 1 中得到的编码器权值 W 和偏移量 b 等参数初始化深度神经网络的第一层参数。

（2）设置神经网络的学习率、批量训练数和迭代次数、dropout 等参数，执行前向传播算法，提取特征并进行分类。

（3）按下式计算深度神经网络的代价函数和均方误差

$$C(W,b) = \left[\frac{1}{n} \sum_{i=1}^{n} \left(\frac{1}{2} \| h_{w,b}(x(i) - y(i)) \|^2 \right) \right] + \frac{\gamma}{2} \sum_{l=1}^{m-1} \sum_{i=1}^{s_j} \sum_{j=1}^{s_{i+1}} (W_{ij}(l)) \quad (12-10)$$

（4）执行与之前相同的反向传播算法过程（仅稀疏项置零），迭代一次更新一次权值，对整个网络进行微调。

3. 步骤 3：用测试数据集 (x_2, y_2) 测试网络性能

（1）执行前向传播算法，对隐层输出值按 dropout 比例衰减，训练得到输出分类层。

（2）将神经网络输出层数据与标签输出数据对比，统计每类的分类错误率。

4. 步骤 4：实验验证

利用本模型在图 12-27 所示的实验台上进行验证。模型第四层的分类结果可视化如图 12-28 所示。

图 12-27　待诊断的机械结构示意图

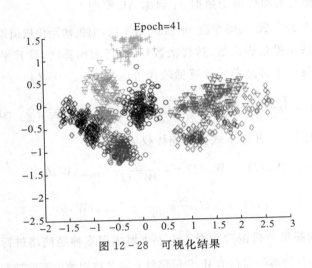

图 12 - 28　可视化结果

12.5.2　图片风格迁移

这里介绍一种用于图片风格迁移的深度学习方法,通过处理大量的图像情境来实现图像风格迁移,即给定内容图片 A,风格图片 B,能够生成一张具有 A 图片内容和 B 图片风格的图片 C,如图 12 - 29 所示。

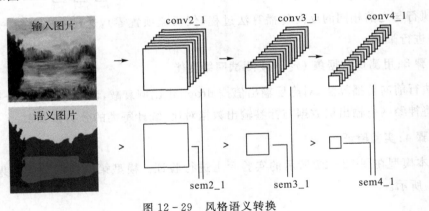

图 12 - 29　风格语义转换

一般认为,深度卷积神经网络的训练是对数据集特征的一步步抽取的过程,从简单的特征到复杂的特征。训练好的模型学习到的是对图像特征的抽取方法,所以在数据集上训练好的模型从理论上来说也可以直接用于抽取其他图像的特征,这也是迁移学习的基础。自然,这样的效果往往没有在新数据上重新训练的效果好,但能够节省大量的训练时间,在特定情况下非常有用。

算法采用 Tensorflow 的 VGG - 19 模型,对类接口进行了少量修改。将 VGG - 19 模型的权重文件复制到相应目录。VGG19 是 Google DeepMind 发表在 ICLR 2015 上的论文中提出的一种 DCNN 结构,其原始图片如图 12 - 30 所示,待迁移风格图片如图 12 - 31 所示,实验结果如图 12 - 32 所示。

图 12 - 30　拟训练原始图片

图 12 - 31　风格图片

图 12 - 32　实验结果图片

12.6　存在问题与发展

深度学习是一种非常强大的机器学习方法,但其还处于发展阶段,无论是理论方面还是实际应用方面都还有许多问题待解决。

(1)数据依赖性。深度学习模型通常需要大量的标记数据来进行训练,这在某些领域可能难以获得。此外,深度学习模型对数据质量也非常敏感,噪声数据或不平衡数据可能会影响模型的性能。

(2)计算资源需求。深度学习模型通常需要大量的计算资源来进行训练,这在某些情况下可能成为一个问题。此外,深度学习模型的推理速度也可能受到限制,这在实时应用中可能会成为一个问题。

(3)可解释性。深度学习模型通常被认为是"黑盒子",它们的内部工作原理很难解释,这在某些应用中可能会成为一个问题,例如在医疗诊断或金融风控等领域。

(4)泛化能力。深度学习模型在训练数据上的表现很好,但它们在新数据上的泛化能力仍然是一个挑战。这意味着深度学习模型可能无法很好地处理与训练数据不同的新数据。

针对以上问题,深度学习的研究未来发展趋势可以总结如下:

(1)泛化能力的提高:未来的研究将更加关注模型的泛化能力,即在看不见的、分布不同的数据上的表现。

(2)更强的解释性:深度学习模型的"黑盒"本质是一个问题。研究者正致力于提高模型的解释性和可理解性,这对于关键领域的应用(如医疗和司法)尤为重要。

(3)低资源条件下学习:大多数先进的模型都需要大量的计算资源。研究开发更为高效的算法将成为趋势,使得深度学习在资源受限的环境下也能有效运行。

(4)探索新的架构和学习范式:深度学习神经网络设计仍处于创新的边缘,期待有新的突破性架构。同时,学习范式,如联邦学习、元学习等,也将继续拓展。

(5)人工智能伦理和规范管理:随着深度学习技术的广泛应用,其伦理和法规问题变得更加重要。确保人工智能的公正性、透明性和安全性是未来研究要更重视的领域。

12.7　思　考　题

(1)试解释深度学习、机器学习、人工智能这三个概念的之间的区别和联系。

(2)经典的卷积神经网络(CNN)模型有哪些? 卷积神经网络(CNN)的主要组成部分有哪些?

(3)深度置信网络(DBN)相较于传统的神经网络有什么革新之处?

(4)卷积神经网络(CNN)和循环神经网络(RNN)在深度学习领域内占有重要地位,请说明两者在处理数据类型的不同之处。

(5)以平均池化为例,描述卷积操作的一般过程。

(6)简述深度学习模型的训练过程。

(7)AlphaGo 是深度学习应用的典型代表,请说明 AlphaGo 主要应用到了哪些深度学习技术?

第 13 章　进化计算

13.1　进化计算概述

13.1.1　进化计算的研究背景

人们对于自然系统、生物系统的自适应、自组织和再生能力等特征感到无比诧异,向往着设计的人工系统像自然系统那样高效、灵活、具有适应性,从而使人工智能系统实现的功能会更多,进化计算的发展正是迎合了人们的这种愿望。

自从生物变化的进化理论尤其是达尔文的进化论得到人们接受之后,生物学家就对进化机制产生了极大兴趣。大多数生物体是通过自然选择和有性繁殖这两种基本过程进行演化的。自然选择决定了群体中哪些个体能够存活并繁殖,有性生殖保证了后代基因中的混合和重组。比起那些仅包含单个进化的基因拷贝和依靠偶然的变异来改进的后代,这种由基因生殖细胞产生的后代进化要快得多。达尔文的自然选择理论的原则就是适者生存,不适应者淘汰,进化计算的基本思想正是基于此。进化计算通过模拟生物在自然界中遗传变异与生存竞争等遗传行为,让问题的解在竞争中得以进化,以求得问题的满意解答。

进化计算主要包含遗传算法(genetic algorithm,GA)、遗传编程、进化策略、进化规划等。遗传算法是用计算机对生物进化过程的简单模拟,保存了生物进化的本质特征和进化动力,具有全局性和并行搜索的特点。遗传编程是遗传算法的延伸,又称进化编程,是在问题解域中,由所有可能的、适合的公式或算子组成的计算机程序。进化策略是研究采用进化的方式、淘汰规则进行参数优化的方法,分为 $1+1$ 和 $\beta+\beta$ 两种策略。进化规则与进化策略相似,但不采用交叉算子。

13.1.2　遗传算法的发展史

由于进化计算早期的研究工作主要集中于遗传算法,因此本章将主要介绍遗传算法。遗传算法始于 20 世纪 60 年代,接下来按照年代顺序,以重要的人物及其研究成果为线索,介绍国内外遗传算法的研究发展历程。

20 世纪 50 年代末 60 年代初,一些生物学家开始利用计算机对遗传系统进行模拟。在此期间,霍兰德(Holland)正在从事自适应系统的研究,受生物学家模拟结果的启发,霍兰德和他的学生们首次应用模拟遗传算子来研究适应性中的人工问题。20 世纪 60 年代中期,霍兰德开发了一种编程技术——遗传算法,其基本思想是用类似于自然选择的方式来设计计算机程序。通过不断剔除效果不佳的程序,让那些求解问题好的程序越来越占据优势,从而使系统最终能适应任意环境。在随后的十几年里,霍兰德致力于创建一种能表示任意计算机程序结构的遗传码,以拓宽遗传算法的应用领域。1975 年霍兰德出版了 *Adaptation in Natural and Artificial Systems* 一书,正式确立了 GA 的概念。

1967 年,巴格利(Bagley)把霍兰德的基本遗传算法理论应用到下棋程序。除了拓展了遗传算法的应用领域外,巴格利敏锐地意识到在遗传算法的开始和结束阶段需要有适当的选择率,为此,他引入了适应比例机制,在算法执行的起始阶段减小选择的强制性,在算法执行的后阶段增加选择的强制性,当接近群体收敛时,在类似的高适应性值的串之间保持了适当竞争。

进入 20 世纪 90 年代,遗传算法迎来了兴盛发展时期,无论是理论研究还是应用研究都成了非常热门的课题。尤其是遗传算法的应用研究十分火热,不但它的应用领域扩大,而且利用遗传算法进行优化的规则学习能力也显著提高,同时产业应用方面的研究也在探索之中。

1991 年,怀特里(D. Whitey)在他的论文中提出了基于领域交叉的交叉算子,这个算子是特别针对用序号表示基因的个体的交叉,并将其应用到了旅行商问题(travelling salesman problem,TSP)中,通过实验对其进行验证。艾克利(D. H. Ackley)等提出了随机迭代遗传爬山法(stochastic iterated genetic hill - climbing,SIGH),该方法采用了一种复杂的概率选举机制。实验结果表明,SIGH 与单点交叉、均匀交叉的神经遗传算法相比,所测试的六个函数中有四个表现出更好的性能,而且总体来讲,SIGH 比当时的许多算法在求解速度方面更具有优势。贝尔斯尼(H. Bersini)和谢龙特(G. Seront)将遗传算法与单一方法结合起来,形成一种单一操作的多亲交叉算子,该算子根据两个母体以及一个额外的个体产生新个体,事实上他的交叉结果与对三个个体用选举交叉产生的结果一致,并与其他交叉方法相比具有优越性。

国内也有很多学者对遗传算法进行研究。2004 年,赵宏立等针对简单遗传算法在较大规模组合优化问题上搜索效率不高的现象,提出了一种用基因块编码的并行遗传算法。2005 年,江雷等针对并行遗传算法求解 TSP 问题,探讨了使用弹性策略来维持群体多样性,使得算法跨过局部收敛的障碍,向全局最优解方向进化。

13.2　基本原理

遗传算法、遗传编程、进化策略、进化规划都是受自然进化启发的优化和搜索方法。它们有共同的哲学基础,即模拟生物进化中的选择、遗传、变异和交叉的过程以解决复杂问题。本节以遗传算法为例说明其基本原理。

13.2.1　遗传算法的基本思想

遗传算法的基本思想是模拟自然选择、遗传和突变等生物进化过程,将"优胜劣汰、适者生存"的生物进化原理引入优化参数中,形成的编码串联群体通过不断进化逐步逼近最优解,其基本原理是达尔文的进化论和孟德尔的遗传学说。遗传算法从初始种群出发,采用"优胜劣汰、适者生存"的自然法则选择个体,并通过杂交、变异来产生新一代种群,如此逐代进化,直到满足目标为止。

遗传算法的具体过程大致可以分为种群初始化、适应度评估、选择、交叉和变异五个步骤。首先,需要定义问题的适应度函数,用于衡量一个解的优劣程度。然后,在种群中初始化一些随机解,每个解表示一个个体,每个个体都可以看作是一个基因组,由基因构成(基因是表示解的最小单元)。在适应度评估的过程中,使用适应度函数计算每个个体的适应度值,适应度越高的个体被认为是越好的解。在选择过程中,根据个体的适应度值进行概率选择,选出较好的个体,以此保证好的基因得到遗传。在交叉过程中,将两个个体的基因组按照某个交叉方式进行交叉,生成新的个体。在变异过程中,将个体的某些基因进行随机变异,以保证种群的多样性,防止陷入局部最优解。经过多次迭代优化后的个体不断逼近最优解,就认为是问题的最优解。

遗传算法是一种通过模拟自然进化过程来寻找最优解的计算机算法,它具有并行性、适应性和全局搜索的特点,适用于优化问题、机器学习、智能控制等领域。

13.2.2　遗传算法的基本操作

遗传算法的基本操作包含复制、交叉和变异。

1. 复制

复制是从一个旧种群中选择生命力强的个体位串进而产生新种群的过程,具有高适应度的位串更有可能在下一代中产生一个或多个子孙。复制操作可以通过随机方法来实现,首先产生 0~1 间均匀分布的随机数,若某串的复制概率为 40%,则当产生的随机数在 0.40~1.0 时,该串被复制,否则被淘汰。

2. 交叉

复制操作能从旧种群中选择出优秀者,但不能创造新的染色体。而交叉模拟了生物进化过程中的繁殖现象,通过两个染色体的交换组合产生新的优良品种。交叉的过程为:在匹配池中任选两个染色体,随机选择一点或多点交换点位置;交换双亲染色体交换点右边的部分,即可得到两个新的染色体数字串。

交叉体现了自然界中信息交换的思想。交叉有一点交叉、多点交叉、一致交叉、顺序交叉和周期交叉。一点交叉是最基本的方法,应用较广,它是指染色体切断点有一处,例如:

A:101100　1110　　　　　　　　B:001010　0101

二者在断点交叉后变为:

A:101100　0101　　　　　　　　B:001010　1110

3. 变异

变异运算用来模拟生物在自然的遗传环境中由于各种偶然因素引起的基因突变,它以很小的概率随机改变遗传基因,表示染色体的符号串的某一位的值。在染色体以二进制编码的系统中,它随机地将染色体的某一个基因由 1 变为 0,或由 0 变为 1。

若只有选择和交叉而没有变异,则无法在初始基因组合以外的空间进行搜索,使进化过程在早期就陷入局部解而进入终止过程,从而影响解的质量。为了在尽可能大的空间中获得质量较高的优化解,必须采用变异操作。

13.3 算法介绍

本节分别介绍遗传算法、遗传编程、进化策略、进化编程的算法特点。

13.3.1 遗传算法的算法特点

与传统的优化算法相比,遗传算法主要有以下几点不同:

(1)遗传算法不是直接作用在参变量集上,而是利用参变量集的某种编码;

(2)遗传算法不是从单个点而是从一个点的群体开始搜索;

(3)遗传算法利用适应值信息,无需导数或其他辅助信息;

(4)遗传算法利用概率转移规则,而非确定性规则。

遗传算法的优越性主要表现在:第一,它在搜索过程中不容易陷入局部最优,即使在所定义的适应度函数是不连续的、非规则的或有噪声的情况下,它也能以很大的概率找到整体最优解;第二,由于它固定的并行性,遗传算法非常适用于大规模并行计算机。

先来讲它的第一个主要特点:全局优化。对于工程和科学工作中的许多实际问题,找到一个最优解的唯一可靠方法是穷举法,即搜索问题的整个参变量空间。然而在许多情况下,由于参变量空间太大,以至于在限定的时间内只可能搜索其中的小部分,因此如何快速地确定近似最优解成为了关键问题。比较常用的一个算法就是爬山法:从某一随机点出发,在选定的方向上进行微小变动,若得到更优的解,则在这个方向上继续进行迭代;否则,就转到相反的方向。而很多实际的问题具有多个峰值点的复杂性,随着参变量空间维数的增大,其拓扑结构也可能更加复杂,这时确定爬山的方向显得非常困难。

相比于爬山法,遗传算法的一个特点就是能把注意力集中到搜索空间中期望值最高的部分,这是遗传算法中杂交算子作用的直接结果。利用杂交算子是遗传算法区别于其他所有优化算法的根本所在。为了避免陷入局部最优解,在遗传算法中还引入了变异,一方面可以在当前解附近找到更好的解,另一方面可以保持群体的多样性。通过这些特有的方法,能够保持在解空间不同区域中多个点的搜索,遗传算法能以很大的概率找到全局最优解。

第二个显著特点就是并行性。在搜索过程中,遗传算法唯一需要的信息就是适应度值。由于适应度越高的串得到复制的机会也越多,从而优于平均适应度值的串在下一代将会产生更多的子代串,同时复制没有位于检验模式空间中的新的点。总之,适应度值高、定义长度短的模式会按指数增长的方式从一代传播到下一代,这些都是并行执行,而这种并行执行是遗传算法优于其他算法最主要的因素。

13.3.2　遗传编程的算法特点

1989 年,科扎(Koza)将遗传算法应用于计算机程序的优化设计及自动生成,模拟自然选择挑选出正确的程序,提出了遗传编程(genetic programming,GP)。遗传编程是遗传算法的延伸。在遗传编程中,群体中的每个个体对应一个计算机程序或公式。遗传编程的搜索空间则是在问题解域中,由所有可能的、适合的公式或算子组成的计算机程序集合。其本质是在给定参数下的符号回归。

遗传编程步骤与遗传算法类似,也分为编码、群体初始化、适应度评价、选择、遗传操作、进化终止判定这几个步骤,但它与遗传算法也有几点区别:①遗传算法使用染色体来表示一个个体,而遗传编程采用树形结构;②遗传编程将变异作为主要算子,甚至完全省去了交叉运算;③遗传编程的个体为一个可直接计算的表达式,遗传算法则不具备该特点;④遗传编程的编码长度是可变长的,层次化的。

程序可以有两种表示方法:树形结构表示法和字符串表示方法。

树形结构表示方法结构清晰,在进行交叉和变异操作时比较简单,但需要占用较大的存储空间,由于遗传编程每一代需要用到大量的树结构,所以存储开销是非常大的。空间复杂度是遗传编程中需要研究的一个课题。

用字符串结构来表示程序可以节省大量的存贮空间,但进行遗传操作时比较困难,如在选择"双亲"的随机交叉点或变异点时比较复杂,需要进行转换。

遗传编程的个体是以树形结构来表示的程序或表达式,具有分层结构。线性结构→树形结构如图 13-1 所示,表示 $(a \times b) + (c/d)$。

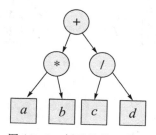

图 13-1　树形结构示意图

在遗传编程中,适应度函数扮演着至关重要的角色,它通常用于衡量个体(即树形结构)在解决特定问题上的性能。这些适应度函数可能涵盖多个方面,包括但不限于优化效率的高低、回归或预测精度的准确性、识别或分类能力的强弱以及熵的大小等。

群体初始化是遗传编程的起始步骤,包括树型结构的结点构造(运算符的构造和终止符的构造),运算符:根结点;终止符:叶子结点。下面是具体操作介绍。

交叉：分别在每个父代树中随机选择一个结点作为杂交点，将以杂交点为根的整个子树作为杂交段，对应交换两个父代树的杂交段，产生两棵新树，如图 13－2 所示。

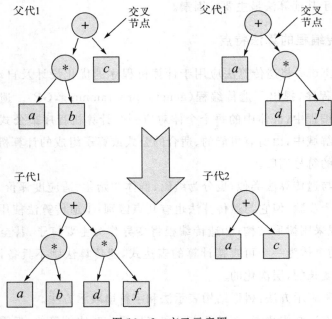

图 13－2　交叉示意图

变异：在父代树形结构中随机选择一个结点作为变异点。为了保证变异后个体在语法上的合法性，需判断变异点属性，并使其符合运算规则，如图 13－3 所示。

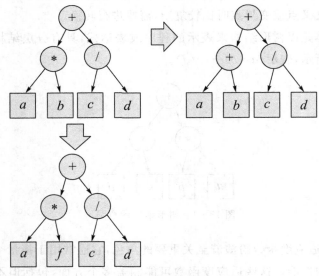

图 13－3　变异示意图

终止条件：找到了最优解、找到了表现足够好的解、题解在历经数代后没有得到改善、繁衍代数达到了规定限制。对于某些问题可能不存在最优解。

13.3.3 进化策略的算法特点

1965 年,德国柏林技术大学的雷兴贝格(I. Rechenberg)和施韦费尔(H. P. Schwefel)提出进化策略,其算法示意如图 13-4 所示。他们在风洞试验中确定气流中物体的最优外形时,由于当时的一些优化策略(如简单的梯度策略)不适于解决此类问题,因此提出按照自然选择的生物进化思想,对物体的外形参数进行随机变化并尝试其效果,进化策略的思想便由此诞生。

特点:自然选择是按照确定方式进行的,有别于遗传算法和进化规划中的随机选择方式。提供了重组算子,相当于遗传算法中的交叉算子。

假设:不论基因发生何种变化,结果(性状)总遵循零均值、某一方差的高斯分布。

遗传算子执行顺序:编码、变异、重组、选择。

(1)编码:采用十进制实数编码。

(2)变异:在每个分量上面加上零均值、某一方差的高斯分布的变化来产生新的个体===> $X^{t+1} = X^t + N(0, \sigma)$。

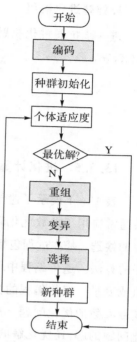

图 13-4 算法示意图

(3)重组:相当于遗传算法中的交叉算子,新个体中的每一位都包含两个旧个体中的相应信息。

(4)选择:① $(\mu + \lambda)$—ES ,从 μ 个父代及 λ 个子代中确定性地择优选出 μ 个体组成下一代新群体,可能保留旧个体;② (μ, λ)—ES ,从 λ 个子代中确定性地择优挑选 μ 个个体(要求 $\lambda > \mu$)组成下一代群体,每个个体只存活一代。

13.3.4 进化编程的算法特点

进化编程(evolutionary programming, EP)又称进化规划,由福格尔(Fogel)在 20 世纪 60 年代提出。与进化策略不同的是,无重组算子只靠变异产生新个体。标准进化编程发展到元进化编程,随后又发展到旋转进化编程。

1. 标准进化编程

新个体是在旧个体的基础上添加一个随机数,添加值的大小与个体的适应度有关:适应度大的个体添加值也大,反之亦然。

$$x'_i = x_i + \sqrt{f(X)} \cdot N_i(0, 1) \tag{13-1}$$

2. 元进化编程

新个体是在旧个体的基础上添加一个随机数,该添加量取决于个体的方差,而方差在每次进化中又有自适应调整。

$$\begin{cases} x'_i = x_i + \sqrt{\sigma_i} \cdot N_i(0, 1) \\ \sigma'_i = \sigma_i + \sqrt{\sigma_i} \cdot N_i(0, 1) \end{cases} \tag{13-2}$$

3.旋转进化编程

进一步扩展进化规划,在表达个体时添加第三个因子——协方差,用三元组表示个体,即(X, σ , ρ)。

$$\begin{cases} X' = X + N(0,C) \\ \sigma'_i = \sigma_i + \sqrt{\sigma_i} \cdot N_i(0,1) \\ \rho'_j = \rho_j + \sqrt{\rho_j} \cdot N_j(0,1) \end{cases} \tag{13-3}$$

13.3.5 进化计算算法比较

表 13-1 展示了遗传算法、遗传编程、进化策略、进化编程之间的差异和联系。遗传算法通常应用于参数优化问题,它操作的是一个固定长度的字符串(通常是二进制编码),代表解的候选,基本过程包括选择、交叉、变异和复制。遗传编程用于自动编程或生成计算机程序的算法。遗传编程中每个个体是一棵树,树的节点代表函数和操作符,叶子节点代表输入值或变量。遗传编程的操作类似于遗传算法,但它操作的结构更为复杂。进化策略侧重于实数参数的优化问题。进化策略重视策略参数(如变异的步长)的自适应调整,即它不仅优化问题的解,还优化解的生成过程。在进化策略中,重组和变异是主要的操作,而选择则通常基于(μ,λ)或(μ+λ)策略。进化编程更偏向于解决具有智能行为的系统的演化。进化编程中,通常每个个体代表一个有限状态机、神经网络或者其他可计算的结构,比较突出的特点是它通常不使用交叉操作,而是依赖于变异操作进行搜索。不同的方法适用于不同类型的问题,选择哪一种方法取决于特定的应用背景和优化需求。

表 13-1 进化计算对比

项目	算法			
	遗传算法	遗传编程	进化策略	进化编程
编码方式	多用二进制	符号编码	十进制	十进制
编码长度	固定	可变	固定	固定
选择方式	随机	随机	确定选择	随机
选择角度	选择优秀父代(优秀父代产生优秀子代)		选择子代(优秀子代才能存在)	
解决问题	数值、非数值优化	符号回归	连续优化问题	连续优化问题
遗传算子	选择 交叉 变异		重组 变异 选择	变异 选择
	交叉为主,变异为辅		变异为主	
性质	自适应搜索技术		数值优化	
侧重点	父代对子代的遗传链(染色体操作)		子代本身行为链(个体)	子代本身行为链(种群)

13.4 编程实现

13.4.1 遗传算法编程流程

遗传算法的流程如图 13-5 所示。

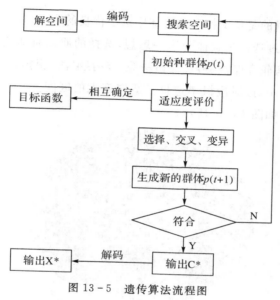

图 13-5 遗传算法流程图

遗传算法流程主要包括以下几部分：

（1）编码。编码过程就是用二进制数或者十进制数等方式把解空间的个体表示出来，是将问题的可行解从解空间映射到遗传算法所能处理的搜索空间的过程。具体基因的位数根据具体问题确定，随着编码位数的增加，解空间的精度和数量会随之变大，寻解过程也随之变长。如图 13-6 所示是两个自变量对应的二进制数编码，如图 13-7 所示是一条遍历八个城市路线的十进制数编码。

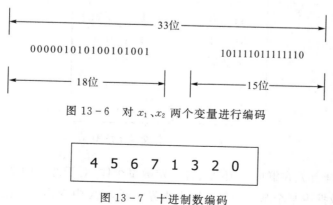

图 13-6 对 x_1、x_2 两个变量进行编码

图 13-7 十进制数编码

（2）初始群体的生成。随机产生 N 个初始串结构数据，每个串结构数据称为一个个体，N 个个体构成一个群体，GA 以这 N 个串结构数据作为初始点开始迭代。这个参数 N 需要根据问题的规模而确定。

（3）适应度值评估检测。计算交换产生的新个体的适应度。适应度可用来度量种群中个体优劣（符合条件的程度）的指标值，这里适应度就是特征组合判据的值。这个判据的选取是 GA 的关键所在。比如，对于一个求极大值的函数，其适应度函数可以取函数本身。

（4）选择。选择的目的是从交换后的群体中选出优良的个体，使它们有机会作为父代繁殖下一代。遗传算法通过选择过程体现这一思想，选择的原则是适应性强的个体为下一代贡献的概率大，常用的有轮盘赌法、最佳保留法等。轮盘赌法：根据每个个体适应度的大小，转化为轮盘上的区间大小，按对应概率选择。适应度大的区间大，容易被选择到下一代，即"物竞天择、适者生存"，如图 13 - 8 所示。

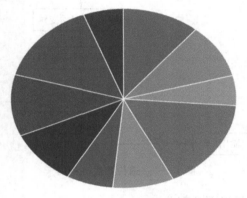

图 13 - 8　轮盘赌法示意图

（5）交叉。交叉（也叫杂交）操作是遗传算法中最主要的遗传操作。由交换概率挑选的每两个父代将相异的部分基因进行交换，从而产生新的个体，染色体交叉示意图如图 13 - 9 所示。

图 13 - 9　染色体交叉示意图

（6）变异。变异首先在群体中随机选择一定数量个体，对于选中的个体以一定的概率随机地改变串结构数据中某个基因的值。同生物界一样，GA 中变异发生的概率很低，通常取值范围为 0.001～0.01。变异为新个体的产生提供了机会,基因变异示意图如图 13 - 10 所示。

```
A:  0 1 1 0 1 1 0 1 1
B:  0 1 1 0 0 0 0 1 1
```

图 13 - 10　基因变异示意图

(7)中止。中止规则有三种情况:

①给定一个最大的遗传代数 MAXGEN(提前确定),算法迭代在达 MAXGEN 时停止。

②给定问题一个下界的计算方法,当进化中达到要求的偏差 ε 时,算法终止。

③当监控得到的算法再进化已无法改进解的性能,收敛至成熟状态,此时停止计算。

(8)解码。解码是与编码相对应的过程,它指将编码后的解空间中的个体根据预设的解码规则映射回问题空间中的真实解或实际参数值的过程。

13.4.2　编程实现举例

以八个城市的旅行商问题为例,八个城市的坐标如图 13 - 11 所示,寻找一条路线使八个城市的路径距离之和最短。按照上一节的算法编写程序。

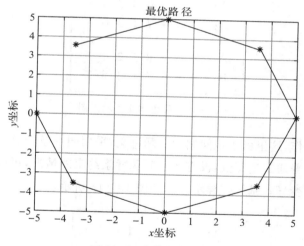

图 13 - 11　旅行商问题

下面具体解释程序中涉及的七个函数及构思技巧:

首先用代码产生初始种群,由于这个问题被抽象为八个数字的不同排序,这里使用 MATLAB 自带的函数 randperm(n),随机产生 $1 \sim n$ 这 n 个数字的一种排序方式进行个体初始化。对于其他问题,比如二进制编码的问题,一般是通过简单的 rand 函数随机产生再取整并经过一定的数学表达式来实现种群初始化。

其次计算目标函数值即距离,同时确定城市坐标。由于该问题的评价目标是路径距离最短，因此通过该函数计算每条路线的距离之和为适应度函数提供依据。对于其他问题，比如求函数极大值，可以直接使用函数本身作为目标函数。

接着计算个体适应度，该函数是为了把距离最小映射为适应度最大，可以采用简单的倒数实现，这里设计了一个二次函数，可以实现非线性映射，并使种群更易收敛到最优解。

在此使用选择函数，求适应度值之和和单个个体被选择的概率。随后转动轮盘，这里主要是通过函数 cumsum 将适应度映射为轮盘上的概率区间，再通过随机产生数字作为一次转盘将落在区间上对应的个体赋值给下一代。

然后开始做交叉操作，两个染色体在交叉点位置交叉，对交叉后染色体做调整，产生新染色体。该交叉函数主要是通过个体间随机选择交叉个体、交叉起点、交叉长度，从而实现染色体的交叉。这里由于具体问题导致交叉后染色体不符合真实解，对交叉后染色体做了适当调整。染色体交叉示意图如图 13 - 12 所示。

A:　4 5 6 **7 1 3** 2 0
B:　7 1 4 **0 3 2** 6 5

A:　4 5 6 **0 3 2** 2 0
B:　7 1 4 **7 1 3** 6 5

A:　4 5 6 **0 3 2 3** 7
B:　**0 3** 4 **7 1 3 6 5**

A:　4 5 6 **0 3 2 1** 7
B:　**0 2** 4 **7 1 3 6 5**

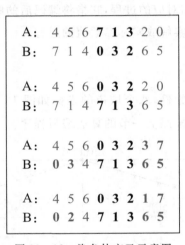

图 13 - 12　染色体交叉示意图

随后进行变异操作，这里由于该问题的实际意义，采用同一条染色体的两个基因点交换位置作为变异。对于普通二进制数，没有实际问题背景约束的情况，可以将两条染色体对应位置基因互换来实现变异。基因交异示意图如图 13 - 13 所示。

A:　0 1 1 0 **1** 0 1 1
B:　0 1 1 0 **0** 0 1 1

图 13 - 13　基因变异示意图

下一步是选出最佳个体，将最差的替换为上一代中最好的。主要功能是实现每代遗传时不丢失最优个体功能，即保留最佳个体。具体通过将上一代最优个体 a 替换本代最差个体，并更新 a，传递出每代最优个体及适应度，以便绘图。

13.5 应用案例

遗传算法为复杂问题提供了一个可行的计算方案,此方案不依赖于问题的具体领域,对问题的种类有很强的鲁棒性,所以遗传算法应用广泛。本章列举其中的几种应用:①生产调度:生产调度问题在很多情况下建立起来的数学模型难以精确求解,即使能够简化之后求解也因为简化太多而与实际相差甚远。目前现实生产中也主要是靠一些经验来进行调度。现在遗传算法已经成为解决复杂调度问题的有效工具,在单件生产车间调度、流水线生产车间调度、生产规划、任务分配等方面都有很广的应用。②机器人学:机器人是一类复杂的难以精确建模的人工系统,而遗传算法的起源就来自于对人工自适应系统的研究,所以机器人学理所应当地成为遗传算法的一个重要的应用领域。遗传算法已经在例如移动机器人路径规划、关节机器人运动轨迹规划、机器人逆运动学求解、细胞机器人的结构优化的行为协调等方面得到研究和运用。③图像处理:图像处理是计算机视觉中一个重要的研究领域。在图像处理过程中,如扫描、特征提取、图像分割等不可避免地会存在一些误差,这些误差会影响图像处理的效果。如何使这些误差最小是计算机视觉达到实用化的重要要求。遗传算法在这些图像处理中的优化计算方面找到了用武之地,目前已在模式识别、图像恢复、图像边缘特征提取等方面得到了运用。下面通过具体案例介绍遗传算法的应用。

13.5.1 案例 1:基于遗传算法优化的小波阈值消噪

1. 问题背景

一个含噪声的一维信号模型可以表示为 $f(t) = s(t) + n(t)$,其中 $s(t)$ 为原始信号,$n(t)$ 为高斯白噪声,服从正态分布 $N(0, \delta^2)$。多诺霍(Donoho)提出的小波阈值消噪方法的基本思想是:由于小波变换是线性变换,对 $f(t) = s(t) + n(t)$ 作离散小波变换后得到的小波系数仍由两部分组成,一部分是信号对应的小波系数,另一部分是噪声对应的小波系数。

一般来讲,信号 Lispchitz 指数大于 0,噪声的 Lispchitz 指数小于 0,且随着尺度的增大,信号和噪声所对应的小波变换系数分别增大和减小。经过小波分解后,信号的系数要大于噪声的系数,于是可以找到一个合适的数 λ 作为阈值。当小波系数 $w_{j,k}$ 小于这个临界阈值时,认为这时的 $w_{j,k}$ 主要由噪声引起,应予以舍弃;当 $w_{j,k}$ 大于这个临界阈值时,认为这时的 $w_{j,k}$ 主要由信号引起,需将它直接保留下来(硬阈值方法)或者按照某一固定量向零收缩(软阈值方法),然后用得到的小波系数进行小波重构,即为消噪后的信号。

对小波分解的每层高频系数,选择一个阈值进行量化处理。令 $cd(j)$ 为分解尺度上原始高频系数,$\hat{cd}(j)$ 为阈值量化后的高频系数。在对小波分解高频系数阈值量化中,阈值函数体现了对超过和低于阈值的高频系数模的不同处理策略以及不同量化方法。为硬阈值量

化方法如下

$$WT'(a,b)(j) = \begin{cases} WT(a,b)(j), & |WT(a,b)(j)| \geqslant \lambda(j) \\ 0, & |WT(a,b)(j)| < \lambda(j) \end{cases} \tag{13-4}$$

为软阈值量化方法如下

$$WT'(a,b)(j)$$
$$= \begin{cases} \text{sign}(WT(a,b)(j)) \times (|WT(a,b)(j)| - \lambda(j)), & |WT(a,b)(j)| \geqslant \lambda(j) \\ 0, & |WT(a,b)(j)| < \lambda(j) \end{cases} \tag{13-5}$$

图 13-14 显示了硬阈值与软阈值的区别。硬阈值可以保留信号的特征,但是在平滑方面有所欠缺;软阈值通常会使消噪后的信号平滑一些,但是也会丢掉某些特征。

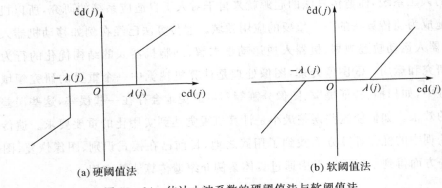

(a) 硬阈值法   (b) 软阈值法

图 13-14   估计小波系数的硬阈值法与软阈值法

2. 小波高频系数阈值量化的改进方案及模型

对于上述两种阈值量化方法的缺陷,很多相关资料都提出了改进方案,对其中的软阈值量化方法定义稍做修改,引入新的定义如下

$$WT'(a,b)(j)$$
$$= \begin{cases} \text{sign}(WT(a,b)(j)) \times (|WT(a,b)(j)| - \alpha\lambda(j)), & |WT(a,b)(j)| \geqslant \lambda(j) \\ 0, & |WT(a,b)(j)| < \lambda(j) \end{cases} \tag{13-6}$$

式中,α 为估计因子,$0 \leqslant \alpha \leqslant 1$。上式为软、硬阈值折衷法阈值函数,特别地,当 α 分别取 0 和 1 时,上式即成为硬阈值和软阈值量化方法。对于一般的 $0 \leqslant \alpha \leqslant 1$ 来讲,该方法量化出来的数据的大小介于软硬阈值方法之间,故称为软、硬阈值折衷法。特别地,当 $\alpha = 0.618$ 时,称之为黄金分割去噪方法。该改进模型如图 13-15 所示。运用软、硬阈值折衷法可获得比软、硬阈值消噪法更好的消噪效果和更高的信噪比增益。

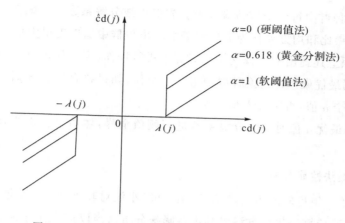

图 13-15　小波高频系数阈值量化的改进方案及模型

3. 阈值的选择

通用阈值 thr 一般都采用 Donoho 介绍的估计噪声方差进行估计，即 $thr = \sigma \sqrt{2\ln N}$。其中，$\sigma$ 为噪声的方差，用 $\dfrac{\text{median}(|cd_1|)}{0.6745}$ 估计（cd_1 为小波分解的第一层高频系数）；N 为被污染的信号的长度。Donoho 估计的阈值大小是全局统一的，用它对不同尺度信号进行噪声小波系数抑制显然是不合理的。根据信号和噪声在不同尺度上表现的不同传播特性，一般采用随尺度变化的阈值，即 $\lambda(i) = \delta \sqrt{2\lg(N)}/\lg(i+1)$。阈值随着尺度的增加而减小，正好与噪声的小波变换在各尺度上的不同特性相一致。

4. 适应度函数的选取

对信号进行降噪后需要建立某一评价指标来衡量降噪效果的好坏，常用的评价函数有

$$信噪比：SNR = 10\ln\left[\frac{\sum_n s^2(n)}{\sum_n [s(n) - s(\hat{n})]^2}\right] \tag{13-7}$$

$$均方差：MSE = \sqrt{\frac{1}{N}\sum_n (s(n) - s(\hat{n}))^2} \tag{13-8}$$

式中，N 为被污染信号的长度；$s(n)$ 为降噪前的信号；$s(\hat{n})$ 为消噪后得到的信号。信噪比 SNR 越大，均方差 MSE 越小，降噪效果越明显。

5. 大变异操作遗传算法阈值消噪流程

步骤 1：选取了一组齿轮断齿故障信号，用"db3"小波对其进行三层小波分解后，分别以信噪比（SNR）以及均方差（MSE）为适应度函数利用遗传算法求取最佳的优化因子。

步骤 2：初始化遗传算法控制参数。种群规模 80、交叉概率 0.75、变异概率 0.07、终止代数 100、染色体长度 24。

步骤 3：随机产生初始化种群。

步骤 4：对染色体进行解码，转化为对应的三个 α 值。

步骤 5：评价种群中每个个体适应度值。先对小波分解系数进行阈值消噪，然后进行重构，最后分别以信噪比和均方差作为适应度函数求出种群中适应度最大值。

步骤 6：按照上述提出的选择交叉变异算子进行操作，为了保证算法收敛，采用最优染色体保存策略，用最优染色体替换种群中第一个个体，如果符合终止准则，遗传算法过程结束，得到最优的三个 α 值，否则转入步骤 4。

步骤 7：采用最优 α 值对小波分解系数进行阈值消噪，然后进行重构，计算最优信噪比和均方差。

6. 各阈值消噪法性能分析

本实验选取了一组齿轮断齿故障信号，用"db3"小波对其进行三层小波分解后分别用软阈值、硬阈值以及遗传算法优化方法对其进行降噪分析。当以信噪比作为适应度函数时，得到的种群进化过程如图 13 - 16 所示，对应的最优估计因子为：$\alpha(1) = 0.0314$；$\alpha(2) = 0.0078$；$\alpha(3) = 0.0549$。当以均方差作为适应度函数时，得到的种群进化过程如图 13 - 17 所示，对应的最优估计因子与以信噪比为适应度函数时相类似：$\alpha(1) = 0.0235$；$\alpha(2) = 0.0275$；$\alpha(3) = 0.0275$。

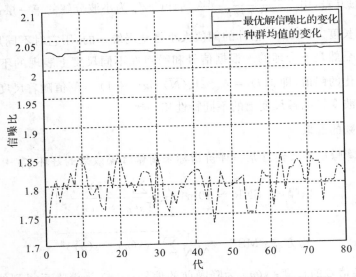

图 13 - 16　以信噪比为适应度函数时种群最优解进化过程

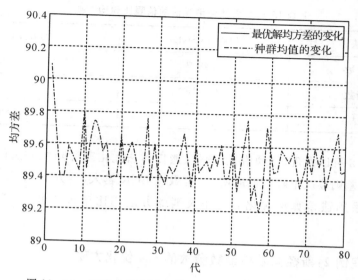

图 13-17　以均方差为适应度函数时种群最优解进化过程

　　原始信号及三种消噪方法消噪后的时域图如图 13-18 所示,与其相对应的消噪后的信噪比及均方差见表 13-2。

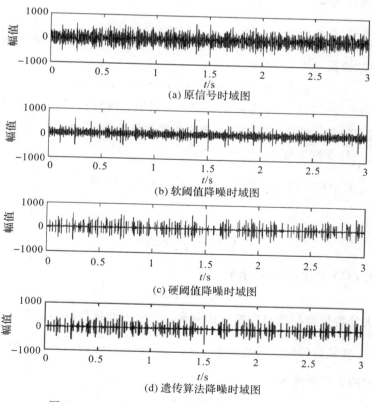

(a) 原信号时域图

(b) 软阈值降噪时域图

(c) 硬阈值降噪时域图

(d) 遗传算法降噪时域图

图 13-17　原始信号及三种消噪法消噪后的时域图

表 13-2　各阈值消噪法的信噪比和均方差

处理方法	信噪比（SNR）	均方差（MSE）
软阈值函数	1.4963	91.5029
硬阈值函数	2.0315	89.0926
遗传算法	2.0322	89.0867

通过表 13-2 可以发现，软阈值、硬阈值、遗传算法优化三种降噪方法信噪比依次上升而相对应的均方差则逐次下降。如前所述，信噪比 SNR 越大，均方差 MSE 越小，降噪效果越明显，故说明采用遗传算法优化后的小波消噪方法相比于传统方法，消噪效果有一定提升。

13.5.2　案例 2：斯径向基核函数参数的 GA 优化方法

1. 核主分量分析简介

核主成分分析（KPCA）是对主成分分析（PCA）的线性推广，其通过非线性映射，将原始数据从数据空间变换到特征空间，然后在特征空间中利用主分量分析求出最佳投影方向，从而获得非线性特征。而在实际应用中，KCPA 是借助核函数来实现映射和内积运算的。

KPCA 的思想就是通过引入一个非线性变换 φ，把每一个样本向量 x_k 由输入空间 R^n 映射到一个高维的特征空间 F，如下

$$\varphi:R^n \to F, x_k \to \varphi(x_k), k = 1, 2, \cdots, N \tag{13-9}$$

一个在 R^n 中的模式被映射成为特征空间中具有更高维数的模式，这时在 R^n 空间中线性不可分的模式在映射后的特征空间中可能变得线性可分，或者是比在 R^n 空间中更容易分类。KPCA 就是一种在特征空间中进行的方法。

设 x_i 为 R^n 空间中样本集合中的样本点，$i = 1, 2, \cdots, N$，使 $\sum_{i=1}^{N} x_i = 0$，则 PCA 的协方差矩阵为

$$C = \frac{1}{N} \sum_{j=1}^{N} x_j x_j^{\mathrm{T}} \tag{13-10}$$

对于一般的 PCA 方法，即通过求解方程

$$\lambda v = Cv \tag{13-11}$$

来获得贡献率大的特征值与之对应的特征向量。现引入非线性映射函数 φ，使输入空间样本点 $x_1, x_2, \cdots x_N$ 变换为特征空间的样本点 $\varphi(x_1), \varphi(x_2), \cdots, \varphi(x_N)$，并使 $\sum_{i=1}^{N} \varphi(x_i) = 0$，则特征空间中的协方差矩阵为

$$\bar{C} = \frac{1}{N} \sum_{j=1}^{N} \varphi(x_j) \varphi(x_j^{\mathrm{T}}) \tag{13-12}$$

因此在特征空间运用 PCA 就是求解下面方程中的特征值和特征向量

$$\lambda' w = \bar{C} w \tag{13-13}$$

2. 特征空间的内积计算

为了计算内积 $(\varphi(x), \varphi(y))$，使用下式所示的核函数表达式可以不进行映射而在原数据空间中直接计算空间的点积

$$k(x, y) = (\varphi(x), \varphi(y)) \tag{13-14}$$

常用的核函数有多项式核、径向基核和神经元网络类型核函数

多项式核函数：$k(x, y) = ((x, y) + 1)^d \tag{13-15}$

径向基核函数：$k(x, y) = \exp\left(-\dfrac{\|x - y\|^2}{2\sigma^2}\right) \tag{13-16}$

神经元网络类型核函数：$k(x, y) = \tanh((x, y) + b) \tag{13-17}$

径向基核函数由于参数数量少，模型相对简单，计算复杂度相对较低，计算速度快等原因应用最为广泛。

3. KPCA 算法实现步骤

步骤 1：读入初始数据 $X = (x_1, x_2, \cdots, x_n)$。

步骤 2：计算矩阵内积

$$K_{ij} = (k(x_i, x_j))_{ij}, \quad i, j = 1, 2, \cdots, n \tag{13-18}$$

$$\widetilde{K}_{ij} = K_{ij} - \frac{1}{N} \sum_{m=1}^{N} 1_{im} K_{mj} - \frac{1}{N} \sum_{n=1}^{N} 1_{in} K_{nj} + \frac{1}{N^2} \sum_{m=1}^{N} 1_{im} K_{mn} 1_{nj} \tag{13-19}$$

步骤 3：计算归一化 $\widetilde{K}_{ij}$ 的特征值 λ_j 和特征向量 v_j。

步骤 4：归一化特征向量

$$\alpha_{kj} = \frac{1}{\sqrt{\lambda_j}} v_j, j = 1, 2, \cdots, n \tag{13-20}$$

步骤 5：将测试样本在特征空间投影

$$(w_k, \varphi(x)) = \sum_{i=1}^{N} \alpha_{Ki} (\varphi(x_i), \varphi(x)) = \sum_{i=1}^{N} \alpha_{Ki} k(x_i, x) \tag{13-21}$$

4. 高斯核函数参数 σ 的 GA 优化方法

当核函数选择高斯径向基函数时，即 $k(x, y) = \exp\left(-\dfrac{\|x - y\|^2}{2\sigma^2}\right)$，$x$、$y \in R^d$ 为样本数据且已知，主要是存在着优化未确定参数 σ。优化目标为最优的分类效果，由于优化目标与优化变量之间的复杂关系，很难得到一个解析式，也就无法应用传统的基于梯度的优化技术。另一方面，优化目标与优化变量都比较容易数值定量化。GA 是一种解决非线性优化问题的方法之一，因此考虑用 GA 来确定优化问题的唯一参数 σ。

GA 的适应度准则要根据具体问题而定。分类效果准则主要利用贝叶斯误识别率的高低来量化，但需要先验概率。"类可分测度"不需要先验概率，由类内、类间散度矩阵构成，

其物理意义为类内距越小,类间距越大,则类可分测度的值越大。类可分测度的数学表达式为

$$FJ = S_b/S_w \qquad (13-22)$$

式中,S_b 为类间距;S_w 为类内距,表达式为

$$S_b = \sum_{i=1}^{c}(u_i - u)(u_i - u)^T \qquad (13-23)$$

$$S_w = \sum_{i=1}^{c}\sum_{f_k \in c}(f_k - u_i)(f_k - u_i)^T \qquad (13-24)$$

式中,u_i 是用 KPCA 进行特征压缩后的每个类的特征样本均值;μ 是相对应的所有特征样本的均值;f_k 是用 KPCA 进行特征压缩后的样本特征量。

5. 模式分类仿真

用 MATLAB 产生以 $(1,1)$ 为中心,分别以 1、2、6 为半径的三组二维圆数据,样本个数为 250,三组样本的方差分别取为 0.1、0.2、0.3。样本的原始二维分布如图 13-19 所示。

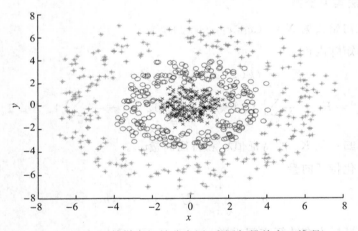

图 13-19　原始样本初始分布图(彩图扫描前言二维码)

为了了解参数 σ 对分类效果的影响,分别取 $\sigma=0.5$ 和 $\sigma=2$ 时,对原始数据进行核主分量分析,并将降维参数设为 2,得到对应取值的前两个主分量的分布如图 13-20 所示。

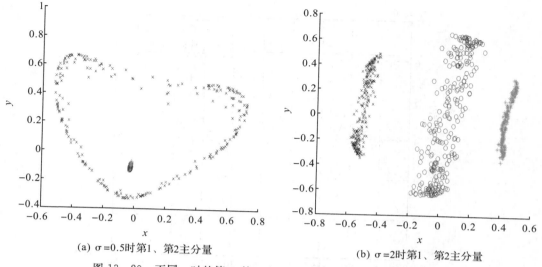

(a) σ=0.5时第1、第2主分量   (b) σ=2时第1、第2主分量

图 13-20 不同 σ 时的第 1、第 2 主分量分布(彩图扫描前言二维码)

通过观察可以发现,当 σ = 0.5 时,第一类数据和第二类数据部分重叠;当 σ = 2 时,可以满足线性可分的条件;当 σ = 8 时,三类数据的前两个主分量基本和原始分布一样(见图 13-21),说明核主分量分析并未将非线性数据转换为线性可分的数据。综上,参数 σ 对分类结果起到了决定性作用。

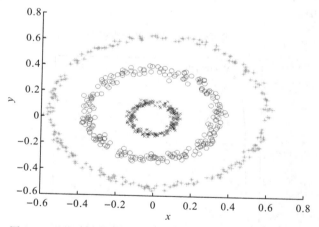

图 13-21 σ=8 时第 1、第 2 主分量(彩图扫描前言二维码)

采用高斯核函数对三组数据进行核主分量分类,并用遗传算法对参数 σ 进行优化。初始参数为:种群初始化规模为 40;交叉概率为 0.75;变异概率为 0.07;最大遗传代数为 50。选取上节所述的类可分离测度 FJ 作为适应度函数,得到的种群进化过程如图 13-22 所示。

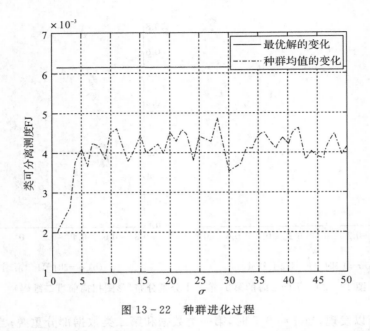

图 13-22　种群进化过程

　　为了验证遗传算法的有效性,以类可分离测度 S_b/S_w 为因变量、参数 σ 为自变量构造函数,得到的图像如图 13-23 所示。通过观察容易得到最大可分离测度为 0.006294,最优参数 $\sigma=1.3$,而采用遗传算法得到的对应数值分别为 FJ=0.0061,$\sigma=1.2637$,说明用遗传算法求解的效果较为可信。

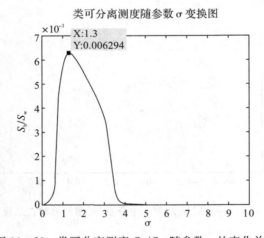

图 13-23　类可分离测度 S_b/S_w 随参数 σ 的变化关系

13.5.3　案例 3:利用遗传算法优化的 BP 网络筛查乳腺肿瘤

1. 案例背景

　　近年来乳腺肿瘤的发病呈现发病率增长快、患者年轻化、5 年生存率高的特点,这是由于医疗影像诊断技术的不断进步,使患者在病程早期确诊并得到治疗,避免了病灶组织进一步浸润、恶变并扩散。恶性乳腺瘤的疗效更多地取决于患者的病期,早诊断是提高治愈率的关键。由于分子生物学技术的发展,从细胞层面对疾病进行诊断研究变得越来越广泛。通过对大量乳腺肿瘤病灶组织细胞的研究,发现乳腺肿瘤病灶组织细胞的显微图像与正常的人体细胞组织的显微图像存在差异,但是这种差异很难通过传统的图像处理技术进行区分。

本案例目标在于使用遗传算法对用于预测乳腺肿瘤良恶性的 BP 神经网络进行输入特征优化,选择包含关键发病信息的有效特征,剔除冗余特征,建立准确,稳定,快速的乳腺肿瘤图像特征诊断模型,在自动医疗专家系统克服医生诊断结果主观性大、重复劳动时间长的基础上,进一步提升自动诊断的效果。本案例的流程如图 13-24 所示。

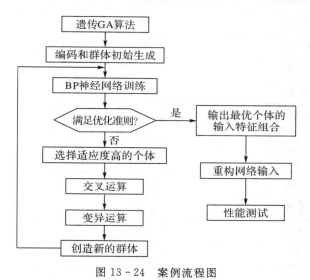

图 13-24　案例流程图

2. 数据准备

神经网络与医学领域结合的应用还有很多,这些应用都是在获得医学专家提供的大量高质量的病例样本后,对病例样本中高度关联特征进行提取,然后利用神经网络知识将这些病例高度关联特征与疾病的类型进行非线性映射,从而找出这些特征与疾病类型之间错综复杂的关系。

资深专家高质量的病例样本的保证及人工神经网络建立疾病诊断模型的客观性和全局性可以形成各种有针对性的基于神经网络的医学诊断系统,为医生的诊断提供科学准确的参考,对病人的疾病做出正确的诊断,解决了传统医学诊断中的由于医生的主观性造成的误诊现象,为医学诊断的进步提供了一种新的方法。

美国康斯威辛州医学院通过多年的收集和整理,建立了一个记录乳腺肿瘤病灶组织细胞核显微图像的数据库。从乳腺肿瘤病灶组织细胞核显微图像中提取到细胞图像的30 个特征数据(见表 13-3),这些特征数据与乳腺瘤的类型(分为良性和恶性)有一定的联系。

表 13-3   乳腺肿瘤病灶组织细胞核显微图像中提取到细胞图像的 30 个特征数据

特征数据	最大值	最小值
细胞核半径平均值	27.4200	6.9810
细胞核质地平均值	30.7200	9.7100
细胞核周长平均值	188.5	43.79
细胞核面积平均值	2501	143.5
细胞核光滑性平均值	0.1634	0.05263
细胞核面积最坏值	4254	185
细胞核紧密性平均值	0.3454	0.01938
细胞核凹陷度平均值	6.80	0.42
细胞核凹陷点数平均值	0.2	0.120
细胞核对称度平均值	0.304	0.106
细胞核断裂度平均值	0.09744	0.04996
细胞核半径标准差	2.873	0.1115
细胞核质地标准差	4.885	0.3602
细胞核周长标准差	21.98	0.757
细胞核光滑性标准差	0.03113	0.001713
细胞核紧密性标准差	0.1354	0.002252
细胞核凹陷度标准差	0.396	0.012
细胞核半径平均值	27.4200	6.9810
细胞核凹陷点数标准差	0.052	0.0079
细胞核对称度标准差	0.07895	0.007882
细胞核断裂度标准差	2.1593	0.000895
细胞核半径最坏值	36.04	7.93
细胞核质地最坏值	49.54	12.02
细胞核周长最坏值	251.2	50.4
细胞核面积标准差	542.2	6.802
细胞核光滑性最坏值	0.0200	0.00170
细胞核紧密性最坏值	1.0580	0.00203
细胞核凹陷度最坏值	1.252	0
细胞核凹陷点数最坏值	0.291	0
细胞核对称度最坏值	0.6638	0.1565
细胞核断裂度最坏值	0.2075	0.05574

该乳腺肿瘤病灶组织切片细胞核显微图像数据库包括对 569 份诊断为良性(label＝1)或恶性(label＝2)乳腺肿瘤的图像样本,其中良性乳腺肿瘤样本 359 份,恶性乳腺肿瘤 210 份,每份诊断数据包括 30 个影像特征数据和一个良恶性分类的诊断结果。将其中 500 份样本作为训练集,剩余 69 份样本作为测试集进行单 BP 网络训练。

3. 数据导入与归一化

显微图像数据库保存在 data. mat 文件中,共有 569 组数据,不失一般性,随机选取 500 组样本作为训练集,剩余 69 组样本作为测试集,并在 MATLAB 命令窗口显示训练集与测试集的良性或恶性数据组成。本实验环境为 MATLAB2012。

首先导入数据,接着训练数据与测试数据,在显示实验条件的情况下输出最终结果。

病例总数:569　　　　良性:357　　　恶性:212

训练集病例总数:500　　良性:309　　　恶性:191

测试集病例总数:69　　良性:48　　　恶性:21

由于各个输入自变量的量纲都不相同,因此有必要在建立模型前将数据进行归一化处理。

4. 单 BP 网络处理

在 BP 神经网络工具箱中,使用 newff 函数建立一个 BP 神经网络。在 newff 函数中,一些参数对 BP 神经网络的性能有重要的影响,如隐含层节点数、节点传递函数、训练函数、误差界值、学习率等。在上节中已经对隐含层节点数进行了初步设置,下面主要对 BP 神经网络训练函数、节点传递函数、误差界值、学习率等参数进行初步设置,具体参数设置见表 13－4。

表 13－4　BP 神经网络具体参数设置

输入层节点数	隐含层层数	隐含层节点数	输出层节点数	学习率	误差界值	迭代次数	隐含层节点传递函数	输出层节点传递函数	训练函数
30	1	7	1	0.1	0.01	10000	tansig	purelin	trainlm

(1)创建单 BP 网络。利用全部 30 个输入自变量参与建模,创建单 BP 网络并设置训练参数。

(2)训练单 BP 网络。网络创建及相关参数设置完成后,利用 MATLAB 带的网络训练函数 train()可以方便地对网络进行训练学习。

(3)仿真测试单 BP 网络。利用 sim()函数将测试集输入数据送入训练好的神经网络,就可以得到对应的测试集输出仿真数据。

(4)单 BP 网络的测试结果如下:

良性乳腺肿瘤确诊数 48,误诊数 0,确诊率 p1＝100％;

恶性乳腺肿瘤确诊数 18,误诊数 3,确诊率 p2＝85.7143％；

建模时间为:6.9844 s。

5. 基于遗传算法的输入变量优化

1)遗传算法优化

在上节待优化的基于 BP 神经网络的乳腺瘤诊断方法的模型中,有 30 个输入变量,代表着 30 个特征数据,但在实际应用中,这 30 个输入变量并不独立,相互间还存在一定关系,需要将对输出起着重要作用的输入变量筛选出来并去除冗余的输入变量。在基于神经网络的乳腺瘤诊断中也可以挑选出重要的输入变量,这样既可以缩短建模的时间,还不会降低网络性能。遗传算法具有强大的全局寻优功能,对重要参数的选择是一种非常有效的方法。

利用遗传算法对输入变量进行优化筛选时,染色体长度为 30,种群大小设为 20,最大进化代数设为 100,轮盘赌法进行选择,单点交叉,单点变异,具体参数见表 13－5。

表 13－5 种群具体参数设置

适应度函数	最大终止代数	选择操作函数	选择每代最适染色体的概率	交叉操作函数	交叉点的数目	变异操作函数	变异概率	最大代数	分布形状参数
$\dfrac{1}{\text{SE}}$	100	norm-Geom-Select	0.09	simp-leXover	2	boundary Mutation	0.1％	100	3

2)伪代码操作

(1)遗传算法优化,产生初始种群并编码;

(2)计算初始种群适应度;

(3)优化计算;

(4)绘制适应度函数进化曲线。

3)适应度函数设计

选取测试集数据误差平方和的倒数作为适应度函数,对每个个体进行训练和预测。具体为

$$f(X) = \frac{1}{\text{SE}} = \frac{1}{\text{sse}(T'-T)} = \frac{1}{\sum\limits_{i=1}^{n}(t'_i - t_i)^2} \qquad (13-25)$$

式中,$T' = \{t'_1, t'_2, \cdots, t'_n\}$ 为测试集的预测数据;$T = \{t_1, t_2, \cdots, t_n\}$ 为测试集;n 为测试集的样本数目。

对某代种群全部 20 个个体完成适应度计算,伪代码操作步骤如下:

(1)计算种群中一个个体的适应度,全局变量声明;

(2)数据提取;

(3)创建适应度测试 BP 网络;

(4)将单 BP 网络的权值和阈值赋值给测试 BP 网络;

（5）设置训练参数，训练网络；

（6）仿真测试；

（7）反归一化，计算均方误差和适应度函数值。

3）优化结果输出

经过迭代优化，当满足迭代终止条件时，输出的末代种群对应的就是问题的最优解或近似优解，即筛选出来的最优输入变量组合。已知病例总数为 569 例，其中良性 357 例，恶性 212 例；训练集病例总数为 500 例，其中良性 309 例，恶性 191 例；测试集病例总数为 69 例，其中良性 48 例，恶性 21 例。优化筛选后的输入自变量编号为：1、6、12、14、16、17、21、23、24、26、28、29。程序运行后命令窗口显示的运行结果见表 13-6。

表 13-6　Matlab 输出的最终测试结果

测试网络类型	测试结果						
	良性乳腺肿瘤确诊	误诊	确诊率	恶性乳腺肿瘤确诊	误诊	确诊率	建模时间
BP 网络的测试结果	48	0	100%	18	3	85.7143%	6.9844 s
优化 BP 网络的测试结果	48	0	100%	20	1	95.2381%	1.6563 s

入选的 12 个图像特征包括细胞核半径平均值、细胞核紧密性平均值、细胞核质地标准差、细胞核面积标准差、细胞核紧密性标准差、细胞核凹陷度标准差、细胞核半径最坏值、细胞核周长最坏值、细胞核面积最坏值、细胞核光滑性最坏值、细胞核凹陷点数最坏值、细胞核对称数最坏值。

经过遗传算法优化后排除冗余特征 18 个，保留含有关键信息的特征 12 个，使用这些特征进行输入变量建模时，保留了原先 BP 神经网络的良好性能，保持对良性肿瘤预测 100% 的准确率，并且将对恶性肿瘤预测的准确率由原先的 85.7143% 提升至 95.2381%。此外，建模时间相比单 BP 网络缩短了约 5.3 秒。

适应度函数进化曲线如图 13-25 所示。随着进化代数的增加，群体的适应度逐渐增高，意味着群体的预测值与期望值之间的误差越来越小，并且没有出现过早收敛，群体的表现越来越优异。当迭代次数达到设定的最大迭代次数时，停止进化，得到了最优的输入图像特征组合。

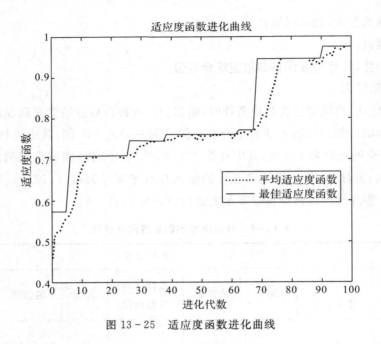

图 13 - 25　适应度函数进化曲线

13.6　存在问题与发展

进化计算作为一种通用优化技术,它模仿了生物进化的过程来解决各种复杂问题。尽管非常强大和灵活,但进化计算仍面临着若干挑战:

(1)收敛速度。对于复杂的问题,进化计算可能需要很长时间才能收敛到满意的解,尤其是当问题的难度非常高时。

(2)早熟收敛。进化算法可能会在达到全局最优之前就收敛到局部最优,这称为早熟收敛。

(3)参数设置。进化计算中有许多参数,如种群大小、交叉率和变异率等。这些参数的设置对算法的性能有着重要影响,而且很难给出一个普适的设置方式。

(4)标度问题。解的质量很难与进化过程中的代数规模成比例,尤其面对较大规模的问题时。

(5)多目标优化。在多个互相冲突的目标之间找到优秀的权衡点是一个复杂的问题。

(6)动态和不确定环境。进化算法通常假定优化问题是静态的,但许多真实世界的问题是动态变化的。

(7)理论基础。虽然进化计算在实践中非常有效,但它的理论基础相对薄弱,很多时候我们不能完全理解为什么它能工作。

未来发展方向包括:

(1)理论进展。加深对进化计算理论的理解,包括其收敛特性、参数选择原理和算法之间的关系。

（2）自适应算法。研究算法自身能够根据优化过程动态调整其参数的方法。

（3）多目标和多模态优化。发展能更有效解决多目标问题及能发现多个全局最优解的算法。

（4）大规模优化问题。为大规模问题设计出更高效的进化算法。

（5）动态环境下的优化。开发可以应对问题动态变化的进化算法。

（6）混合方法。与其他优化方法（如粒子群优化、模拟退火等）结合使用。

（7）实际应用。将进化计算方法应用于更广泛的实际领域中，如能源系统优化、智能交通系统、生物信息学等。

（8）解释性和可视化。改善对进化过程的理解，开发直观的可视化工具，为研究者和从业者提供洞察。

下面以遗传算法为例，说明当前的研究热点。

（1）性能分析。遗传算法的表现深受其控制参数影响，如种群规模、交叉和变异率。正确设置这些参数至关重要，因为不当的参数选择可能导致遗传算法过早收敛于非最优解。因此，研究如何防止早熟现象，主要集中于这些参数的优化设置。

（2）并行遗传算法。之前提到遗传算法的一大特点就是并行计算的特性。许多研究人员都在探索在并行计算机上高效执行遗传算法的策略。对并行遗传算法的研究表明，只要通过保持多个群体的同时恰当地控制群体间的相互作用来模拟并执行过程，即使不使用并行计算机，也能提高算法的执行效率。

（3）基于遗传算法的分类系统。分类系统属于基于遗传算法的机器学习的一类，它包括一个简单的基于串规则的并行生成子系统、规则评价子系统和遗传算法子系统。目前这种分类系统正越来越广泛地用于科学、工程和经济等领域。

（4）遗传算法因为其在函数优化中的有效性，在工程应用领域的重视度正在增加。一个尤为活跃的研究方向是神经网络中的应用，包括优化神经网络的权重和结构。这种与神经网络的结合被应用于预测财务预算的时间序列分析等领域，并显著提升了性能。

（5）遗传算法在软件设计的自动化方面（特别是在机器学习中的程序设计方面）显示了巨大潜力，它有助于克服需要预先详细定义问题特征并据此决定策略的难题。在复杂系统设计（如喷气式发动机的实践）中，遗传算法已被证实可以取得突破性进展。

（6）研究人员还在完全控制和理解的条件下探索遗传算法模拟自然选择的问题，希望其研究成果能揭示生命和智能如何在自然界中演化的细节。

13.7　思　考　题

（1）达尔文进化论的核心思想是什么？

（2）相比于其他优化方法，遗传算法的优势是什么？

(3)请列举遗传算法常用的工程领域(三个以上)。

(4)遗传算法实质上是一个迭代计算的过程,请简述其实施过程的主要算法步骤。

(5)作为遗传算法进行自然选择的唯一依据,适应度函数的构造需要满足哪些准则?

(6)简述选择算子的作用并写出两种常用的选择方法。

(7)常用的杂交方式有哪些? 杂交率的一般取值范围为多少?

(8)以单点杂交为例,将随机交叉点设置为 5 时,写出以下两个父个体杂交后产生的两个子个体的二进制编码。

父个体 1   01110011010

父个体 2   10101100101

(9)变异算子在遗传算法中的主要作用是什么?

(10)遗传算法常用的进化终止判定条件如何设定?

(11)标准的遗传算法存在哪些缺陷?

(12)遗传编程和遗传算法之间有哪些不同之处?

(13)你的科研中有没有可以用进化计算解决的问题? 请简述你的解决思路。

参考文献

［1］蒋海峰，王宝华.智能信息处理技术原理与应用［M］.北京：清华大学出版社，2019.

［2］Roberto Cristi［美］.现代数字信号处理［M］.北京：机械工业出版社，2006.

［3］熊诗波.机械工程测试技术基础［M］.北京：机械工业出版社，2018.

［4］朱建平.应用多元统计分析［M］.北京：科学出版社，2015.

［5］Sun X，Liu Z．Optimal portfolio strategy with cross－correlation matrix composed by DCCA coefficients：Evidence from the Chinese stock market［J］．Physica A：Statistical Mechanics and its Applications，2016，444：667－679.

［6］Randall R B．A history of cepstrum analysis and its application to mechanical problems ［J］．Mechanical Systems and Signal Processing，2017，97：3－19.

［7］张诚.室内多声道人类活动声音事件分类研究［D］.南京：南京理工大学，2019.

［8］Napolitano A．Cyclic statistic estimators with uncertain cycle frequencies［J］．IEEE Transactions on Information Theory，2016，63(1)：649－675.

［9］BLOCH I，HEIJMANS H，RONSE C．Mathematical Morphology［M］// Aiello M，Pratt－Hartmann I，van Benthem J．Handbook of Spatial Logics．Dordrecht：Springer，2007：14．DOI：10.1007/978－1－4020－5587－4_14.

［10］WEINBERGER KQ，SAUL LK．Unsupervised Learning of Image Manifolds by Semidefinite Programming［J］．International Journal of Computer Vision，2006，70(1)：77－90.

［11］CHEN R，XU G，JIA Y，et al．Enhancement of Time－Frequency Energy for the Classification of Motor Imagery Electroencephalogram Based on an Improved FitzHugh－Nagumo Neuron System［J］．IEEE Transactions on Neural Systems and Rehabilitation Engineering，2023，31：282－293.

［12］CHEN R，XU G，PEI J，et al．Typical stochastic resonance models and their applications in steady－state visual evoked potential detection technology［J］．Expert Systems with Applications，2023，225：120141.

［13］YAO P，XU G，HAN C，et al．SSVEP Transient Feature Extraction and Rapid Recognition Method Based on Bistable Stochastic Resonance［C］．In：Proceedings of the 2018 40th Annual International Conference of the IEEE Engineering in Medicine and Biology Society (EMBC)．Honolulu，HI，USA：IEEE，2018：1－4.

［14］YAO P，XU G，JIA L，et al．Multiscale noise suppression and feature frequency extraction in SSVEP based on underdamped second－order stochastic resonance［J］．

Journal of Neural Engineering，2019，16(3)：036032.

[15] CHANG C－C，LIN C－J. LIBSVM：a library for support vector machines [J]. ACM Transactions on Intelligent Systems and Technology（TIST），2011，2 (3)：1－27.

[16] 焦李成,杨淑媛,刘芳,王士刚,冯志玺.神经网络七十年:回顾与展望[J].计算机学报，2016,39(08):1697－1716.

[17] 周飞燕,金林鹏,董军.卷积神经网络研究综述[J].计算机学报，2017,40 (06)：1229－1251.

[18] 杨丽,吴雨茜,王俊丽,等.循环神经网络研究综述[J].计算机应用，2018,38 (S2)：1－6＋26.

[19] ARRAM A，AYOB M. A novel multi－parent order crossover in genetic algorithm for combinatorial optimization problems[J]. Computers & Industrial Engineering. 2019 Jul 1,133:267－74.

[20] WOLBERG W H，STREET W N，MANGASARIAN O L. Wisconsin Prognostic Breast Cancer（WPBC)[EB/OL].[Accessed on 2025－02－22]. https://archive.ics. uci.edu/ml/machine－learning－databases/breast－cancer－wisconsin/wpbc.names.